普通物理學

Zill Chen 編著

序

本書著重在物理的觀念和證明，以簡單扼要的文字和圖像，使公式推導清楚易懂。各章附有例題，並分析其物理意義。部分例題會以多種方式求解，除了提供解題技巧，更培養讀者分析的能力。章末提供難度適中的習題，加強讀者對物理公式的應用。

目錄

第 1 章 運動學

1-1 定義

考慮一質點沿著 x 軸運動,如圖 1.1。當質點由位置 x_i 移至 x_f,定義位移(displacement)為其位置變化:

$$\Delta x \equiv x_f - x_i \quad \text{(m)} \tag{1.1}$$

在圖 1.2 中,一質點由 A 至 B 再到 C,其位移 $5 - 3 = 2\text{m}$ 只與初和末位置有關。路徑長 Δs(distance) 為實際行進的路徑長度,為正值。在圖 1.2 中,路徑長為 $|8 - 3| + |5 - 8| = 8\text{m}$。

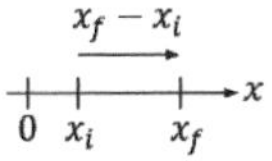

圖 1.1 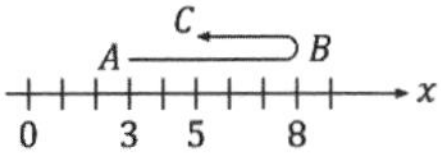   圖 1.2

對有限時距 $\Delta t = t_f - t_i$,定義平均速度(average velocity)為位移和時距的比值:

$$v_{x,\,\text{avg}} \equiv \frac{\Delta x}{\Delta t} \quad \text{(m/s)} \tag{1.2}$$

當一學生跑操場一圈,由於位移為零,故平均速度為零。無法由平均速度知道他跑多快,故定義平均速率(average speed)為路徑長和時距的比值:

$$v_{s,\,\text{avg}} \equiv \frac{\Delta s}{\Delta t} \quad \text{(m/s)} \tag{1.3}$$

在圖 1.2 中,若質點由 A 至 C 需要 4s,則平均速度為 $2/4 = 0.5\text{m/s}$,平均速率為 $8/4 = 2\text{m/s}$。

圖 1.3 為質點的 $x\text{-}t$ 圖。平均速度為 $x\text{-}t$ 圖的割線斜率。當時距趨近於零,$x\text{-}t$ 圖中切線斜率為某一瞬間的瞬時速度(instantaneous velocity):

$$v \equiv \lim_{\Delta t \to 0} \frac{\Delta x}{\Delta t} = \frac{dx}{dt} \tag{1.4}$$

瞬時速度為位置對時間微分，其大小等於瞬時速率。

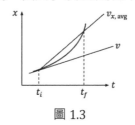

圖 1.3

當一質點在加速，它的速度會改變。對一維運動，在有限時距內，一質點的速度由 v_i 至 v_f，定義平均加速度（average acceleration）為

$$a_{\text{avg}} \equiv \frac{\Delta v}{\Delta t} \quad (\text{m/s}^2) \tag{1.5}$$

其中 $\Delta v = v_f - v_i$ 為速度變化。類似於 [1.4]，定義瞬時加速度為

$$a \equiv \lim_{\Delta t \to 0} \frac{\Delta v}{\Delta t} = \frac{dv}{\Delta t} \tag{1.6}$$

在 v-t 圖中，某一瞬間的切線斜率，為瞬時加速度。加速度為負值不表示質點在減速。當一質點往 $-x$ 方向運動，若加速度為負值，則速率增加。

在等加速度運動，加速度為定值，x-t、v-t、a-t 圖如圖 1.4。由加速度的定義，得 $dv = a\,dt$，積分後可得

$$v = v_0 + at \tag{1.7a}$$

將此式表示為

$$\frac{dx}{dt} = v_0 + at \quad \Rightarrow \quad dx = v_0 dt + at\,dt$$

積分後可得

$$x = x_0 + v_0 t + \frac{1}{2}at^2 \tag{1.7b}$$

將 [1.7a] 寫為 $a = (v - v_0)/t$，再代入 [1.7b]，得

$$x = x_0 + \frac{1}{2}(v_0 + v)t \tag{1.7c}$$

將 [1.7c] 寫為 $t = 2(x - x_0)/(v + v_0)$，再代入 [1.7b]，得

$$v^2 = v_0^2 + 2a(x - x_0) \qquad [1.7d]$$

以上四式稱為運動方程式（equations of kinematics）。

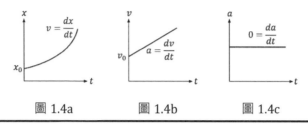

圖 1.4a   圖 1.4b   圖 1.4c

例題 1.1

一物體於 $t = 0$ 時鉛直上拋，前後二次到達高度 h 處的時間分別為 t_1 和 t_2。試證 $h = gt_1t_2/2$。

證：設初速為 v_0，由 [1.7b]，得

$$h = v_0t_1 - \frac{1}{2}gt_1^2 \qquad [i]$$
$$h = v_0t_2 - \frac{1}{2}gt_2^2 \qquad [ii]$$

二式相加，

$$2h = v_0(t_1 + t_2) - \frac{1}{2}g(t_1^2 + t_1^2)$$
$$= v_0(t_1 + t_2) - \frac{1}{2}g(t_1 + t_2)^2 + gt_1t_2 \qquad [iii]$$

時間 $(t_1 + t_2)$ 為物體回至拋射點所需的時間，滿足

$$0 = v_0(t_1 + t_2) - \frac{1}{2}g(t_1 + t_2)^2$$

故 [iii] 可寫為

$$2h = gt_1t_2 \quad \Rightarrow \quad h = \frac{g}{2}t_1t_2$$

結果看似與初速 v_0 無關，實際上 v_0 會限制 t_1 和 t_2。將 [ii] 減 [i]，

$$0 = v_0(t_2 - t_1) - \frac{g}{2}(t_2^2 - t_1^2)$$
$$\Rightarrow \qquad v_0 = \frac{g}{2}(t_1 + t_2)$$

1-2 面積的應用

由上一節可知，加速度為 v-t 圖斜率。亦可由 v-t 圖得到位移。由 [1.2]，等速度運動的位移為 $\Delta x = v \, \Delta t$。此時的 v-t 圖如圖 1.5，位移為高度 v 且寬度 Δt 的矩形面積。

若質點作變速度運動，則位移 Δx 為 v-t 圖的曲線下面積，如圖 1.6。曲線下的面積可近似為矩形面積之和：

$$\Delta x \approx \sum_n v_n \Delta t_n$$

在極限 $\Delta t_n \to 0$，位移為積分

$$\Delta x = \lim_{\Delta t_n \to 0} \sum_n v_n \Delta t_n = \int_{t_i}^{t_f} v \, dt \tag{1.8}$$

當速度為負值（曲線在時間軸下方），則面積為負值，表示往 $-x$ 方向移動。

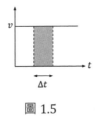

圖 1.5   圖 1.6

同理，由 [1.6] 可得，速度變化為 a-t 圖的曲線下面積：

$$\Delta v = v_f - v_i = \int_{t_i}^{t_f} a \, dt \tag{1.9}$$

1-3 三維運動

現在要將一維運動推廣至三維。一質點在座標 (x, y, z) 處，以位置向量 $\mathbf{r}$（position vector）來表示其位置：

$$\mathbf{r} = x\,\hat{\mathbf{i}} + y\,\hat{\mathbf{j}} + z\,\hat{\mathbf{k}} \tag{1.10}$$

其中 $\hat{\mathbf{i}}$ 為沿著 x 軸的單位向量（長度為 1 的向量），餘類推。當質點位置由 $\mathbf{r}_1$ 移至 $\mathbf{r}_2$，如圖 1.7，則位移為

$$\Delta\mathbf{r} = \mathbf{r}_2 - \mathbf{r}_1$$
$$= (x_2 - x_1)\hat{\mathbf{i}} + (y_2 - y_1)\hat{\mathbf{j}} + (z_2 - z_1)\hat{\mathbf{k}}$$

位移為向量，其方向是由初位置 P_1 指向末位置 P_2，大小為二點間的距離。

在三維中，定義平均速度和瞬時速度為

$$\mathbf{v}_{\text{avg}} \equiv \frac{\Delta\mathbf{r}}{\Delta t} \qquad\qquad [\mathbf{1.11a}]$$

$$\mathbf{v} \equiv \lim_{\Delta t \to 0} \frac{\Delta\mathbf{r}}{\Delta t} = \frac{d\mathbf{r}}{dt} \qquad\qquad [\mathbf{1.11b}]$$

在某一點的瞬時速度的方向，為路徑於該點的切線方向。瞬時速度的大小 $v = |\mathbf{v}|$ 稱為速率。可將瞬時速度表示為

$$\mathbf{v} = v_x\hat{\mathbf{i}} + v_y\hat{\mathbf{j}} + v_z\hat{\mathbf{k}} \qquad\qquad [1.12]$$

其中 $v_x = dx/dt$ 為沿著 x 軸的速度分量，餘類推。

當質點在時間 t_i 時的速度為 $\mathbf{v}_i$，在 t_f 時為 $\mathbf{v}_f$，定義平均加速度和瞬時加速度為

$$\mathbf{a}_{\text{avg}} \equiv \frac{\mathbf{v}_f - \mathbf{v}_i}{t_f - t_i} = \frac{\Delta\mathbf{v}}{\Delta t} \qquad\qquad [\mathbf{1.13a}]$$

$$\mathbf{a} \equiv \lim_{\Delta t \to 0} \frac{\Delta\mathbf{v}}{\Delta t} = \frac{d\mathbf{v}}{dt} \qquad\qquad [\mathbf{1.13b}]$$

可將瞬時加速度表示為 $\mathbf{a} = a_x\hat{\mathbf{i}} + a_y\hat{\mathbf{j}} + a_z\hat{\mathbf{k}}$。

圖 1.7

例題 1.2 拋體運動（projectile motion）

以初速 v_0，仰角 θ 射出一物，如圖 1.8a，求（a）總飛行時間；（b）水平射程；（c）物體到達的最大高度；（d）軌跡方程式。

解：（a）初速的垂直分量為 $v_{0y} = v_0 \sin\theta$，且加速度 $a = -g$。由[1.7b]，

$$0 = (v_0 \sin\theta)T - \frac{1}{2}gT^2 \quad \Rightarrow \quad T = \frac{2v_0 \sin\theta}{g}$$

（b）初速的水平分量為 $v_{0x} = v_0 \cos\theta$，水平射程為

$$R = v_{0x}T = (v_0 \cos\theta)\frac{2v_0 \sin\theta}{g} = \frac{2v_0^2 \sin\theta \cos\theta}{g}$$

$$= \frac{v_0^2 \sin 2\theta}{g}$$

當 $\theta = 45°$ 時，會有最大射程 $R_{\max} = v_0^2/g$。圖 1.8b 為相同初速但不同仰角時，會有不同的軌跡。當角度互為餘角（例如 75° 和 15°）時，會有相同的射程。

（c）當到達最大高度時，速度的垂直分量為零。由 [1.7d]，

$$0 = (v_0 \sin\theta)^2 - 2gH \quad \Rightarrow \quad H = \frac{v_0^2 \sin^2\theta}{2g}$$

（d）由位移的水平分量

$$x = (v_0 \cos\theta)t \quad \Rightarrow \quad t = \frac{x}{v_0 \cos\theta}$$

代入垂直分量

$$y = (v_0 \sin\theta)t - \frac{1}{2}gt^2$$

$$= (v_0 \sin\theta)\frac{x}{v_0 \cos\theta} - \frac{1}{2}g\left(\frac{x}{v_0 \cos\theta}\right)^2$$

$$= (\tan\theta)x - \frac{g}{2(v_0 \cos\theta)^2}x^2$$

此為拋物線方程式。

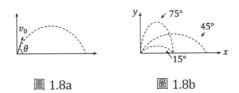

圖 1.8a　　　　　圖 1.8b

例題 1.3

以一石子瞄準樹上的蘋果投擲，若石子射出時，蘋果恰好同時落下。證明蘋果會被石子射中。

證：設人和蘋果的水平距離為 L，並以初速 v_0 且拋射角 θ 投擲石子，如圖 1.9。高度 $H = L\tan\theta$ 的蘋果作等加速度一維運動，其 x 和 y 座標為

$$x_A = L \tag{i}$$

$$y_A = L\tan\theta - \frac{1}{2}gt^2 \tag{ii}$$

而石子作等加速度二維運動，其 x 和 y 座標為

$$x_S = (v_0\cos\theta)t \tag{iii}$$

$$y_S = (v_0\sin\theta)t - \frac{1}{2}gt^2 \tag{iv}$$

　　當蘋果和石子的座標相同時，蘋果會被擊中。由 [i] 和 [iii]，可求出蘋果和石子的 x 座標相同的時間：

$$L = (v_0\cos\theta)t \quad \Rightarrow \quad t = \frac{L}{v_0\cos\theta}$$

再將時間 t 代入 [iv] 等號右邊的第一項，得

$$y_S = (v_0\sin\theta)\left(\frac{L}{v_0\cos\theta}\right) - \frac{1}{2}gt^2$$

$$= L\tan\theta - \frac{1}{2}gt^2$$

與 [ii] 比較，發現二者的 x 座標相同時，y 座標亦相同，故蘋果會被

擊中。

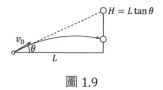

圖 1.9

例題 1.4 斜坡拋射

在斜角 30° 之斜面上，一球以初速 v_0 且仰角 60° 斜拋，由 A 落至 B 點，如圖 1.10。飛行時間為若干？

解：由 [1.7b]，位移的水平和垂直分量為

$$x = (v_0 \cos 60°)t = \frac{v_0 t}{2}$$

$$y = (v_0 \sin 60°)t - \frac{1}{2}gt^2 = \frac{\sqrt{3}}{2}v_0 t - \frac{1}{2}gt^2$$

比值為

$$\frac{y}{x} = \frac{\sqrt{3}\,v_0 - gt}{v_0}$$

在 B 點，$y/x = \tan 30° = 1/\sqrt{3}$，得

$$\frac{1}{\sqrt{3}} = \frac{\sqrt{3}\,v_0 - gt}{v_0} \qquad \Rightarrow \qquad t = \frac{2v_0}{\sqrt{3}\,g}$$

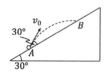

圖 1.10

例題 1.5

在斜角 30° 之斜面上，一物體以初速 v_0 且仰角 60° 沿著斜面作斜向拋射，如圖 1.11a。試求（a）物體由 A 至 B 的運動時間，（b）A 和 B 之間的距離。

解：(a) 由圖 1.11b 可知，沿著斜面的加速度分量為 $a' = -g \sin 30° = -g/2$。垂直於斜面的位移為零，由 [1.7b]，

$$0 = (v_0 \sin 60°)t + \frac{1}{2}a't^2 = \frac{\sqrt{3}}{2}v_0 t - \frac{1}{4}gt^2$$

$$\Rightarrow \qquad t = \frac{2\sqrt{3}\,v_0}{g}$$

(b) A 和 B 之間的距離為

$$x = (v_0 \cos 60°)t = \left(\frac{1}{2}v_0\right)\left(\frac{2\sqrt{3}\,v_0}{g}\right) = \frac{\sqrt{3}\,v_0^2}{g}$$

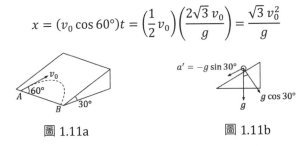

圖 1.11a　　　　　　　圖 1.11b

1-4 相對運動

物體的運動是以某一參考系 (reference frame) 來描述。在圖 1.12 中，質點 P 在座標系 A 的位置為 $\mathbf{r}_{PA}$，在座標系 B 的位置為 $\mathbf{r}_{PB}$。第一個下標表示質點，第二個下標表示座標系。由圖可知，

$$\mathbf{r}_{PA} = \mathbf{r}_{PB} + \mathbf{r}_{BA} \qquad\qquad [1.14]$$

其中 $\mathbf{r}_{BA}$ 為 B 相對於 A 的位置。在等號右邊，第一項的第二個下標等於第二項的第一個下標。將 [1.14] 對時間微分，由於 $\mathbf{v} = d\mathbf{r}/dt$，得

$$\mathbf{v}_{PA} = \mathbf{v}_{PB} + \mathbf{v}_{BA} \qquad\qquad [1.15]$$

注意下標順序，通常 $\mathbf{v}_{AB} = -\mathbf{v}_{BA}$。

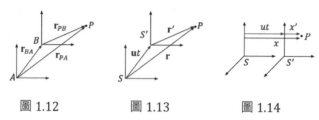

圖 1.12　　　　　圖 1.13　　　　　圖 1.14

圖 1.13 顯示，座標系 S' 以等速 $\mathbf{u}$ 相對於 S 運動。在二原點重合時，定義時間 $t = 0$。P 點位置對二座標系的關係為

$$\mathbf{r}_{PS} = \mathbf{r}_{PS'} + \mathbf{r}_{S'S}$$

$$\Rightarrow \qquad \mathbf{r}_{PS'} = \mathbf{r}_{PS} - \mathbf{r}_{S'S}$$

$$\Rightarrow \qquad \mathbf{r}' = \mathbf{r} - \mathbf{u}t \qquad\qquad [1.16]$$

在 x 和 x' 軸重合且 S' 以等速 $u\,\hat{\mathbf{i}}$ 運動的特例下，如圖 1.14，質點對二座標系會有相同的 y 和 z 座標。由圖可知，$x' = x - ut$，在此特例下，

$$x' = x - ut \qquad\qquad [1.17a]$$

$$y' = y \qquad\qquad [1.17b]$$

$$z' = z \qquad\qquad [1.17c]$$

$$t' = t \qquad\qquad [1.17d]$$

[1.17] 稱為伽利略轉換（Galilean transformation）。

將 [1.16] 對時間微分，由於 u 為常數，得質點速度

$$\mathbf{v}' = \mathbf{v} - \mathbf{u} \qquad\qquad [1.18]$$

對二座標系會有不同的質點速度，但均為等速運動。將 [1.18] 對時間微分，得質點加速度

$$\mathbf{a} = \mathbf{a}' \qquad\qquad [1.19]$$

例題 1.6　渡河問題

一河流寬 $d = 200\,\mathrm{m}$，小艇以速率 $v_{\mathrm{BR}} = 10\,\mathrm{m/s}$ 相對於河流運動，河流以

速率 $v_{RG} = 5\,m/s$ 往東流。（a）若小艇要以最短的時間到達對岸，試求船隻相對於河岸觀察者的速度 $\mathbf{v}_{BG}$，且偏離多少距離？（b）若小艇要以最短的距離到達對岸，試求 $\mathbf{v}_{BG}$，且歷時多久？

解：（a）由 [1.15]，小艇相對於河岸的速度為

$$\mathbf{v}_{BG} = \mathbf{v}_{BR} + \mathbf{v}_{RG}$$

由圖 1.15a，

$$v_{BG} = \sqrt{v_{BR}^2 + v_{RG}^2} = \sqrt{10^2 + 5^2} = 11.2\,m/s$$

速度的方向為

$$\theta = \tan^{-1}\left(\frac{v_{RG}}{v_{BR}}\right) = \tan^{-1}\left(\frac{5}{10}\right) = 26.6°$$

到達對岸歷時 $t = d/v_{BR} = 20\ s$，故偏離的距離為

$$v_{RG}t = 5\times20 = 100\ \ m$$

（b）由圖 1.15b，小艇相對於河岸的速率為

$$v_{BG} = \sqrt{v_{BR}^2 - v_{RG}^2} = \sqrt{10^2 - 5^2} = 8.7\,m/s$$

速度的方向為

$$\theta = \sin^{-1}\left(\frac{v_{RG}}{v_{BR}}\right) = \sin^{-1}\left(\frac{5}{10}\right) = 30.0°$$

歷時 $t = d/v_{BG} = 200/8.7 = 23.0\ s$。

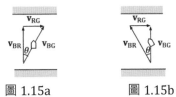

圖 1.15a　　　　圖 1.15b

1-5 等速圓周運動

　　在加速度的定義 [1.6]，加速度與速度變化有關。因為速度為向量，即使物體作等速率運動（速度大小不變），方向改變也會有加速度。

　　考慮一質點以等速率 v 作半徑 r 之圓周運動，稱為等速圓周運動（uniform circular motion），如圖 1.16a。假定在時距 Δt 內，位置向量旋轉角度 $\Delta\theta$，且質點的位移為 $\Delta \mathbf{r} = \mathbf{r}_2 - \mathbf{r}_1$。由於 $\mathbf{v}$ 和 $\mathbf{r}$ 垂直，故二者改變相同的角度。三角形 OPQ 和 ABC 為相似三角形，均為相同角度 $\Delta\theta$的等腰三角形。因此，

$$\frac{|\Delta \mathbf{r}|}{r} = \frac{|\Delta \mathbf{v}|}{v} \quad \Rightarrow \quad |\Delta \mathbf{v}| = \frac{v}{r}|\Delta \mathbf{r}|$$

由 [1.13a]，可得平均加速度的大小為

$$|\mathbf{a}_{\text{avg}}| = \frac{|\Delta \mathbf{v}|}{\Delta t} = \frac{v}{r}\frac{|\Delta \mathbf{v}|}{\Delta t}$$

當 $\Delta t \to 0$，P 和 Q 二點非常接近，則 $v \approx |\Delta \mathbf{r}|/\Delta t$，可得加速度的大小為

$$a = \frac{v^2}{r} \qquad\qquad [1.20]$$

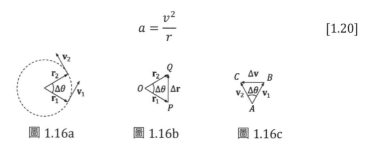

圖 1.16a　　　　　圖 1.16b　　　　　圖 1.16c

　　等速圓周運動的加速度必垂直於路徑，並指向圓心。否則加速度會有平行於速度的分量，因而改變質點的速率。因為加速度指向圓心，故稱為向心加速度（centripetal acceleration），並將 [1.20] 寫為向量的形式

$$\mathbf{a}_c = -\frac{v^2}{r}\hat{\mathbf{r}} \qquad\qquad \mathbf{[1.21]}$$

其中 $\hat{r}$ 為徑向（radial）單位向量，其方向指向圓心。雖然 $\hat{r}$ 的大小為 1，但是方向會隨時間而變。$\mathbf{a}_c$ 必垂直於 $\mathbf{v}$。

週期 T（period）為旋轉一周所需的時間。圓周長為 $2\pi r$，故速率為 $v = 2\pi r/T$。因此，週期為

$$T = \frac{2\pi r}{v} \qquad\qquad [1.22]$$

習題

1. 證明自由落體在第 n 秒落下的距離為

$$S_n = \frac{1}{2}g(2n-1)$$

2. 在高度 h 處，一拋射物以初速 v_0 仰角 θ 發射，如圖 1.17。證明水平射程為

$$R = \frac{v_0^2 \sin 2\theta}{2g}\left(1 + \sqrt{1 + \frac{2gh}{v_0^2 \sin^2\theta}}\right)$$

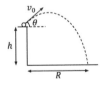

圖 1.17

3. 一河之寬度為 d，且河水速度為 u。若一速度 v_0 之小艇要以最短的距離到達對岸，證明需時

$$t = \frac{L/v_0}{\sqrt{1-(u/v_0)^2}}$$

並討論 $u = 0$、$u = v_0$ 和 $u > v_0$ 三種情況。

4. 設地球為半徑 R 之球體,且自轉週期為 T。試求北緯 45° 地表上一點的 (a) 切線速率;(b) 和向心加速度。

第 2 章 動力學

2-1 牛頓第一定律

牛頓（Isaac Newton）於 1687 年發表牛頓第一運動定律（Newton's first law of motion）：若物體不受力，則會保持靜止或作等速直線運動。換言之，不受外力的物體，其加速度為零。

在一參考系中第一定律成立，則稱為慣性參考系（inertial frame of reference）。例如，在地面座標系中路樹受力為零而保持靜止，故為慣性系；若一汽車加速前進，在汽車座標系中路樹受力為零但加速往後，故為非慣性系。

考慮一座標系 S' 以等速 u 相對於慣性系 S 運動，如圖 1.14。由 [1.19]，$\mathbf{a} = \mathbf{a}'$，一質點在 S 中加速度為零，則在 S' 中加速度亦為零；即相對於慣性系作等速度運動的參考系，亦為慣性系。

第一定律又稱為慣性定律（law of inertia）。慣性（inertia）為物體抵抗其速度變化的傾向。換言之，靜止物體傾向於保持靜止，而運動物體傾向於保持等速度運動。物體的質量（mass）為慣性的量度。質量愈大，則速度變化愈小。

2-2 牛頓第二定律

牛頓第一定律解釋物體在不受外力時的情況，牛頓第二定律則是說明物體受力時的情況。由牛頓第一定律可知，受力的物體會有加速度。當質量固定，發現 $a \propto F$；當力固定，發現 $a \propto 1/m$。由這些結果可得 $a \propto F/m$。在 SI 制中，1 牛頓（newton；N）的力會使質量 1 kg 的物體產生 $1\,\mathrm{m/s^2}$ 的加速度。牛頓第二運動定律（Newton's second law of motion）為，質量 m 的質點在慣性系中受到淨力 $\sum \mathbf{F}$，會產生加速度 $\mathbf{a}$，

$$\sum \mathbf{F} = m\mathbf{a} \quad (\text{N}) \qquad\qquad [2.1]$$

例題 2.1

在光滑水平面上，有質量 $m_1 = 2\,\text{kg}$ 和 $m_2 = 3\,\text{kg}$ 的二物體，且彼此間以輕繩連接，如圖 2.1a。若施一力 $F = 60\,\text{N}$ 拉之，求繩子張力。

解：應用牛頓第二定律至此系統，可求出系統之加速度 a：

$$F = (m_1 + m_2)a \quad \Rightarrow \quad a = \frac{F}{m_1 + m_2} = \frac{60}{2+3} = 12\,\text{m/s}^2$$

二物體的自由體圖（free-body diagram）如圖 2.1b 和圖 2.1c。應用牛頓第二定律至 m_1，

$$F - T = m_1 a \quad \Rightarrow \quad T = F - m_1 a = 60 - 2\times12 = 36\,\text{N}$$

應用牛頓第二定律至 m_2，

$$T = m_2 a = 3\times12 = 36\,\text{N}$$

物體 m_1 和 m_2 受到的張力 T 等大反向。

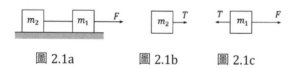

圖 2.1a　　　　　圖 2.1b　　　　　圖 2.1c

2-3　重量

考慮質量 m 的物體在地表。物體的重量 W（weight）為其所受到的萬有引力 F。根據萬有引力定律 [6.1]，物體在地表的重量為

$$W = \frac{GM_{\text{E}}m}{R_{\text{E}}^2}$$

其中 M_{E} 為地球質量，R_{E} 為地球半徑。通常寫為

$$\mathbf{W} = m\mathbf{g}$$

其中 $g = GM_E/R_E^2$ （N/kg）為地表的重力場強度（gravitational field strength）。由於 $W = mg$ 和 $F = ma$ 有相同的形式，故通常稱 g 為重力加速度（acceleration due to gravity），且 $g \approx 9.8\,\text{m/s}^2$。

我們藉由地面的支撐力 N 以感覺我們的重量。實重（true weight）與加速度無關，但視重（apparent weight）會因加速度而變。在圖 2.2 中，電梯以不同的加速度移動。由第二定律，得

$$\mathbf{N} + m\mathbf{g} = m\mathbf{a}$$

當電梯等速移動時（$a = 0$），可得 $N - mg = 0$，且視重 $N = mg$ 等於實重 $W = mg$。當加速度往上時（圖 2.2a），視重 $N = m(g + a)$ 大於實重。當加速度往下時（圖 2.2b），視重 $N = m(g - a)$ 小於實重。若電梯為自由落體（$a = g$），得 $N = 0$，視重為零。

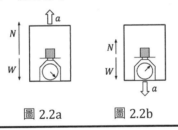

圖 2.2a　　　　圖 2.2b

例題 2.2

以輕繩懸掛一重量 30 N 的物體，如圖 2.3a。若 $\theta_1 = 37°$ 且 $\theta_2 = 53°$，求繩子的張力。

解：由圖 2.3b 可知，繩子張力等於物體重量：

$$T_3 = W = 30\,\text{N}$$

圖 2.3c 為繩結的自由體圖。因為沒有運動，故繩結受到的合力為零。應用牛頓第二定律至水平和垂直分量上，得

$$T_1 \cos 37° - T_2 \cos 53° = 0$$

$$T_1 \sin 37° + T_2 \sin 53° - T_3 = 0$$

由此二方程式，可求出二未知數

$$T_1 = 18.1 \text{ N}$$
$$T_2 = 24.0 \text{ N}$$

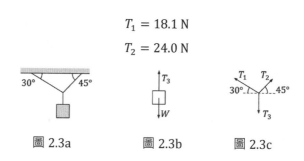

圖 2.3a   圖 2.3b   圖 2.3c

例題 2.3 阿特午德機（Atwood machine）

將質量不相等（$m_2 > m_1$）的物體懸掛於無摩擦且質量可忽略的滑輪上，如圖 2.4a。試求二物體的加速度 a 和繩子的張力 T。

解：二物體的自由體圖如圖 2.4b 和圖 2.4c。因為以繩子連接物體，故二者會有相同的加速度大小。將第二定律分別應用至二物體上：

$$T - m_1 g = m_1 a$$
$$m_2 g - T = m_2 a$$

由以上二式，可得

$$a = \left(\frac{m_2 - m_1}{m_1 + m_2}\right) g$$

$$T = \left(\frac{2 m_1 m_2}{m_1 + m_2}\right) g$$

可將加速度解釋為，合力 $(m_2 - m_1)g$ 和總質量 $(m_1 + m_2)$ 的比值。

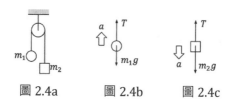

圖 2.4a   圖 2.4b   圖 2.4c

2-4 牛頓第三定律

　　當我們推物體時，手會受到相反方向的力。手和物體受到的力大小相等，方向相反。牛頓第三運動定律（Newton's third law of motion）為

$$\mathbf{F}_{12} = -\mathbf{F}_{21} \qquad\qquad [2.2]$$

物體 2 作用於 1 上的力 $\mathbf{F}_{12}$ 和 1 作用於 2 上的力 $\mathbf{F}_{21}$，等大反向。第三定律亦稱為作用與反作用定律（law of action and reaction）。作用力和反作用力成對發生，且作用在不同物體上。考慮一重量 $\mathbf{W}$ 的物體 O 靜置於桌面上，如圖 2.5。物體受到桌面的正向力 $\mathbf{N}$（normal force），由第二定律，得

$$\mathbf{W} + \mathbf{N} = 0 \qquad \Rightarrow \qquad \mathbf{W} = -\mathbf{N}$$

雖然 $\mathbf{W}$ 和 $\mathbf{N}$ 等大反向，但不為作用力和反作用力，因為它們作用於相同的物體上。重量 $\mathbf{W} = \mathbf{F}_{OE}$ 為地球施於物體的萬有引力，而 $\mathbf{N} = \mathbf{F}_{OT}$ 為桌面施於物體的正向力。

圖 2.5

例題 2.4

在光滑水平面上，質量 m_1 和 m_2 的二木塊互相接觸，如圖 2.6a。施一定力 F 於 m_1 上。求（a）系統的加速度大小；（b）木塊間的接觸力大小。

解：（a）因為木塊互相接觸，故二者有相同的加速度。應用牛頓第二定律，

$$F = (m_1 + m_2)a \qquad \Rightarrow \qquad a = \frac{F}{m_1 + m_2}$$

　　（b）在圖 2.6b 中，m_2 對 m_1 施力 f_{12}。應用第二定律至 m_1，並利用
　　（a）小題的結果，得

$$F - f_{12} = m_1a \quad \Rightarrow \quad f_{12} = F - m_1a = \frac{m_2}{m_1 + m_2}F$$

可知，m_2 愈大，則二者間的接觸力愈大。

m_1 會對 m_2 施一反作用力 f_{21}，如圖 2.6c。應用第二定律，

$$f_{21} = m_2a = \frac{m_2}{m_1 + m_2}F$$

滿足牛頓第三定律，$f_{21} = f_{12}$。

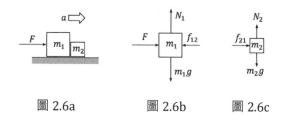

圖 2.6a   圖 2.6b   圖 2.6c

2-5 摩擦力

運動中的物體會因為與平面之間的摩擦力（frictional force）而減速。以水平力推動在水平面上的物體，如圖 2.7a。當外力仍很小時，物體不移動。此時的摩擦力 $\mathbf{f}_s$ 稱為靜摩擦力，且和外力等大反向，$f_s = F$。當外力超過一臨界值，物體會開始滑動。在滑動前的瞬間，會受到最大靜摩擦力 $f_{s,\,max}$，如圖 2.7b。實驗發現，$f_{s,\,max}$ 正比於正向力 N：

$$f_s \leq f_{s,\,max} = \mu_s N \qquad [2.3]$$

其中無因次常數 μ_s 稱為靜摩擦係數。

當外力 F 超過 $f_{s,\,max}$，物體會滑動。此時的摩擦力 $\mathbf{f}_k$ 稱為動摩擦力。動摩擦力的大小為

$$f_k = \mu_k N \qquad [2.4]$$

其中 μ_k 為動摩擦係數。通常 $\mu_k < \mu_s$。

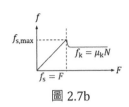

圖 2.7a   圖 2.7b

例題 2.5

質量 m_1 和 m_2 的二木塊靠在牆上，且 m_1 受一水平力 F 作用，如圖 2.8a。試求二者所受之靜摩擦力。

解：圖 2.8b 和圖 2.8c 為二者之自由體圖。m_1 受到鉛直向下之重力，故會受到向上的靜摩擦力而靜止。由牛頓第二定律，

$$f_1 - m_1 g = 0 \qquad \Rightarrow \qquad f_1 = m_1 g$$

由牛頓第三定律，m_2 會受到向下的反作用力 $f_1' = f_1$。因為重力 mg 和反作用力 f_1' 均向下，故牆面會施加向上之靜摩擦力 f_2。由牛頓第二定律，

$$f_2 - f_1' - m_2 g = 0 \qquad \Rightarrow \qquad f_2 = f_1 + m_2 g = (m_1 + m_2) g$$

或可將二者視為一體，則牆面的摩擦力 f_2 會等於二者的重量。

圖 2.8a   圖 2.8b   圖 2.8c

例題 2.6

如圖 2.9a，二物體的質量為 $m_1 = 3 \text{ kg}$ 和 $m_2 = 1 \text{ kg}$，m_1 受到一水平力 F。桌面光滑，二物體之間的摩擦係數為 $\mu_s = 0.5$ 且 $\mu_k = 0.3$。（a）若二物體之間有相對運動，則外力至少為若干？（b）當 $F = 24$ N時，二物體的加速度為何？（設重力加速度 $g = 10 \text{ m/s}^2$）

解：（a）因為 m_1 往右運動，故會受到往左的摩擦力；而 m_2 受到的反作

用力為往右的摩擦力。在圖 2.9b 的自由體圖中，只標出 m_1 受到的水平力。由圖 2.9c 可知，最大靜摩擦力為 $f_{s,\,max} = \mu_s m_2 g$，$m_2$ 的最大加速度為

$$a_{2,\,max} = \frac{f_{s,\,max}}{m_2}$$

此時 m_1 的加速度為

$$a_1 = \frac{F - f_{s,\,max}}{m_1}$$

二者有相對運動的條件為 $a_1 > a_{2,\,max}$：

$$\frac{F - f_{s,\,max}}{m_1} > \frac{f_{s,\,max}}{m_2}$$

$$\Rightarrow \qquad F > \frac{m_1 + m_2}{m_2} f_{s,\,max} = \mu_s(m_1 + m_2)g = 20\,\text{N}$$

當外力 F 小於此值時，二物體會以相同的加速度 $a = F/(m_1 + m_2)$ 運動。

（b）當 $F = 24\,\text{N}$ 時，二者之間為動摩擦力，其大小為

$$f_k = \mu_k N = \mu_k m_2 g = 3\,\text{N}$$

二物體之加速度為

$$a_1 = \frac{F - f_k}{m_1} = \frac{24 - 3}{3} = 7\,\text{m/s}^2$$

$$a_2 = \frac{f_k}{m_2} = \frac{3}{1} = 3\,\text{m/s}^2$$

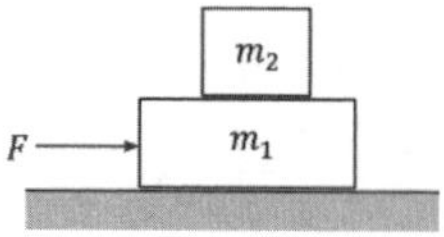

圖 2.9a 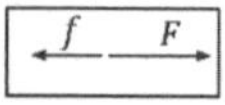　　　　圖 2.9b 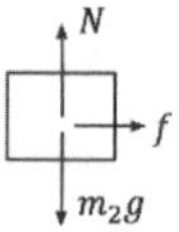　　　　圖 2.9c

2-6 等速圓周運動

　　現在要將力的概念併入等速圓周運動中。考慮以長度 r 的輕繩連接一質量 m 的小球，並在光滑水平面上作等速圓周運動，如圖 2.10。繩子張力會對小球施一徑向力，此力指向圓心，並改變速度的方向。將向心加速度 [1.20] 代入牛頓第二定律 [2.1]，得

$$F = m\frac{v^2}{r} \qquad [2.5]$$

若繩子斷掉（力被移除），小球會作直線運動，並與圓相切，如圖 2.11。

圖 2.10　　　　　圖 2.11

例題 2.7　圓錐擺（conical pendulum）

一質量 m 的小球懸掛於長度 L 的繩子上。小球在水平面上作半徑 R 的等速圓周運動，如圖 2.12a。因為繩子掠過一圓錐面，故此系統稱為圓錐擺。求（a）擺繩的張力 F，（b）和擺錘的週期 T。

解：（a）令繩子和垂直線之間的角度為 θ。在圖 2.12b 的自由體圖，繩子的張力為 F。應用第二定律至擺錘的垂直分量，得

$$F\cos\theta - mg = 0 \quad \Rightarrow \quad F = mg\sec\theta \qquad [i]$$

　　（b）應用 [2.5] 至擺錘的水平分量，得

$$F\sin\theta = \frac{mv^2}{R} \qquad [ii]$$

其中 $R = L\sin\theta$ 為圓周半徑。將 [i] 代入 [ii]，得

$$mg\sec\theta\sin\theta = \frac{mv^2}{R}$$

$$\Rightarrow \qquad v = \sqrt{Rg\tan\theta} = \sqrt{Lg\sin\theta\tan\theta}$$

擺錘的週期為

$$T = \frac{2\pi R}{v} = \frac{2\pi L \sin\theta}{\sqrt{Lg \sin\theta \tan\theta}} = 2\pi \sqrt{\frac{L \cos\theta}{g}}$$

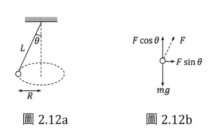

圖 2.12a   圖 2.12b

例題 2.8

一馬路的彎道外側的高度會上升，這可避免車輛因摩擦力不足以提供向心力而打滑。一質量 m 的汽車行駛於半徑 r 的彎道（圖 2.13a），該彎道的傾斜角度為 θ（圖 2.13b）。若路面的靜摩擦係數為 μ_s，試求汽車不致打滑的最高速率。

解：欲使汽車行駛的高度不變，則加速度只有水平分量。應用牛頓第二定律至水平和垂直分量：

$$N \sin\theta + f \cos\theta = \frac{mv^2}{r}$$

$$N \cos\theta - f \sin\theta - mg = 0$$

將 $f_{s,\,max} = \mu_s N$ 代入以上二式，得

$$N \sin\theta + \mu_s N \cos\theta = \frac{mv_{max}^2}{r}$$

$$N \cos\theta - \mu_s N \sin\theta = mg$$

二式相除，得

$$v_{\max} = \sqrt{rg\left(\frac{\sin\theta + \mu_s \cos\theta}{\cos\theta - \mu_s \sin\theta}\right)}$$

即使路面結冰（$\mu_s \approx 0$），汽車還是能以速率 $v = \sqrt{rg\tan\theta}$ 通過彎道而不打滑。

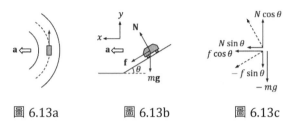

圖 6.13a　　　　　圖 6.13b　　　　　圖 6.13c

例題 2.9

一擺長 R 且質量 m 之單擺，如圖 2.14，欲對固定點 O 作鉛直圓周運動，則於最高點的速率至少為若干？

解：設細繩的張力為 T，則徑向的運動方程為

$$T - mg\cos\theta = \frac{mv^2}{R}$$

若恰能作圓周運動，則於最高點（$\theta = \pi$）的張力為零：

$$0 - mg\cos\pi = \frac{mv^2}{R}$$

$$\Rightarrow \qquad v_{\min} = \sqrt{gR}$$

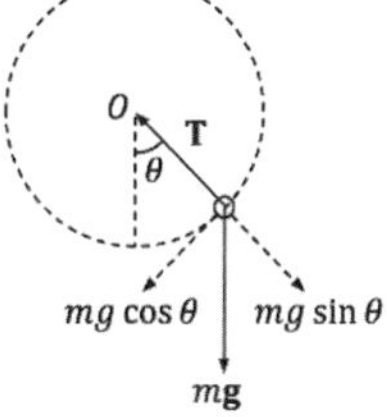

圖 2.14

2-7　質心

在圖 2.15 中，以質量可忽略之輕桿連接質量 m_1 和 m_2 的二物體。若施一外力 F 於輕桿上任一點，此系統會旋轉。然而，若施力點在某一位置上，則只會平移，此點稱為質心（center of mass；CM），如圖 2.15c。物體至質心的距離分別為 ℓ_1 和 ℓ_2，且發現

$$m_1\ell_1 = m_2\ell_2$$

由圖 2.16 可知，$\ell_1 = x_{CM} - x_1$ 且 $\ell_2 = x_2 - x_{CM}$，代入上式後可得

$$m_1(x_{CM} - x_1) = m_2(x_2 - x_{CM}) \quad \Rightarrow \quad x_{CM} = \frac{m_1 x_1 + m_2 x_2}{m_1 + m_2}$$

推廣至三維，多質點的質心位置為

$$\mathbf{r}_{CM} = \frac{m_1\mathbf{r}_1 + m_2\mathbf{r}_2 + \cdots + m_n\mathbf{r}_n}{m_1 + m_2 + \cdots + m_n} = \frac{\sum m_i\mathbf{r}_i}{M} \qquad [2.6]$$

其中 $M = \sum m_i$ 為系統的總質量。

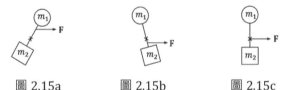

圖 2.15a　　　　圖 2.15b　　　　圖 2.15c

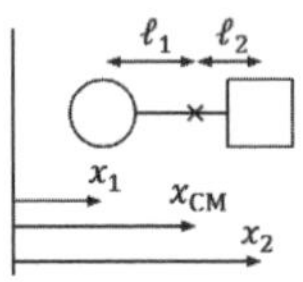

圖 2.16

當物體為連續分佈時，如圖 2.17，將其分割為質元 Δm，則質心的 x 座標為

$$x_{CM} \approx \frac{1}{M}\sum x_i\,\Delta m_i$$

取極限 $\Delta m_i \to 0$，則

$$x_{CM} = \lim_{\Delta m_i \to 0} \frac{1}{M} \sum x_i \, \Delta m_i = \frac{1}{M} \int x \, dm \qquad [2.7]$$

同理可得質心的 y 和 z 座標。質心位置為

$$\mathbf{r}_{CM} = \frac{1}{M} \int \mathbf{r} \, dm \qquad [2.8]$$

圖 2.17

習題

1. 證明圓錐擺（如圖 2.12a）之週期為

$$T = 2\pi \sqrt{\frac{L \cos \theta}{g}}$$

2. 二球 A、B 具有相同的重量 W 和半徑 R，並置於底邊長 $3.6\,R$ 的光滑容器中，如圖 2.18。試求（a）器壁對 A 球的正向力；（b）A、B 二球之間的作用力；（c）容器底部對 B 球的作用力；（d）容器側邊對 B 球的作用力。

圖 2.18

3. 半徑相同的二均勻球體，重量均為 W，將它們置於斜角 60° 和 30° 的二光滑斜面上，如圖 2.19。試求二球體之間的正向力大小。

圖 2.19

4. 將半徑 R 且重量 W 之二均勻球體，置於半徑 $3R$ 之半球形碗中，如圖 2.20。試求（a）二球之間的作用力；（b）球和碗壁之間的作用力。

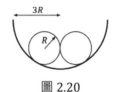

圖 2.20

第 3 章 能量

3-1 功

　　當物體受到定力 **F** 而有一位移 **s**，如圖 3.1，定義力對物體所作的功 W（work）為

$$W \equiv \mathbf{F} \cdot \mathbf{s} \qquad （\text{joule}；\text{J}） \qquad [3.1]$$

當力和位移垂直時，不會作功。

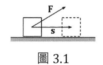

圖 3.1

　　當力會隨位置而變，則

$$W = \int_A^B \mathbf{F} \cdot d\mathbf{s}$$

$$= \int_A^B \left(F_x\hat{\mathbf{i}} + F_y\hat{\mathbf{j}} + F_z\hat{\mathbf{k}}\right) \cdot \left(dx\hat{\mathbf{i}} + dy\hat{\mathbf{j}} + dz\hat{\mathbf{k}}\right)$$

$$= \int_{x_i}^{x_f} F_x dx + \int_{y_i}^{y_f} F_y dy + \int_{z_i}^{z_f} F_z dz \qquad [3.2]$$

在 $F\text{-}x$ 圖中，作功為曲線下面積。

　　圖 3.2 顯示一質量 m 的物體沿著無摩擦斜面運動。利用 [3.1]，重力對物體作功

$$W_g = m\mathbf{g} \cdot \mathbf{s} = (-mg\hat{\mathbf{j}}) \cdot (\Delta x\hat{\mathbf{i}} + \Delta y\hat{\mathbf{j}}) = -mg\Delta y \qquad [3.3]$$

不論物體是在斜面上或只有垂直運動，只要垂直位移相同，重力就作相同的功。

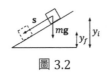

圖 3.2

　　在無摩擦水平面上，一木塊和彈簧連接，如圖 3.3。虎克（Robert Hooke）發現彈簧的彈力 F_s 和其伸長量 x（或壓縮量）之間的關係式，並稱為虎克定律（Hooke's law）：

$$F_s = -kx \qquad [3.4]$$

其中常數 k（單位N/m）稱為力常數（force constant）。在平衡位置上，彈簧的長度為自然長度。在 [3.4] 中負號表示彈力與位移方向相反。

　　若木塊由 x_i 至 x_f，彈力對木塊作功

$$W_s = \int_{x_i}^{x_f} (-kx)dx = -\frac{1}{2}k\left(x_f^2 - x_i^2\right) \qquad [3.5]$$

與重力相同，理想彈簧作功只與初和末位置有關。

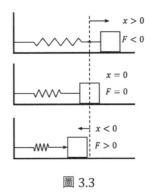

圖 3.3

3-2 動能和功能定理

　　考慮一維運動，質量 m 的質點受到定力 F，利用牛頓第二定律，淨力作功

$$W_{\text{net}} = \int_{x_i}^{x_f} F \, dx = \int_{x_i}^{x_f} ma \, dx$$

$$= \int_{x_i}^{x_f} m \frac{dv}{dt} \, dx = \int_{x_i}^{x_f} m \frac{dx}{dt} \, dv = \int_{v_i}^{v_f} mv \, dv$$

$$= \frac{1}{2} mv_f^2 - \frac{1}{2} mv_i^2 \qquad\qquad [3.6]$$

定義質點的動能 K(kinetic energy) 為

$$K \equiv \frac{1}{2} mv^2 \qquad (\text{J}) \qquad\qquad [\mathbf{3.7}]$$

以動能將 [3.6] 表示為

$$W_{\text{net}} = \Delta K \qquad\qquad [\mathbf{3.8}]$$

此式為功能定理（work-energy theorem）：對物體作功且其只有速率改變（沒有形變），則所作的淨功 W_{net} 會等於系統的動能變化 $\Delta K = K_f - K_i$。將 [3.8] 寫為 $K_f = K_i + W_{\text{net}}$，若淨功為正值，則系統的速率增加；若淨功為負值，則速率降低。

3-3 守恆力

考慮一物體沿著粗糙斜面往上移動，再落回原位置，如圖 3.4。由[3.3]可知，當物體上升時，重力對物體作功 $W_g = -mgh$；當物體下降時，作功 $W_g = +mgh$。過程中，重力作的淨功為 $W_g = 0$。相反地，摩擦力在上升和下降時均作功 $-fd$，故摩擦力作功為 $W_f = -2fd$，與路徑長度有關。

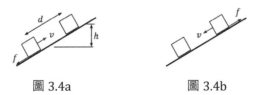

圖 3.4a   圖 3.4b

可利用路徑的相依性，將力分為守恆力（conservative force）和非守恆

力（non-conservative force）。因為守恆力作功與路徑無關，故守恆力必須為位置的函數。重力和彈力為守恆力，摩擦力和磁力非守恆力。

當一質點受到守恆力作用而由 A 往 B 運動，如圖 3.5，由於守恆力作功與路徑無關，故在路徑 1 和路徑 2，守恆力對質點作相同的功：

$$W_{A \to B}^{(1)} = W_{A \to B}^{(2)} \tag{3.9}$$

若改變路徑 2 的方向，守恆力不變但無窮小位移反向。因此，功的正負號改變：$W_{A \to B}^{(2)} = -W_{B \to A}^{(2)}$。因而可將 [3.9] 改寫為

$$W_{A \to B}^{(1)} = -W_{B \to A}^{(2)}$$

$$\Rightarrow \qquad W_{A \to B}^{(1)} + W_{B \to A}^{(2)} = 0 \tag{3.10}$$

繞任何封閉路徑，守恆力作功為零。

圖 3.5

3-4 位能

考慮由物體和地球所組成的系統，且我們將物體舉起。若過程前後物體均靜止，則系統的動能不變，表示我們對系統所作的功會儲存為其它形式的能量，稱為位能（potential energy）。系統的位能與相對位置有關。位能為系統的能量，但我們通常稱為物體的位能，這是因為我們忽略地球的移動，然而由牛頓第三定律可知，地球也會移動。

作功前後，動能不變。此時，外力作功會轉換為系統的位能 U：

$$W_{\text{ext}} = \Delta U = U_f - U_i \tag{3.11}$$

物體受到的淨力為外力和重力（守恆力），$\mathbf{F}_{\text{net}} = \mathbf{F}_{\text{ext}} + \mathbf{F}_{\text{c}}$。由於物體的動能變化 $\Delta K = 0$，由功能定理 [3.8]，

$$W_{\text{net}} = \Delta K$$

$$\Rightarrow \qquad W_{\text{ext}} + W_{\text{c}} = 0$$

$$\Rightarrow \qquad W_c = -W_{\text{ext}} \qquad\qquad [3.12]$$

因此，可用守恆力作功來定義位能變化：

$$W_c = -\Delta U \qquad\qquad \mathbf{[3.13]}$$

負號指出，守恆力作正功會減少位能。

將 [3.3] 代入 [3.13]，得 $\Delta U_g = mg\Delta y$。因此，定義地表的重力位能（gravitational potential energy）為

$$U_g \equiv mgy \qquad\qquad \mathbf{[3.14]}$$

將 [3.5] 代入 [3.13]，得 $\Delta U_s = \frac{1}{2}k(x_f^2 - x_i^2)$。因此，定義系統的彈性位能（elastic potential energy）為

$$U_s \equiv \frac{1}{2}kx^2 \qquad\qquad \mathbf{[3.15]}$$

彈性位能實際上是原子間的電位能，可將彈性位能視為彈簧形變所儲存的能量。

當一質點由 A 點移至 B 點，由 [3.13]，可求出位能變化：

$$dU = -dW_c = -\mathbf{F}_c \cdot d\mathbf{s}$$

$$\Rightarrow \qquad U_B - U_A = -\int_A^B \mathbf{F}_c \cdot d\mathbf{s} \qquad\qquad \mathbf{[3.16]}$$

只有守恆力才能定義位能，因為只有守恆力與路徑無關。

3-5 力學能

考慮一質點只受到守恆力，則 $W_{\text{net}} = W_c$。由 [3.8] 和 [3.13]，得

$$\Delta K = -\Delta U$$

$$\Rightarrow \qquad \Delta K + \Delta U = 0 \qquad\qquad \mathbf{[3.17]}$$

或寫為

$$\left(K_f - K_i\right) + \left(U_f - U_i\right) = 0$$

$$\Rightarrow \qquad K_i + U_i = K_f + U_f \qquad\qquad \mathbf{[3.18]}$$

定義系統的力學能 E（mechanical energy）為

$$E \equiv K + U \qquad\qquad [3.19]$$

則可將 [3.18] 寫為

$$\Delta E = 0 \qquad\qquad [3.20a]$$

$$E_i = E_f \qquad\qquad [3.20b]$$

此式稱為力學能守恆（conservation of mechanical energy）。

　　當質點受到非守恆力，由 [3.8] 和 [3.13]，得

$$W_{\text{net}} = W_c + W_{\text{nc}} = \Delta K$$

$$\Rightarrow \qquad W_{\text{nc}} = \Delta K - W_c = \Delta K + \Delta U = \Delta E$$

$$\Rightarrow \qquad W_{\text{nc}} = \Delta E \qquad\qquad [3.21]$$

下標 nc 表示非守恆。守恆力作功會改變系統的位能（$W_c = -\Delta U$），非守恆力（不論內或外）作功會改變力學能。當一孤立系統沒有受到非守恆力，則力學能守恆。

例題 3.1

在半徑 R 之光滑球面上，一物體靜止於頂點，如圖 3.6a。自靜止沿著球面自由滑下，試證物體在高度 $h = 2R/3$ 時，會離開球面。

證：設物體之速率為 v。應用牛頓第二定律至徑向方向，

$$mg \cos\theta - N = \frac{mv^2}{R}$$

物體離開球面的條件為正向力 $N = 0$。因此，

$$mg \cos\theta = \frac{mv^2}{R} \qquad \Rightarrow \qquad v^2 = gR \cos\theta = gh \qquad [\text{i}]$$

因為正向力 N 垂直於速度，故不作功，系統的力學能守恆。取地面之重力位能為零。由力學能守恆，

$$0 + mgR = \frac{1}{2}mv^2 + mgh \qquad \Rightarrow \qquad v^2 = 2g(R - h) \qquad [\text{ii}]$$

由 [i] 和 [ii]，得

$$gh = 2g(R - h) \quad \Rightarrow \quad h = \frac{2R}{3}$$

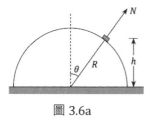

圖 3.6a

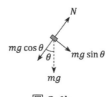

圖 3.6b

例題 3.2

一繩長 0.5 m 且擺錘質量 2 kg 之單擺，如圖 3.7。當 $\theta = 30°$ 時，速率為 $v = 1.5$ m/s。試求在最低點和最高點時，繩子的張力。

解：由牛頓第二定律，徑向分量為

$$T - mg \cos \theta = \frac{mv^2}{L} \qquad [\text{i}]$$

可由能量守恆得到速率。取最低點的重力位能為 $U_g = 0$。由力學能守恆，可求出最低點的速率：

$$\frac{1}{2}mv^2 + mgL(1 - \cos \theta) = \frac{1}{2}mv_{\max}^2$$
$$\Rightarrow \qquad v_{\max}^2 = v^2 + 2gL(1 - \cos \theta) = 3.6 \qquad [\text{i}]$$

代入 [i]，得最低點的繩子張力

$$T = mg + \frac{mv_{\max}^2}{L} = 33.9 \text{ N}$$

在最高點的速率為零，由 [i]，此時張力為 $T = mg \cos \theta_{\max}$。由力學能守恆，

$$\frac{1}{2}mv^2 + mgL(1 - \cos\theta) = mgL(1 - \cos\theta_{\max})$$

$$\Rightarrow \qquad mg\cos\theta_{\max} = mg\cos\theta - \frac{1}{2}mv^2 = 14.7$$

因此，張力 $T = 14.7\,\text{N}$。

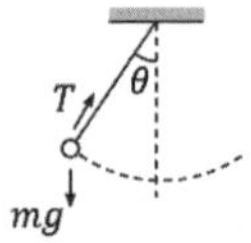

圖 3.7

例題 3.3

一物體自高度 h 的光滑軌道上由靜止滑下，並通過半徑 R 之圓形軌道，如圖 3.8a。若物體恰能作圓周運動，試求最低高度 h？

解：設物體質量為 m 且速率為 v。由於重力 mg 為守恆力，且正向力 N 不做功（垂直於運動方向），故力學能守恆。取 B 點的重力位能為零，由力學能守恆，

$$mgh = \frac{1}{2}mv^2 + mg\left[R + R\sin\left(\theta - \frac{\pi}{2}\right)\right]$$

$$\Rightarrow \qquad v^2 = 2gh - 2gR(1 - \cos\theta) \qquad \text{[i]}$$

圖 3.8b 為物體在 C 點所受的力，徑向的運動方程式為

$$N + mg\cos(\pi - \theta) = \frac{mv^2}{R}$$

$$\Rightarrow \qquad N - mg\cos\theta = \frac{mv^2}{R} \qquad \text{[ii]}$$

將 [i] 代入 [ii]，得

$$N = \frac{2mgh}{R} - 2mg + 3mg\cos\theta$$

物體不掉落之條件為 $N \geq 0$，即

$$\frac{2mgh}{R} - 2mg + 3mg\cos\theta \geq 0$$

物體在 D 點亦滿足此方程式。將 $\theta = \pi$ 代入，得

$$h \geq \frac{5}{2}R$$

將 $h = \frac{5}{2}R$ 代入 [i]，會得到 $v^2 = Rg$，速度不為零。這是因為，若物體在 D 點之速率為零，表示它在該處作自由落體運動，而不會作圓周運動。

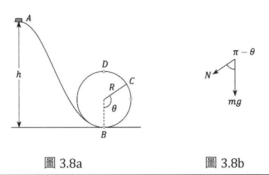

圖 3.8a   圖 3.8b

例題 3.4

以輕繩連接質量 m_1 和 m_2 的二木塊，並繞過無摩擦的滑輪，如圖 3.9。在粗糙平面上的木塊與力常數 k 之彈簧連接。當彈簧未伸長時，將木塊由靜止釋放。若 m_2 在靜止前落下距離 h，試求 m_1 和水平面之間的動摩擦係數 μ_k。

解：因為二木塊的初速和末速均為零，故動能變化為零。取初態的彈性位能為零，則系統的彈性位能變化為

$$\Delta U_s = \frac{1}{2}kh^2$$

只有 m_2 有重力位能變化。取 m_2 在最低點的重力位能為零，則系統的重力位能變化為

$$\Delta U_g = 0 - m_2 gh$$

非守恆力（動摩擦力）作功

$$W_{nc} = -f_k h = -(\mu_k N)h = -\mu_k m_1 gh$$

由 [3.21]，

$$\frac{1}{2}kh^2 - m_2 gh = -\mu_k m_1 gh$$

$$\Rightarrow \qquad \mu_k = \frac{2m_2 g - kh}{2m_1 g}$$

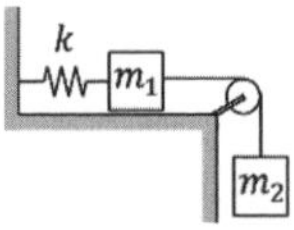

圖 3.9

3-6 功率

功率（power）為能量傳遞的速度，定義為

$$P \equiv \frac{dE}{dt} \qquad \left(\text{watt}；\text{W}\right) \tag{3.22}$$

若在時距 Δt 內，外力對質點作功 ΔW，則平均功率為

$$P_{avg} = \frac{\Delta W}{\Delta t} \tag{3.23}$$

當物體有一無窮小位移 $d\mathbf{r}$，則定力 $\mathbf{F}$ 作功 $dW = \mathbf{F} \cdot d\mathbf{r}$。由於質點速度為 $\mathbf{v} = d\mathbf{r}/dt$，故可將瞬時功率寫為

$$P = \frac{dW}{dt} = \frac{\mathbf{F} \cdot d\mathbf{r}}{dt} = \mathbf{F} \cdot \mathbf{v} \tag{3.24}$$

習題

1. 設一物體質量為 m，受一守恆力作用，設守恆力 F 與物體運動位置的關係可寫成 $F = 6x^2 - 2x + 6$（單位 N），求當 m 的位置 x 由 1 m 移

至 3 m 時，位能的變化是多少？

2. 一物體以初速 v 且仰角 53° 斜拋。當速度與水平方向之夾角為37°，求物體之高度？

3. 物體作斜向拋射，在最大高度時的速率為最大高度一半時的 $\sqrt{2/5}$，求物體之拋射角？

4. 在圖 3.8a 中，若質量 m 的物體自高度 $5R$ 處落下，則在半徑 R 的軌道頂端時，物體受到的正向力為若干？

5. 一擺長 L 的單擺，在懸掛點下方 d 處有一釘子，如圖 3.10。(a) 若擺錘在低於釘子處釋放，證明在碰到釘子後，擺錘會回到原高度。(b) 若擺錘在 $\theta = 90°$ 處釋放，且繞著釘子擺動一完整的圓，證明 d 的最小值為$3L/5$。

圖 3.10

6. 將力常數 k 的彈簧的一端固定在牆上，另一端接至質量 m 的物體，如圖 3.11。施一水平定力 F 使物體在光滑水平面上運動，求物體和彈簧系統的最大位能。

7. 將力常數 k 的彈簧的一端固定在牆上，另一端接至質量 m_1 的物體 A，如圖 3.12。將彈簧壓縮 x_0，並在 A 旁放上質量 m_2 的物體 B。撤除外力，試求 (a) 物體 B 的末速；(b) 彈簧的最大伸長量。

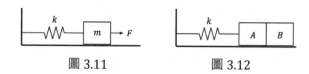

圖 3.11　　　　　　圖 3.12

第 4 章 動量

4-1 線動量

質量 m 的質點以速度 $\mathbf{v}$ 運動，定義線動量（linear momentum）為

$$\mathbf{p} \equiv m\mathbf{v} \quad (\text{kg} \cdot \text{m/s}) \qquad [4.1]$$

可利用線動量來表示牛頓第二定律：

$$\sum \mathbf{F} = m\mathbf{a} = m\frac{d\mathbf{v}}{dt} = \frac{d(m\mathbf{v})}{dt}$$

$$\Rightarrow \qquad \sum \mathbf{F} = \frac{d\mathbf{p}}{dt} \qquad [4.2]$$

線動量的時變率等於作用在質點上的淨力。

考慮二質點的孤立系統，如圖 4.1。實驗發現線動量守恆：

$$\mathbf{p}_1 + \mathbf{p}_2 = 常量 \qquad 或 \qquad \Delta\mathbf{p}_1 + \Delta\mathbf{p}_2 = 0 \qquad [4.3]$$

由於為孤立系統，故質點 1 只受到質點 2 施加的力 $\mathbf{F}_{12}$，同理，質點 2 只受力 $\mathbf{F}_{21}$。由 [4.2] 可得

$$\Delta\mathbf{p}_1 = \mathbf{F}_{12}\Delta t$$

$$\Delta\mathbf{p}_2 = \mathbf{F}_{21}\Delta t$$

因此，

$$(\mathbf{F}_{12} + \mathbf{F}_{21})\Delta t = 0$$

$$\Rightarrow \qquad \mathbf{F}_{12} = -\mathbf{F}_{21} \qquad [4.4]$$

得到牛頓第三定律。

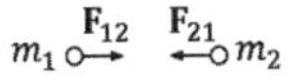

$$m_1 \circ\!\!\xrightarrow{\mathbf{F}_{12}} \quad \xleftarrow{\mathbf{F}_{21}}\!\!\circ m_2$$

圖 4.1

例題 4.1

一質量 m 之物體以初速 v 朝質量 M 之靜止楔形木塊移動，如圖 4.2a。若所有接觸面均無摩擦，求物體上升之最大高度。

解：當物體上升至最大高度時，物體和木塊會以相同的速率 V 移動。由動量守恆，

$$mv = (m + M)V \quad \Rightarrow \quad V = \frac{mv}{m + M}$$

由力學能守恆，

$$\frac{1}{2}mv^2 = mgh + \frac{1}{2}(m + M)V^2 = mgh + \frac{m^2v^2}{2(m + M)}$$

$$\Rightarrow \qquad\qquad h = \frac{M}{m + M}\frac{v^2}{2g}$$

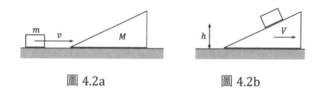

圖 4.2a　　　　　　　圖 4.2b

例題 4.2

光滑水平面上，質量 m 之木塊以速率 v 撞擊質量 M 之靜止木塊，且二者之間有一力常數 k 之彈簧，如圖 4.3a。求彈簧的最大壓縮量。

解：在最接近時，二者以相同的速度前進。由動量守恆，可求出此時的速率 V：

$$mv = (m + M)V \quad \Rightarrow \quad V = \frac{mv}{m + M}$$

由能量守恆，可得到最大壓縮量：

$$\frac{1}{2}mv^2 = \frac{1}{2}(m+M)\left(\frac{mv}{m+M}\right)^2 + \frac{1}{2}kx_{\max}^2$$

$$\Rightarrow \qquad x_{\max} = \sqrt{\frac{mM}{k(m+M)}}\,v$$

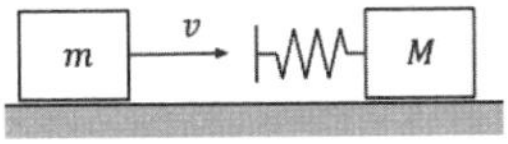

圖 4.3a 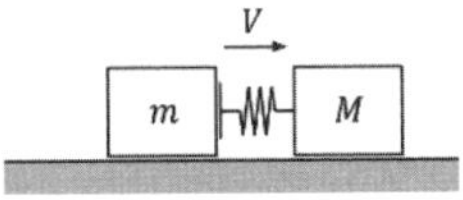　　　　　　圖 4.3b

---

例題 4.3

在地球和物體的系統中，證明我們可以忽略地球的動能。

證：當物體自由落下，由牛頓第三定律，物體和地球會受到等大反向的力而
接近彼此。在物體落下一定距離後，設質量 m 之物體的速度為 v，而質
量 M 之地球的速度為 V。由動量守恆，

$$0 = mv + MV \qquad \Rightarrow \qquad \frac{V}{v} = -\frac{m}{M}$$

地球和物體的動能比值為

$$\frac{\frac{1}{2}MV^2}{\frac{1}{2}mv^2} = \frac{M}{m}\left(\frac{V}{v}\right)^2 = \frac{m}{M}$$

因為 $m \ll M$，故地球的動能遠小於物體的動能。

4-2 碰撞

　　碰撞分為彈性（elastic）和非彈性（inelastic），二者的線動量均守恆。
若為彈性碰撞，則動能亦守恆。在彈性碰撞時，動能會全部或部分儲存為位
能，再完全轉換回動能。

　　在非彈性碰撞中，因為結構改變，部分動能會轉換為位能或其它形式的
能量，故總動能會改變。在完全非彈性碰撞，二物體會合為一體，並以相同

的速度移動。

考慮質量 m_1 和 m_2 的二質點各以初速 v_1 和 v_2（$v_1 > v_2$）沿著直線運動，如圖 4.4a。碰撞後，末速各為 v_1' 和 v_2'，如圖 4.4b。系統的動量守恆，

$$m_1 v_1 + m_2 v_2 = m_1 v_1' + m_2 v_2'$$
$$\Rightarrow \quad m_1(v_1 - v_1') = m_2(v_2' - v_2) \tag{4.5}$$

在彈性碰撞中，動能亦守恆，

$$\frac{1}{2}m_1 v_1^2 + \frac{1}{2}m_2 v_2^2 = \frac{1}{2}m_1 v_1'^2 + \frac{1}{2}m_2 v_2'^2$$
$$\Rightarrow \quad m_1(v_1^2 - v_1'^2) = m_2(v_2'^2 - v_2^2)$$
$$\Rightarrow \quad m_1(v_1 - v_1')(v_1 + v_1') = m_2(v_2' - v_2)(v_2' + v_2) \tag{4.6}$$

將 [4.5] 和 [4.6] 相除，得

$$v_1 + v_1' = v_2' + v_2$$
$$\Rightarrow \quad v_2' - v_1' = -(v_2 - v_1) \tag{4.7}$$

彈性碰撞前的相對速度（$v_2 - v_1$）會與碰撞後的相對速度（$v_2' - v_1'$）大小相等，但方向相反。在處理彈性碰撞時，以動量守恆和 [4.7] 來處理會較為簡單，而不必用動能守恆。

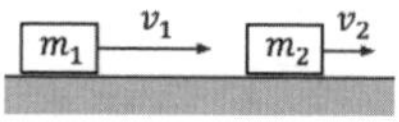

圖 4.4a 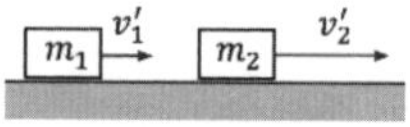   圖 4.4b

假定質點的質量和初速為已知，可由 [4.5] 和 [4.7] 此二方程式，解得二未知數（v_1' 和 v_2'）：

$$v_1' = \left(\frac{m_1 - m_2}{m_1 + m_2}\right)v_1 + \left(\frac{2m_2}{m_1 + m_2}\right)v_2 \tag{4.8a}$$

$$v_2' = \left(\frac{2m_1}{m_1 + m_2}\right)v_1 + \left(\frac{m_2 - m_1}{m_1 + m_2}\right)v_2 \tag{4.8b}$$

考慮一特例，若質量相等（$m_1 = m_2$），得

$$v_1' = v_2$$

$$v_2' = v_1$$

這表示質點的速度互換。考慮另一特例,若質量不相等($m_1 \neq m_2$)且質點 2 一開始為靜止的($v_2 = 0$),則

$$v_1' = \left(\frac{m_1 - m_2}{m_1 + m_2}\right) v_1$$

$$v_2' = \left(\frac{2m_1}{m_1 + m_2}\right) v_1$$

由此,若 $m_1 \gg m_2$,得

$$v_1' \approx v_1$$

$$v_2' \approx 2v_1$$

即一非常重的質點與非常輕的靜止質點作正向碰撞,前者不受影響,而後者的速度會是前者的二倍。若 $m_1 \ll m_2$,則

$$v_1' \approx -v_1$$

$$v_2' \approx 0$$

即一非常輕的質點與一非常重的靜止質點作正向碰撞,前者的速度會轉向,而後者仍維持靜止。

例題 4.4 衝擊擺(ballistic pendulum)

衝擊擺可用來測量子彈的速率,如圖 4.5。以輕繩懸掛質量 M 之木塊,一質量 m 的子彈射入其中,子彈嵌入木塊,使之上升高度 h 。求子彈的初速 v 。

解:若碰撞在非常短的時間內發生,則碰撞時木塊還在初位置。因為子彈嵌入木塊,故為完全非彈性碰撞。碰撞後二者以相同的速率 V 前進,由動量守恆,得

$$mv = (m + M)V \quad \Rightarrow \quad V = \frac{mv}{m + M}$$

碰撞後，系統的總動能為

$$K_f = \frac{1}{2}(m+M)V^2 = \frac{m^2 v^2}{2(m+M)}$$

系統的動能變化為

$$\Delta K = K_f - K_i = \frac{m^2 v^2}{2(m+M)} - \frac{1}{2}mv^2 = -\frac{M}{m+M}\left(\frac{1}{2}mv^2\right)$$

$\Delta K < 0$ 表示動能減少，因為部分動能轉換為熱能。

　　由於繩子張力垂直於木塊之運動方向，故不作功，因此系統的力學能守恆。取系統在最低點時的重力位能為零。衝擊擺升至最大高度時為靜止的。由力學能守恆，得

$$\frac{m^2 v^2}{2(m+M)} + 0 = 0 + (m+M)gh$$

$$\Rightarrow \qquad v = \left(\frac{m+M}{m}\right)\sqrt{2gh}$$

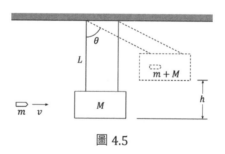

圖 4.5

例題 4.5

一質量 M 的大砲水平發射質量 m 的砲彈。若砲身可自由後退，則砲彈的出口速率為 v。若砲身固定，求砲彈的出口速率？

解：設砲身後退的速率為 V，由動量守恆，得

$$0 = mv - MV \quad \Rightarrow \quad V = \frac{mv}{M}$$

爆炸的能量 E 會轉換為砲彈和砲身的動能：

$$E = \frac{1}{2}mv^2 + \frac{1}{2}MV^2 = \frac{1}{2}mv^2 + \frac{1}{2}M\left(\frac{mv}{M}\right)^2$$

$$= \frac{1}{2}mv^2\left(1 + \frac{m}{M}\right)$$

若砲身固定，能量 E 會完全轉換為砲彈的動能。設此時砲彈的出口速率為 v'，

$$\frac{1}{2}mv'^2 = \frac{1}{2}mv^2\left(1 + \frac{m}{M}\right)$$

$$\Rightarrow \qquad v' = v\sqrt{1 + \frac{m}{M}}$$

例題 4.6 二維碰撞

二球體 A 和 B 的質量相等，且 A 朝靜止的 B 碰撞。證明彈性碰撞後，二者的速度垂直，如圖 4.6。

證：設二者的質量均 m，且 A 的初速為 $\mathbf{V}$，而碰撞後的末速分別為 $\mathbf{v}_1$ 和 $\mathbf{v}_2$。由動量守恆，

$$m\mathbf{V} = m\mathbf{v}_1 + m\mathbf{v}_2$$

$$\Rightarrow \qquad V^2 = (\mathbf{v}_1 + \mathbf{v}_2)^2 = v_1^2 + v_2^2 + 2\mathbf{v}_1 \cdot \mathbf{v}_2 \qquad \text{[i]}$$

由動能守恆，

$$\frac{1}{2}mV^2 = \frac{1}{2}mv_1^2 + \frac{1}{2}mv_2^2$$

$$\Rightarrow \qquad V^2 = v_1^2 + v_2^2 \qquad \text{[ii]}$$

比較 [i] 和 [ii] 式，可知

$$\mathbf{v}_1 \cdot \mathbf{v}_2 = 0$$

得證。

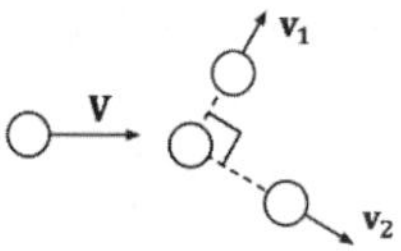

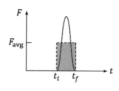

圖 4.6

4-3 衝量

　　若質點受到淨力，根據 [4.2]，會有動量變化。定義質點受到的衝量 I (impluse) 為線動量變化：

$$\mathbf{I} \equiv \Delta\mathbf{p} \quad (\mathrm{kg \cdot m/s}) \qquad [4.9]$$

若淨力 **F** 會隨時間而變，由第二定律 $\mathbf{F} = d\mathbf{p}/dt$，衝量為

$$\mathbf{I} = \int d\mathbf{p} = \int_{t_i}^{t_f} \mathbf{F} \ dt \qquad [4.10]$$

衝量大小為 $F\text{-}t$ 圖的曲線下面積，如圖 4.7。定義質點受到的平均力為

$$\mathbf{F}_{\mathrm{avg}} = \frac{1}{\Delta t} \int_{t_i}^{t_f} \mathbf{F} \ dt \qquad [4.11]$$

則可將 [4.10] 表示為

$$\mathbf{I} = \mathbf{F}_{\mathrm{avg}} \Delta t \qquad [4.12]$$

圖 4.7 中，曲線下和矩形內的面積相同。

圖 4.7

4-4　火箭

考慮質量 M 的火箭和質量 Δm 的燃料，並以速度 **v** 相對一慣性系運動，如圖 4.8a。廢氣相對於火箭的排氣速率 v_e（exhaust speed）為定值。在慣性系，若火箭速率增加至 $v + \Delta v$，則廢氣速率為 $v + \Delta v - v_e$，如圖 4.8b。由動量守恆，

$$(M + \Delta m)v = M(v + \Delta v) + \Delta m(v + \Delta v - v_e)$$
$$\Rightarrow \qquad 0 = M\Delta v + \Delta m(\Delta v - v_e)$$

若 Δv 和 Δm 很小，則可忽略 $\Delta m \Delta v$，得

$$\Delta v = v_e \frac{\Delta m}{M}$$

由於廢氣質量的增加對應至火箭質量的減少，故 $\Delta m = -\Delta M$。取極限$\Delta v \to dv$ 且 $\Delta M \to dM$，並積分：

$$dv = -v_e \frac{dM}{M}$$
$$\Rightarrow \qquad \int_{v_i}^{v_f} dv = -v_e \int_{M_i}^{M_f} \frac{dM}{M}$$
$$\Rightarrow \qquad v_f - v_i = v_e \ln\left(\frac{M_i}{M_f}\right)$$

可知，速度變化正比於排氣速率。令 M_f 為火箭質量，M_i 為火箭和燃料的總質量，可知，燃料要盡可能的多。

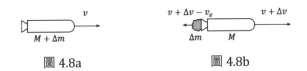

圖 4.8a　　　　　　　　　圖 4.8b

4-5　質心運動

考慮一多質點系統，總質量為 $M = \sum m_i$ 且總動量為 $\mathbf{P} = \sum \mathbf{p}_i =$

$\sum m_i \mathbf{v}_i$。將 [2.6] 對時間微分，得

$$\mathbf{v}_{CM} = \frac{\sum m_i \mathbf{v}_i}{M}$$

$\Rightarrow \qquad\qquad \mathbf{P} = M\mathbf{v}_{CM}$ [4.13]

系統的總動量 $\mathbf{P}$ 等價為，總質量 M 和質心速度 $\mathbf{v}_{CM}$ 的乘積。由此結果，在處理系統的平移運動時，可將其視為所有質量集中於質心處，並以質心速度運動。

將總動量 $\mathbf{P} = \sum m_i \mathbf{v}_i$ 對時間微分，得

$$\frac{d\mathbf{P}}{dt} = \sum m_i \mathbf{a}_i = \sum \mathbf{F}_i$$ [4.14]

其中 $\mathbf{F}_i$ 為第 i 個質點所受到的淨力（內力和外力）。由牛頓第三定律，二質點之間的內力等大反向，故內力會成對抵消，只剩下外力。因此，可由 [4.14] 得到多質點系統的牛頓第二定律：

$$\sum \mathbf{F}_{ext} = \frac{d\mathbf{P}}{dt} = M\mathbf{a}_{CM}$$ [4.15]

若系統受到的淨外力為零，則線動量不變，此為線動量守恆。

習題

1. 在一維非彈性碰撞中，碰撞前後的相對速度關係為 $(v_1 - v_2) = -e(u_1 - u_2)$，其中 e 為恢復係數（coefficient of restitution）。證明末速為

$$v_1 = \left(\frac{m_1 - em_2}{m_1 + m_2}\right)u_1 + \left(\frac{(1+e)m_2}{m_1 + m_2}\right)u_2$$

$$v_2 = \left(\frac{(1+e)m_1}{m_1 + m_2}\right)u_1 + \left(\frac{m_2 - em_1}{m_1 + m_2}\right)u_2$$

且碰撞後，損失的動能為

$$\frac{1}{2}\frac{m_1 m_2}{m_1 + m_2}(u_1 - u_2)^2(1 - e^2)$$

2. 質量 M 的大砲水平發射質量 m 的砲彈，並擊中前方的懸崖，如圖 4.9。若砲身可後退，則會擊中下方 h 處；若砲身固定，則會擊中下方 h' 處。試求比值 h/h'。

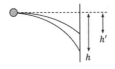

圖 4.9

3. 將力常數 k 之彈簧一端固定於牆上，另一端接至質量 m_2 的物體，其靜止於光滑水平面上，如圖 4.10。一質量 m_1 的物體自高度 h 處落下，並與 m_2 作完全非彈性碰撞，求彈簧所受的最大壓力。

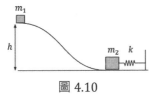

圖 4.10

4. 二單擺擺長相同，若將質量 m_1 的單擺拉起至擺線與鉛直線夾 θ 角後放開，使 m_1 在最低點與質量 m_2 的單擺發生正向碰撞，如圖 4.11。若二者作彈性碰撞，則 m_2 上升的最大高度為 h_1；若為完全非彈性碰撞，則上升的最大高度為 h_2。試求比值 h_1/h_2。

圖 4.11

5. 擺錘質量 m_1 和 m_2 的二單擺，擺長均為 L，如圖 4.12。m_2 靜止於最低點，且 m_1 於高度 h 處靜止釋放。若二者作完全非彈性碰撞，則碰

撞後質心會上升多高？

6. 一擺長 L 且擺錘質量 m 之單擺，當擺繩與垂線的夾角為 $\theta = 60°$ 時，將擺錘靜止釋放，如圖 4.13。擺錘在最低點處，與一質量 $2m$ 之靜止物體作正向碰撞。（a）若二者作彈性碰撞，求 m 反彈後的高度。（b）若為完全非彈性碰撞，則在碰撞的瞬間，擺繩的張力為多少？

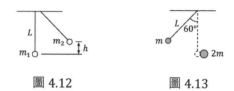

圖 4.12　　　　　圖 4.13

7. 以力常數 k 之彈簧連接質量 m 和 $2m$ 的二木塊，如圖 4.14。若 m 受到水平衝量 J，求二木塊最接近時彈簧的壓縮量。

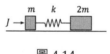

圖 4.14

8. 力常數 k 之彈簧的一端懸掛質量 m 之物體，並使之靜止於彈簧的自然長度處。突然將手放開，求（a）物體的最大動能；（b）最大彈性位能。

9. 一力常數 k 之彈簧下端掛一質量 M 之托盤，如圖 4.15。若一質量 m 之油灰自托盤上方 h 處落下，求彈簧的最大伸長量。

圖 4.15

第 5 章 轉動

5-1 角位置，角速度，角加速度

考慮一質點 P 對固定軸 O 旋轉，並作半徑 r 之圓周運動，如圖 5.1。在一時間區間，質點掃過角度 θ 和弧長 s。當弧長等於半徑時，定義此時的圓心角為單位弧度（radian）。以弧度為單位，則角度為

$$\theta = \frac{s}{r} \quad \left(\text{radian；rad}\right) \qquad [5.1]$$

因為 θ 為弧長和半徑的比值，故為無因次量，但通常給它一單位 rad。一圈（revolution；rev）的角度為 $360°$ 且圓周長為 $2\pi r$，單位轉換為

$$1 \ \text{rev} = 360° = 2\pi \ \text{rad} \qquad [5.2]$$

圖 5.1

線 OP 和 x 軸之間的夾角 θ 為質點的角位置（angular position）。在時距 $\Delta t = t_f - t_i$，質點的角位置由 θ_i 至 θ_f，定義角位移（angular displacement）為

$$\Delta \theta \equiv \theta_f - \theta_i \qquad [5.3]$$

定義平均角速度和瞬時角速度為

$$\omega_{\text{avg}} \equiv \frac{\Delta \theta}{\Delta t} \qquad \left(\text{rad/s}\right) \qquad [5.4a]$$

$$\omega \equiv \lim_{\Delta t \to 0} \frac{\Delta \theta}{\Delta t} = \frac{d\theta}{dt} \qquad \left(\text{rad/s}\right) \qquad [5.4b]$$

若在時距 Δt，瞬時角速度由 ω_i 至 ω_f，定義平均角加速度和瞬時角加速度

為

$$\alpha_{\text{avg}} \equiv \frac{\Delta\omega}{\Delta t} \qquad (\text{rad/s}^2) \qquad \textbf{[5.5a]}$$

$$\alpha \equiv \lim_{\Delta t \to 0} \frac{\Delta\omega}{\Delta t} = \frac{d\omega}{dt} \qquad (\text{rad/s}^2) \qquad \textbf{[5.5b]}$$

接著要定義瞬時角速度 [5.4b] 和角加速度 [5.5b] 的方向。角速度 ω 的方向是由右手定則決定：手指彎向旋轉方向，拇指指向 ω 方向，如圖 5.2。而角加速度 α 的方向則是由 α ≡ dω/dt 所決定。若角速率隨時間增加，則 α 和 ω 同向；若角速率隨時間減少，二者反向。對有限的旋轉，角位移無法如向量相加，故平均值 ω_{avg} 和 α_{avg} 不為向量。

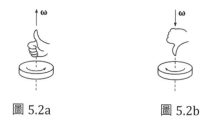

圖 5.2a　　　　　　　圖 5.2b

能以頻率 f 來表示轉速。頻率是一秒旋轉的圈數，單位為 rps 或 rpm。1 rps = 1 rev/s 表示每秒旋轉的圈數（revolutions per second），而 1 rpm = 1 rev/min 表示每分鐘旋轉的圈數。週期 T 是旋轉一圈的時間，且與頻率之間的關係為 $f = 1/T$。對等角速率運動，一個週期 T 會旋轉角度 2π（rad），由 [5.4a]，得

$$\omega = \frac{2\pi}{T} = 2\pi f \qquad (\text{rad/s}) \qquad \textbf{[5.6]}$$

在等角加速度運動中，可以得到轉動方程式：

$$\omega = \omega_0 + \alpha t \qquad \textbf{[5.7a]}$$

$$\theta = \theta_0 + \omega_0 t + \frac{1}{2}\alpha t^2 \qquad [5.7b]$$

$$\theta = \theta_0 + \frac{1}{2}(\omega_0 + \omega)t \qquad [5.7c]$$

$$\omega^2 = \omega_0^2 + 2\alpha(\theta - \theta_0) \qquad [5.7d]$$

此與運動方程式 [1.7] 有相同的形式。

考慮一質點作半徑 r 之等角加速度圓周運動，由 [5.1] 可得切線速率和角速率之間的關係：

$$\omega = \frac{d\theta}{dt} = \frac{1}{r}\frac{ds}{dt} = \frac{v}{r}$$

$$\Rightarrow \qquad v = r\omega \qquad \mathbf{[5.8]}$$

將上式對時間微分，可得切線加速度和角加速度之間的關係：

$$a_t = r\alpha \qquad \mathbf{[5.9]}$$

而質點的向心加速度可由 [5.8] 表示為

$$a_c = \frac{v^2}{r} = r\omega^2 \qquad \mathbf{[5.10]}$$

加速度的大小為 $a = (a_c^2 + a_t^2)^{1/2} = r(\omega^4 + \alpha^2)^{1/2}$。

考慮一旋轉體上的 A 和 B 點，如圖 5.3。在一給定的時距，B 對 A 有一逆時針的角位移為 $\Delta\theta$（圖 11.5a）。同時，A 對 B 有相同的角位移 $\Delta\theta$（圖 11.5b）。由此可知，對物體上任一點會有相同的角位移，且因此有相同的角速度。

圖 5.3a　　　　　　　圖 5.3b

5-2 轉動動能和轉動慣量

定義剛體為有固定大小和形狀的物體，即質點間的位置保持不變。如圖 5.4，剛體以角速率 ω 對固定軸旋轉。各質點均作圓周運動，並有相同的 ω 和 α。由 [5.8] 可知，剛體上各點雖有相同的角速率，但因 r 不同而會有不同的切線速率。第 i 個質點的動能為

$$K_i = \frac{1}{2}m_i v_i^2 = \frac{1}{2}m_i r_i^2 \omega^2$$

其中 r_i 為質點至轉軸的垂直距離，而非至原點的距離。剛體的總動能為

$$K = \frac{1}{2}I\omega^2 \qquad\qquad [5.11]$$

其中 I 稱為剛體對轉軸的轉動慣量（rotational inertia）或慣性矩（moment of inertia），定義為

$$I \equiv \sum m_i r_i^2 \qquad (\text{kg} \cdot \text{m}^2) \qquad [5.12]$$

對不同的軸旋轉，會有不同的轉動慣量。

圖 5.4

比較 [3.7] 和 [5.11]，

$$K = \frac{1}{2}mv^2 \qquad \leftrightarrow \qquad K = \frac{1}{2}I\omega^2$$

可知，轉動慣量類似於質量。質量為物體抵抗速度變化的量度，而轉動慣量為物體抵抗角速度變化的量度。

　　當系統的質量為連續分佈時，則改以積分計算轉動慣量。質元 dm 會貢獻轉動慣量 $dI = r^2 dm$，物體的轉動慣量為

$$I = \lim_{\Delta m \to 0} \sum_i \Delta m_i r_i^2 = \int r^2 dm \qquad [5.13]$$

其中 r 為質元至轉軸的距離，不是和原點的距離。表 5.1 為一些物體對通過質心的固定軸轉動的轉動慣量。

物體	轉動慣量	圖
質量 M 且長度 L 之細桿，轉軸通過質心且與桿垂直。	$I_{\mathrm{CM}} = \dfrac{1}{12} M L^2$	
質量 M 且半徑 R 之圓柱，轉軸通過中心軸。	$I_{\mathrm{CM}} = \dfrac{1}{12} M R^2$	
質量 M 且半徑 R 之球體，轉軸通過球心。	$I_{\mathrm{CM}} = \dfrac{2}{5} M R^2$	
質量 M 且半徑 R 之薄球殼，轉軸通過球心。	$I_{\mathrm{CM}} = \dfrac{2}{3} M R^2$	

表 5.1

　　考慮一剛體對 z 軸旋轉，如圖 5.5a。質元的轉動慣量為

$$dI = r^2 dm = (x^2 + y^2) dm$$

與 z 座標無關。若以質心 $(x_{\mathrm{CM}}, y_{\mathrm{CM}})$ 為原點，則質元座標為 (x', y')，且

$$x = x_{\mathrm{CM}} + x'$$

$$y = y_{CM} + y'$$

因此，剛體對 z 軸的轉動慣量為

$$I = \int (x^2 + y^2)dm$$

$$= \int [(x_{CM} + x')^2 + (y_{CM} + y')^2]dm$$

$$= (x_{CM}^2 + y_{CM}^2)\int dm + \int (x'^2 + y'^2)dm$$

$$= +2x_{CM}\int x'dm + 2y_{CM}\int y'dm$$

利用質心的定義，第三和第四項的積分為零。因此，可得平行軸定理（parallel-axis theorem）：

$$I = Mh^2 + I_{CM} \tag{5.14}$$

其中 $h = (x_{CM}^2 + y_{CM}^2)^{1/2}$ 為質心和轉軸的垂直距離。

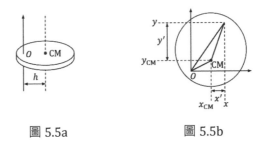

圖 5.5a　　　　　圖 5.5b

5-3　力矩和角動量

在圖 5.6 中，利用槓桿舉起物體，發現與支點的距離 r 愈近，則需施較大的力：$F \propto 1/r$。在圖 5.7 中，在施力點 P 的外力使剛體繞一固定軸 O 旋轉，只有力的垂直分量 $F_\perp = F\sin\theta$ 可使剛體旋轉，而水平分量 $F_\parallel =$

$F\cos\theta$ 只會拉動剛體。以此定義力矩（torque）：

$$\tau = rF\sin\theta$$
$$= rF_\perp = r_\perp F$$

其中 $r_\perp = r\sin\theta$ 稱為力臂（moment arm）或槓桿臂（lever arm），為力的作用線至轉軸的垂直距離。以向量表示力矩：

$$\boldsymbol{\tau} \equiv \mathbf{r}\times\mathbf{F} \quad (\text{N}\cdot\text{m}) \qquad [5.15]$$

其中 $\mathbf{r}$ 是由 O 指向 P 的向量。因為位置向量 $\mathbf{r}$ 是相對於 O，故力矩也是相對於 O。

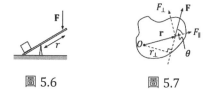

圖 5.6   圖 5.7

考慮一線動量 $\mathbf{p}$ 的質點在位置 $\mathbf{r}$ 處。將 [4.2] 代入 [5.15]，得

$$\boldsymbol{\tau} = \mathbf{r}\times\mathbf{F} = \mathbf{r}\times\frac{d\mathbf{p}}{dt} = \mathbf{r}\times\frac{d\mathbf{p}}{dt} + \frac{d\mathbf{r}}{dt}\times\mathbf{p}$$

$$= \frac{d(\mathbf{r}\times\mathbf{p})}{dt}$$

計算過程中加入一項 $(d\mathbf{r}/dt)\times\mathbf{p}$，因為 $d\mathbf{r}/dt = \mathbf{v}$ 和 $\mathbf{p} = m\mathbf{v}$ 平行，故 $(d\mathbf{r}/dt)\times\mathbf{p} = 0$。比較 [4.2] 和上式，發現線動量 $\mathbf{p}$ 和外積 $\mathbf{r}\times\mathbf{p}$ 相似：

$$\mathbf{F} = \frac{d\mathbf{p}}{dt} \quad \longleftrightarrow \quad \boldsymbol{\tau} = \frac{d(\mathbf{r}\times\mathbf{p})}{dt}$$

定義質點對原點 O 的角動量（angular momentum）為

$$\boldsymbol{\ell} \equiv \mathbf{r}\times\mathbf{p} \quad (\text{kg}\cdot\text{m}^2/\text{s}) \qquad [5.16]$$

角動量的大小和方向均與轉軸的選擇有關。當 $\mathbf{r}$ 和 $\mathbf{p}$ 平行時，角動量為零；當 $\mathbf{r}$ 和 $\mathbf{p}$ 垂直時，$\ell = mvr$。以此定義，可將力矩寫為

$$\boldsymbol{\tau} = \frac{d\boldsymbol{\ell}}{dt} \tag{5.17}$$

力矩和力相似：力等於線動量的時變率，力矩等於角動量的時變率。

　　考慮多質點系統，第 i 個質點的角動量為 $\boldsymbol{\ell}_i$，而系統的的總角動量為

$$\mathbf{L} = \boldsymbol{\ell}_1 + \boldsymbol{\ell}_2 + \cdots + \boldsymbol{\ell}_n = \sum \boldsymbol{\ell}_i \tag{5.18}$$

對時間微分，得

$$\frac{d\mathbf{L}}{dt} = \sum \frac{d\boldsymbol{\ell}_i}{dt} = \sum \boldsymbol{\tau}_i \tag{5.19}$$

其中利用到 [5.17]。質點會受到內力和外力。由牛頓第三定律可知，質點間的內力等大反向，故會成對抵消。由圖 5.8 可知，作用力和反作用力有相同的力臂，故淨內力矩為零。因此，只有淨外力矩 $\sum \boldsymbol{\tau}_{\text{ext}}$ 會改變系統的總角動量：

$$\sum \boldsymbol{\tau}_{\text{ext}} = \frac{d\mathbf{L}}{dt} \tag{5.20}$$

若系統受的淨外力矩為零，則角動量不變，此為角動量守恆。[5.20] 類似於 $\sum \mathbf{F}_{\text{ext}} = d\mathbf{p}/dt$。

圖 5.8

例題 5.1 靜力平衡

質量 M 的翹翹板以中央為支點，一質量 m_1 的物體距支點 L 處，質量 m_2（$m_2 > m_1$）的物體在另一側，如圖 5.9。若系統保持平衡，求 m_2 與支點之間的距離 d。

解一：翹翹板受到重力 Mg、正向力 N、物體的重量 m_1g 和 m_2g。取支點為轉軸，只有物體重量會貢獻力矩。平衡時受到的淨力矩為零，

$$m_1gL - m_2gd = 0 \quad \Rightarrow \quad d = \frac{m_1}{m_2}L$$

解二：平衡時受到的淨力為零：

$$N - Mg - m_1g - m_2g = 0$$

$$\Rightarrow \qquad N = (M + m_1 + m_2)g$$

取物體 m_2 為轉軸，則只有 Mg、N、m_1g 會貢獻力矩，

$$Nd - Mgd - m_1g(L + d) = 0 \quad \Rightarrow \quad d = \frac{m_1}{m_2}L$$

與解一相同，轉軸的選擇不影響結果。

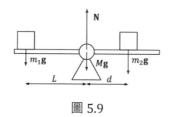

圖 5.9

5-4 對固定軸旋轉

在圖 5.10 中，質點以速率 v 對原點作半徑 R 的等速圓周運動。因為 **r** 和 **p** 垂直，得

$$\ell = Rp = Rmv = mR^2\omega \qquad [5.21]$$

其中 $\omega = v/R$ 為角速度。此時角動量 **ℓ** 和角速度 **ω** 平行。

在圖 5.11 中，原點不在圓心上。此時角動量大小為 $\ell = rmv$，但方向不和角速度 **ω** 平行。角動量的 z 分量為

$$\ell_z = \ell \sin\phi = rmv \cdot \frac{R}{r} = mR^2\omega \qquad [5.22]$$

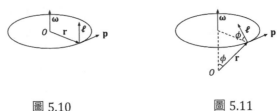

圖 5.10   圖 5.11

考慮一剛體以角速率 ω 對固定軸（z 軸）旋轉。由 [5.22]，第 i 個質點的角動量的 z 分量為 $\ell_{iz} = m_i R_i^2 \omega$。因此，剛體對固定軸旋轉的總角動量的 z 分量為

$$L_z = \sum \ell_{iz} = \sum m_i R_i^2 \omega$$

$\Rightarrow$ $\qquad\qquad L_z = I\omega$ $\qquad\qquad$ [5.23]

其中 $I = \sum m_i R_i^2$ 為對 z 軸的轉動慣量。注意，$L = I\omega$ 和 $p = mv$ 有相同的形式。[5.23] 對時間微分，由於 I 為常數，得

$$\frac{dL_z}{dt} = I \frac{d\omega}{dt}$$

$\Rightarrow$ $\qquad\qquad \sum \tau_{\text{ext}} = I\alpha$ $\qquad\qquad$ [5.24]

例題 5.2

如圖 5.12，細繩穿過光滑桌面上一孔，一端繫質量 2 kg 的物體，其作半徑 1 m 且速率 10 m/s 之等速圓周運動。將另一端下拉 0.5 m，需作功若干？

解：物體受到的張力 F 恆指向圓心，力矩為 $\tau = rF \sin 180° = 0$，故角動量守恆：

$$mvr = mv'r'$$
$\Rightarrow \qquad 2 \times 10 \times 1 = 2 \times v' \times (1 - 0.5)$
$\Rightarrow \qquad\qquad v' = 20 \ \text{m/s}^2$

作功等於動能變化:

$$W = \frac{1}{2}mv'^2 - \frac{1}{2}mv^2 = 300 \text{ J}$$

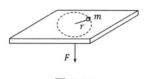

圖 5.12

例題 5.3

以輕繩連接質量 m_1 和 m_2 的二木塊,並繞過半徑 R 且質量 M 之滑輪,其對圓心的轉動慣量為 $I = \frac{1}{2}MR^2$,如圖 5.13。求木塊的加速度。

解:二木塊具有相同的速率 v 和加速度 a。若輕繩無滑動,則輪緣亦有相同的速率 v,且 $v = \omega R$。

二木塊對滑輪中心的角動量為 $m_1 vR$ 和 $m_2 vR$。由 [5.23],滑輪的角動量為 $L = I\omega$。因此,總角動量為

$$L = m_1 vR + m_2 vR + I\omega \qquad \text{[i]}$$

m_1 的重量對滑輪中心的淨外力矩為

$$\tau_{\text{ext}} = m_1 gR \qquad \text{[ii]}$$

繩子張力為系統的內力,故不考慮其貢獻之力矩。將 [i] 和 [ii] 代入 [5.20],由於 $a = dv/dt$ 且 $d\omega/dt = \alpha = a/R$,可得

$$\tau_{\text{ext}} = \frac{dL}{dt}$$

$$\Rightarrow \quad m_1 gR = \frac{d}{dt}(m_1 vR + m_2 vR + I\omega)$$

$$= m_1 aR + m_2 aR + I\alpha$$

$$= m_1 aR + m_2 aR + \frac{1}{2}MR^2 \frac{a}{R}$$

$$\Rightarrow \quad a = \frac{m_1 g}{m_1 + m_2 + M/2}$$

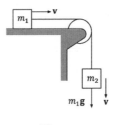

圖 5.13

例題 5.4

一半徑 R 且轉動慣量 I 之飛輪，架在無摩擦的水平軸承上，如圖 5.14。纏繞飛輪的輕繩下懸掛質量 m 的物體。計算物體的線加速度 a 和繩子張力 T。

解：飛輪受到的力矩大小為 $\tau = TR$。由 [5.24]，

$$TR = I\alpha$$

應用第二定律至物體上，

$$mg - T = ma$$

物體的線加速度 a 會等於輪緣的切線加速度 $R\alpha$。因此，

$$a = R\alpha$$

由以上三式可得

$$a = \frac{mgR^2}{I + mR^2} \qquad , \qquad T = \frac{mgI}{I + mR^2}$$

當飛輪的質量遠大於物體時，取極限 $I \to \infty$，得 $a \to 0$（物體靜止）且 $T \to mg$（繩子的張力等於重量）。

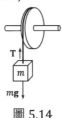

圖 5.14

例題 5.5 靜力平衡

一長度 L 且質量 M 的梯子倚靠於光滑牆面,如圖 5.15a。若梯子和地面之間的靜摩擦係數為 μ_s,試求梯子靜止的最小角度 θ。

解:梯子的自由體圖如圖 5.15b。地面會對梯子施加正向力 n 和靜摩擦力 $f_s \leq \mu_s n$;因為牆面無摩擦力,故只有正向力 N。應用第二定律至水平和垂直分量,

$$f_s - N = 0 \qquad \Rightarrow \qquad N = f_s = \mu_s n$$
$$n - mg = 0 \qquad \Rightarrow \qquad n = mg$$

正向力 $N = \mu_s n = \mu_s mg$。取 O 點為轉軸,

$$N(L \sin \theta) - mg\left(\frac{L}{2}\cos\theta\right) = 0$$

$$\Rightarrow \qquad \tan\theta = \frac{mg}{2N} = \frac{1}{2\mu_s}$$

梯子和地面之間的角度 θ 不能小於 $\tan^{-1}(1/2\mu_s)$。

圖 5.15a   圖 5.15b

例題 5.6

一長度 L 且質量 M 的均勻長桿,靜止於半徑 R 之半球狀碗中,如圖 5.16a。試求碗邊作用於長桿上的力。

解:長桿會受到三個力:重量 Mg、正向力 N_A 和 N_B。因為處於靜力平衡,故三力會交於一點 C。由於正向力 N_A 會通過圓心 O,且 N_B 會垂直於長桿,故 C 點在圓上,且 $AC = 2R$ 為直徑,如圖 5.16b。

設長桿和水平之間的夾角為 θ。由於三角形 OAB 為等腰三角形,故角 OAB 的角度為 θ。取 A 點為支點,由力矩平衡,

$$N_B(2R\cos\theta)\sin\left(\frac{\pi}{2}\right) - Mg\left(\frac{L}{2}\right)\sin\left(\frac{\pi}{2}+\theta\right) = 0$$

$$\Rightarrow \qquad N_B = \frac{L}{4R}Mg$$

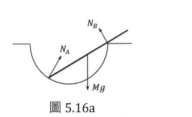

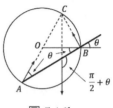

圖 5.16a　　　　　　　圖 5.16b

例題 5.7

以二條繩子纏繞質量 M 且半徑 R 之均勻圓柱，如圖 5.17a。使圓柱保持水平後釋放，求（a）圓柱的線加速度，（b）和繩子張力。

解：（a）對瞬時中心 P 點，圓柱重量 Mg 產生的力矩使質心有角加速度 $\alpha = a/R$：

$$Mg \cdot R = I_P\alpha = \left(\frac{3}{2}MR^2\right)\left(\frac{a}{R}\right) \quad \Rightarrow \quad a = \frac{2g}{3}$$

（b）圓柱所受合力為 $Mg - 2T$，由牛頓第二定律，

$$Mg - 2T = Ma$$

$$\Rightarrow \qquad T = \frac{M}{2}(g-a) = \frac{Mg}{6}$$

圖 5.17a　　　　　　圖 5.17b

5-5 滾動

　　考慮一半徑 R 且質量 M 之均勻圓柱在水平面上滾動而無滑動,如圖 5.18。在時間 t 內,質心前進的距離 s 會等於 $R\theta$。因此,質心速率為

$$v_{CM} = \frac{ds}{dt} = R\frac{d\theta}{dt} = R\omega \qquad [5.25]$$

其中 ω 為圓柱的角速率。對純滾動運動,質心的線加速度大小為

$$a_{CM} = \frac{dv_{CM}}{dt} = R\frac{d\omega}{dt} = R\alpha \qquad [5.26]$$

其中 α 為圓柱的角加速度。

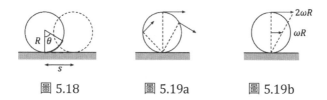

圖 5.18　　　　圖 5.19a　　　　圖 5.19b

　　由於圓柱不滑動,故與平面之接觸點 P 為靜止的,且圓柱以角速度 ω 對 P 點旋轉(圖 5.19a)。由 [5.8],因為對 P 點的角速度均相同,故離 P 點愈遠則速率愈大(圖 5.19b)。

　　圓柱對 P 點旋轉的動能為

$$K = \frac{1}{2}I_P\omega^2 \qquad [5.27]$$

由平行軸定理,對 P 點旋轉的轉動慣量為 $I_P = I_{CM} + MR^2$。再利用 $v_{CM} = R\omega$,可將 [5.27] 表示為

$$K = \frac{1}{2}(I_{CM} + MR^2)\omega^2$$

$$= \frac{1}{2}I_{CM}\omega^2 + \frac{1}{2}Mv_{CM}^2 \qquad [5.28]$$

第一項 $\frac{1}{2}I_{CM}\omega^2$ 表示對質心的轉動動能，第二項 $\frac{1}{2}Mv_{CM}^2$ 表示平移動能。

例題 5.8

將質量 M 且半徑 R 的圓柱，自斜面上釋放，如圖 5.20a。若只有滾動而無滑動，求高度下降 h 時的質心速率 v_{CM}。

解：圓柱受到重力 Mg、正向力 N 和摩擦力 f，如圖 5.20b。由於接觸點 P 的速率 $v_P = 0$，故作用於該點的力所作的功 $dW = \mathbf{F} \cdot d\mathbf{r} = F \cdot v_P \, dt = 0$；即正向力 N 和靜摩擦力 f 不作功。但若有滑動，則會因動摩擦力（非守恆力）而損失力學能。取原位置的重力位能 $U_g = Mgh$。由力學能守恆，

$$Mgh = \frac{1}{2}I_{CM}\omega^2 + \frac{1}{2}Mv_{CM}^2$$
$$= \frac{1}{2}I_{CM}\left(\frac{v_{CM}}{R}\right)^2 + \frac{1}{2}Mv_{CM}^2$$
$$\Rightarrow \qquad v_{CM}^2 = \frac{2gh}{(I_{CM}/MR^2) + 1}$$

將轉動慣量 $\frac{1}{2}MR^2$ 代入，得 $v_{CM} = 2\sqrt{3gh}/3$，發現質心速率與半徑無關。

　　由上式可知，轉動慣量愈大，質心速率愈低。令 $I_{CM} = 0$，會得到自由落體的速率 $v = \sqrt{2gh}$。

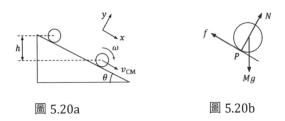

圖 5.20a　　　　　　圖 5.20b

例題 5.9

承上題，求圓柱的質心加速度 a_{CM}。

解一：利用運動方程式，$v_{CM}^2 = 2a_{CM}x$，和關係式 $h = x\sin\theta$，可將例題 5.8 之結果寫為

$$2a_{CM}x = \frac{2gx\sin\theta}{(I_{CM}/MR^2) + 1}$$

$$\Rightarrow \qquad a_{CM} = \frac{g\sin\theta}{(I_{CM}/MR^2) + 1}$$

將轉動慣量 $\frac{1}{2}MR^2$ 代入，得 $a_{CM} = \frac{2}{3}g\sin\theta$。令 $I_{CM} = 0$，會得到物體在無摩擦斜面上滑動的加速度 $a = g\sin\theta$。

解二：應用第二定律至質心的平移運動，

$$Mg\sin\theta - f = Ma_{CM}$$

重力 Mg 和正向力 N 通過質心，故對質心之力矩為零。只有摩擦力會對質心貢獻力矩 $\tau = fR$。應用轉動定理至繞質心的轉動運動，

$$fR = I_{CM}\alpha \qquad \Rightarrow \qquad f = \frac{I_{CM}\alpha}{R} = \frac{I_{CM}a_{CM}}{R^2}$$

聯立以上二式，可得到解一的結果。

解三：同樣以動力學的方法，但考慮對瞬軸 P 的轉動。由於正向力 N 和摩擦力 f 通過瞬軸 P，故不貢獻力矩。此時只有重力會貢獻力矩。應用轉動定理至瞬軸，

$$MgR\sin\theta = I_P\alpha$$

由平行軸定理，$I_P = I_{CM} + MR^2$，代入上式，即可得到解一的結果。

解四：由例題 5.8 的討論可知力學能守恆。在高度 y 時的力學能為

$$\frac{1}{2}Mv_{CM}^2 + \frac{1}{2}I_{CM}\omega^2 + Mgy = C$$

其中 C 為常數。對時間微分，得

$$Mv_{CM}\frac{dv_{CM}}{dt} + I_{CM}\omega\frac{d\omega}{dt} + Mg\frac{dy}{dt} = 0$$

$$\Rightarrow \qquad Mv_{CM}a_{CM} + I_{CM}\frac{v_{CM}}{R}\frac{a_{CM}}{R} + Mg\frac{dy}{dt} = 0$$

將 $dy/dt = d(-x'\sin\theta)/dt = -v_{CM}\sin\theta$ 代入，即可求解，其中 x' 是沿著質心的運動方向。

例題 5.10

一均勻圓柱自斜角 θ 的斜面滾下，如圖 5.20a。若只有滾動而無滑動，則二者之間的靜摩擦係數 μ 至少為若干？

解：設圓柱的質量 m 且半徑 R，自由體圖如圖 5.20b。圓柱受到正向力 $N = mg\cos\theta$ 且摩擦力 $f = \mu mg\cos\theta$。應用牛頓第二定律至 x 分量，

$$mg\sin\theta - \mu mg\cos\theta = ma \qquad\qquad [i]$$

由平行軸定理，對瞬軸 P 的轉動慣量為 $I_P = \frac{1}{2}mR^2 + mR^2 = \frac{3}{2}mR^2$。

由於 N 和 f 通過瞬軸 P，故只有重量 mg 會貢獻對瞬軸 P 的力矩：

$$\Rightarrow$$

$$mgR\sin\theta = I_P\alpha = \left(\frac{3}{2}mR^2\right)\frac{a}{R}$$

$$\Rightarrow \qquad a = \frac{2}{3}g\sin\theta$$

代入 [i] 可得

$$\mu = \frac{1}{3}\tan\theta$$

5-6 功和功率

在圖 5.21，一外力 **F** 作用於施力點 P，使剛體對固定軸 O 旋轉。在無窮小時距 dt，P 點移動的弧長為 $ds = r\,d\theta$。外力作功

$$dW = \mathbf{F} \cdot d\mathbf{s} = (F\sin\phi)r\,d\theta$$

$$= \tau \, d\theta$$

瞬時功率為

$$P = \frac{dW}{dt} = \frac{\tau \, d\theta}{dt} = \tau \omega \qquad\qquad [5.29]$$

類似於 $P = Fv$。

　　將力矩表示為適當的形式，可導出轉動的功能定理：

$$\tau = I \frac{d\omega}{dt} = I \frac{d\omega}{d\theta} \frac{d\theta}{dt} = I \frac{d\omega}{d\theta} \omega$$
$$\Rightarrow \qquad dW = \tau \, d\theta = I \omega \, d\omega$$
$$\Rightarrow \qquad W = \frac{1}{2} I \omega_f^2 - \frac{1}{2} I \omega_i^2 \qquad\qquad [5.30]$$

力矩作功，會改變轉動動能。

圖 5.21

習題

1. 一擺錘質量 m 且擺長 ℓ 之圓錐擺，擺繩與垂直線之間的角度為 θ，如圖 5.22。證明擺錘的角動量大小為

$$L = \left(\frac{m^2 g \ell^3 \sin^4 \theta}{\cos \theta} \right)^{1/2}$$

圖 5.22

2. 飛輪半徑為 R，自靜止以等角加速度 α 轉動，則在時刻 t，輪緣上某點對輪心的向心加速度為多少。

3. 質量 M，長度 a，寬度 b 之均勻長方形薄板，一轉軸垂直通過其質心，求此板對此轉軸的轉動慣量。

4. 質量 M 且半徑 R 之圓盤，若以一直徑為軸，則轉動慣量為若干？

5. 以輕繩連接質量 m_1 和 m_2 的二物體，並繞過半徑 R 且轉動慣量 I 之滑輪，如圖 5.23。繩子和滑輪間沒有滑動，且系統由靜止釋放。當 m_2 下降距離 h 後，試求滑輪之角速率。

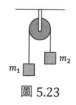

圖 5.23

第 6 章　行星運動

6-1　萬有引力定律

　　牛頓分析月球繞地運動，認為這與蘋果落地受到相同的力定律影響。考慮質量 m_1 和 m_2 的二質點相距 r。由牛頓第二定律，質點受力與其質量成正比，$F_{12} \propto m_1$ 且 $F_{21} \propto m_2$。由牛頓第三定律可知，$F_{12} = F_{21}$。因此，$F \propto m_1 m_2$。牛頓於 1687 年提出萬有引力定律（law of universal gravitation）：

$$F = \frac{Gm_1 m_2}{r^2} \qquad [6.1]$$

其中 G 為萬有引力常數（universal gravitational constant）。卡文迪西（Henry Cavendish）於 1798 年以實驗測出萬有引力常數

$$G = 6.67 \times 10^{-11} \qquad (\text{N} \cdot \text{m}^2/\text{kg}^2)$$

將此定律表示為向量形式，

$$\mathbf{F} = -\frac{Gm_1 m_2}{r^2} \hat{\mathbf{r}} \qquad [6.2]$$

其中 $\hat{\mathbf{r}}$ 是單位向量，負號表示萬有引力為吸引力。

　　[6.2] 是質點之間的萬有引力。任意形狀的物體之間沒有明確的 r 值，必須利用積分計算。然而當質量分佈為球對稱時，可將 r 取為球心之間的距離。

6-2　克卜勒第一定律

　　德國天文學家克卜勒（Johannes Kepler）分析丹麥天文學家第谷（Tycho Brahe）的天文數據，得到行星三大運動定律。（前二個在 1609 年

提出，而第三個在 1619 年提出。）克卜勒第一定律為：行星以橢圓軌道繞日運動，且太陽在一焦點上。克卜勒第一定律為萬有引力的平方反比性質的結果。在圖 6.1 中，F_1 和 F_2 為橢圓的二焦點。橢圓上二點間的最長距離為 $2a$，稱為長軸（major axis）；最短距離為 $2b$，稱為短軸（minor axis）。中心至一焦點的距離為 c，且 $a^2 = b^2 + c^2$。行星最接近太陽的一點 P 稱為近日點（perihelion），而距離太陽最遠的一點 A 稱為遠日點（aphelion）。對繞地運動，P 點稱為近地點（perigee），A 點稱為遠地點（apogee）。行星在近日點會有最高的速率，在遠日點會有最低的速率。

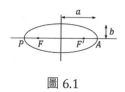

圖 6.1

6-3 克卜勒第二定律

考慮一質量 m 的行星繞太陽作橢圓軌道運動，如圖 6.2。若太陽的質量遠大於行星的質量，則太陽靜止。太陽對行星施加的萬有引力 **F** 沿著二星體的連線 **r** 為連心力 (central force)，故力矩為 $\boldsymbol{\tau} = \mathbf{r} \times \mathbf{F} = 0$。因為行星受到的淨力矩為零，故其角動量為常量：

$$\mathbf{L} = \mathbf{r} \times \mathbf{p} = m\mathbf{r} \times \mathbf{v} = 常量 \qquad [6.3]$$

角動量的方向不變，表示軌道的平面不變。

在時距 dt 內，向量 **r** 掃過的三角形面積為

$$dA = \frac{1}{2}|\mathbf{r} \times d\mathbf{r}| = \frac{1}{2}|\mathbf{r} \times \mathbf{v}dt| = \frac{L}{2m}dt$$

其中 $|\mathbf{r} \times d\mathbf{r}|$ 為向量 **r** 和 $d\mathbf{r}$ 所形成的平行四邊形面積。由上式可得

$$\frac{dA}{dt} = \frac{L}{2m} \qquad\qquad [6.4]$$

因為 L 和 m 均為常數，故掃過的面積的速率為定值。換言之，在相同的時距內，地日連線會掃過相同的面積，此為克卜勒第二定律。

　　克卜勒第二定律是角動量守恆的結果。只要是連心力（不論是否為平方反比），則角動量守恆，且掃過的面積的速率為定值。

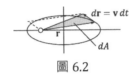

圖 6.2

6-4 克卜勒第三定律

　　考慮一質量 m 之行星繞一質量 M 之恆星作圓周運動，如圖 6.3。假設中心體的質量 $M \gg m$，則可將中心體視為靜止的。因為萬有引力 F_g 提供行星向心力，利用牛頓第二定律，$F_g = ma$，

$$\frac{GMm}{r^2} = \frac{mv^2}{r} \quad \Rightarrow \quad v = \sqrt{\frac{GM}{r}} \qquad [6.5]$$

由 [1.22]，行星的週期為

$$T = \frac{2\pi r}{v} = \frac{2\pi}{\sqrt{GM}}\sqrt{r^3} \quad \Rightarrow \quad T^2 = \frac{4\pi^2}{GM}r^3 \qquad [6.6]$$

若為橢圓軌道，則以半長軸的長度 a 取代 r：

$$T^2 = \kappa a^3 \quad \text{其中} \quad \kappa = \frac{4\pi^2}{GM} \qquad [6.7]$$

此式稱為克卜勒第三定律。注意，比例常數 κ 與中心體的質量 M 有關，與行星的質量無關。可測量週期 T 和半徑 r，再用克卜勒第三定律求出中心體的質量 M。

圖 6.3

例題 6.1（geosynchronous satellite）

考慮一質量 m 之衛星在地表上方 h 處，繞地球（質量 M_E 且半徑 R_E）作等速圓周運動，如圖 6.4。（a）試求衛星的速率 v；（b）若衛星在地球上方的固定位置，則速率為若干？

解：（a）萬有引力 $F = GM_Em/r^2$ 使衛星作半徑 r 之圓形軌道運動，應用牛頓第二定律，

$$\frac{GM_Em}{r^2} = \frac{mv^2}{r}$$

$$\Rightarrow \qquad v = \sqrt{\frac{GM_E}{r}} = \sqrt{\frac{GM_E}{R_E + h}} \qquad \text{[i]}$$

（b）若衛星在地表上方固定位置，則軌道必須在赤道上，且週期為 24 h = 86400 s。由克卜勒第三定律，

$$r = \left(\frac{GM_ET^2}{4\pi^2}\right)^{1/3}$$

$$= \left[\frac{(6.67 \times 10^{-11})(5.98 \times 10^{24})(86400)^2}{4\pi^2}\right]^{1/3}$$

$$= 4.23 \times 10^7 \text{ m}$$

衛星約在地表上方 $h = r - R_E \approx 36000$ km。將 $r = 4.23 \times 10^7$ m代入 [i]，可求出同步衛星的速率為 $v = 3.07 \times 10^3$ m/s。

　　同步衛星的優點在於，允許地上的天線瞄準固定位置。但缺點是，地球和衛星之間的訊號必須行進很長的距離。因為同步衛星的高度過

高，難以用它來作地表的光學觀測。

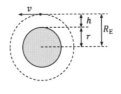

圖 6.4

6-5 圓形軌道的能量

在 3-4 節，系統的重力位能 $U_g = mgh$ 僅成立於地表。考慮一質量 m 之質點受到萬有引力 $F = -GMm/r^2$。當質點由 r_i 至 r_f，由 [3.16]，系統的位能變化為

$$\Delta U = -\int_{r_i}^{r_f} F \ dr = -\int_{r_i}^{r_f} -\frac{GMm}{r^2} \ dr$$

$$= -GMm\left(\frac{1}{r_f} - \frac{1}{r_i}\right)$$

取 $r_1 = \infty$ 處的位能 $U_i = 0$，得

$$U = -\frac{GMm}{r} \qquad\qquad [6.8]$$

此式適用於質點與地心相距 r，且 $r \geq R_E$（R_E為地球半徑）。

考慮三個質點的系統，如圖 6.5，此系統的總位能為

$$U = U_{12} + U_{13} + U_{23} = -G\left(\frac{m_1 m_2}{r_{12}} + \frac{m_1 m_3}{r_{13}} + \frac{m_2 m_3}{r_{23}}\right)$$

位能大小 $|U|$ 為，將質點分開至無窮遠處所需作的功。

圖 6.5

考慮質量 m 之行星以速率 v 繞著質量 M 之太陽運動。若 $M \gg m$，則可假設恆星為靜止的，忽略其動能。由牛頓第二定律和萬有引力定律，可求出行星的動能：

$$\frac{GMm}{r^2} = \frac{mv^2}{r}$$

$$\Rightarrow \quad \frac{1}{2}mv^2 = \frac{1}{2}\frac{GMm}{r}$$

動能為位能絕對值的一半：

$$K = \left|\frac{U}{2}\right| \qquad [6.9]$$

系統的力學能 E 為，動能和位能之和：

$$E = K + U = \frac{1}{2}mv^2 - \frac{GMm}{r} = \frac{GMm}{2r} - \frac{GMm}{r}$$

$$\Rightarrow \quad E = -\frac{GMm}{2r} \qquad [6.10]$$

可知，力學能是由半徑 r 所決定。

例題 6.2

一行星繞日作橢圓軌道運動，近日點和遠日點至太陽的距離分別為 r_P 和 r_A。試求此系統的力學能。

解：如圖 6.6，在近日點和遠日點，$\mathbf{r}$ 會和 $\mathbf{p}$ 垂直，由角動量守恆，

$$mv_P r_P = mv_A r_A$$

$$\Rightarrow \quad v_P r_P = v_A r_A \qquad [\mathrm{i}]$$

由 [6.8]，重力位能為 $U = -GMm/r$。由力學能守恆，

$$\frac{1}{2}mv_P^2 - \frac{GMm}{r_P} = \frac{1}{2}mv_A^2 - \frac{GMm}{r_A}$$

$$\Rightarrow \quad 2GM\left(\frac{1}{r_A} - \frac{1}{r_P}\right) = v_A^2 - v_P^2 \qquad [\mathrm{ii}]$$

由 [i] 和 [ii]，可得

$$v_A^2 = \frac{GM}{a}\frac{r_P}{r_A}$$

$$v_P^2 = \frac{GM}{a}\frac{r_A}{r_P}$$

其中 $a = \frac{1}{2}(r_A + r_P)$ 為半長軸的長度。遠日點的力學能為

$$E = K + U = \frac{1}{2}mv_A^2 - \frac{GMm}{r_A} = -\frac{GMm}{2a}$$

可知力學能是由長軸的長度所決定。計算近日點的力學能會得到相同的結果。當行星作半徑 r 的圓周運動時，$2a = 2r$，可化為 [6.10]。

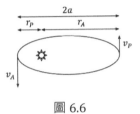

圖 6.6

6-6　脫離速率

假定在地表上一質量 m 之物體以初速 v_i 垂直往上發射，如圖 6.7，當物體到達最大高度時，速度為零。利用力學能守恆，可求出物體上升至 r_{max} 所需的最低初速 v_i：

$$\frac{1}{2}mv_i^2 - \frac{GM_E m}{R_E} = -\frac{GM_E m}{r_{max}}$$

$$\Rightarrow \quad v_i^2 = 2GM_E\left(\frac{1}{R_E} - \frac{1}{r_{max}}\right) \qquad [6.11]$$

其中 R_E 為地球半徑，M_E 為地球質量。物體的最大高度為 $h = r_{max} - R_E$。

物體離開地表至無窮遠處所需的最低速率，稱為脫離速率 v_{esc}（escape speed）。將 $r_{max} \to \infty$ 和 $v_i = v_{esc}$ 代入 [6.11]，得

$$v_{esc} = \sqrt{\frac{2GM_E}{R_E}} \qquad [6.12]$$

脫離速率與物體質量和速度方向無關。若 $v_i > v_{esc}$，則物體在無窮遠處仍有動能。

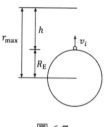

圖 6.7

習題

1. 一拋射體以初速 v_0 自地面垂直向上發射。證明最大高度為

$$H = \frac{v_0^2}{2g_0 - \dfrac{v_0^2}{R_E}}$$

其中 $g_0 = GM/R_E^2$，R_E 為地球半徑，M 為地球質量。忽略地球自轉。

2. 一物體自地表上方 h 處釋放。證明其落地速率為

$$v^2 = \frac{2g_0 R_E h}{R_E + h}$$

其中 $g_0 = GM/R_E^2$，R_E 為地球半徑，M 為地球質量。忽略地球自轉和空氣阻力。

3. 質量均為 m 的三個星體繞著質心作半徑 r 的圓周運動，如圖 6.8。它

們彼此之間的距離相等。證明角速度為

$$\omega^2 = \frac{Gm}{\sqrt{3}\,r^3}$$

圖 6.8

4. 一質量 m 之行星繞著質量 M 之太陽作橢圓軌道運動，證明行星之總能為

$$E = \frac{1}{2}m\left[v_r^2 + \frac{L^2}{(mr)^2}\right] - \frac{GMm}{r}$$

其中 L 為對太陽之角動量，v_r 為速度的徑向分量。

5. 質量均為 m 的三個星體彼此間的距離相等，並繞著質量 M 的星體作半徑 r 的圓周運動。證明此四星系統的週期為

$$T = 2\pi\sqrt{\frac{r^3}{G\left(M + \dfrac{m}{\sqrt{3}}\right)}}$$

6. 二星體的質量分別為 m_1 和 m_2，對質心作半徑 r_1 和 r_2 的圓周運動，此雙星系統如圖 6.9。證明克卜勒第三定律為

$$T^2 = \frac{4\pi^2(r_1 + r_2)^3}{G(m_1 + m_2)}$$

注意，質心條件為 $m_1 r_1 = m_2 r_2$。

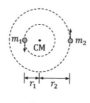

圖 6.9

7. 某行星的近日點距太陽 $3R$（R 為地球至太陽的平均距離），遠日點距太陽 $5R$，求該行星繞日的週期。

8. 相距 r 的二靜止物體，質量各為 m_1 和 m_2，由於彼此間的萬有引力而互相接近。當相距 $r/2$ 時，試求此時它們的速率。

9. 一衛星的軌道半徑為 R 時動能為 K，若衛星的總能增加 $K/2$，則軌道半徑變為若干？

10. 一衛星的軌道半徑為 $2R$ 時總能為 $-E$，若要使其作軌道半徑 $3R$ 的圓周運動，需要再增加多少能量？

第 7 章 流體力學

7-1 密度

一質量 m 且體積 V 的物體，定義其平均密度（average density）為

$$\rho \equiv \frac{m}{V} \quad (\text{kg/m}^3) \qquad [7.1]$$

有時會以 g/cm^3 作為密度的單位，其中 $1 \ \text{g/cm}^3 = 1000 \ \text{kg/m}^3$。當密度會隨位置而變時，則

$$\rho = \frac{dm}{dV} \qquad [7.2]$$

其中 dm 和 dV 為無窮小的質元和體元。

物質的比重（specific gravity）為其密度和水的密度的比值，其中水在 4°C 下的密度為 $1000 \ \text{kg/m}^3$。例如，水銀的密度為 $13.6 \times 10^3 \ \text{kg/m}^3$，故其比重為 13.6。

7-2 流體壓力和巴斯卡原理

面積 A 的活塞受力 F，定義流體的壓力為

$$P \equiv \frac{F}{A} \quad \left(\text{pascal} \ ; \ \text{Pa}\right) \qquad [7.3]$$

壓力為純量。

考慮密度 ρ 的流體，如圖 7.1a。取面積 A 且厚度 dy 的體元，其質量 $dm = \rho A \, dy$ 且重量 $dW = \rho A g \, dy$。體元受到的水平合力為零。體元下方受力 PA，上方受力 $(P + dP)A$。因體元處於平衡態，因此

$$PA - (P + dP)A - \rho Ag \, dy = 0$$

$$\Rightarrow \qquad \frac{dP}{dy} = -\rho g \qquad\qquad [7.4]$$

壓力隨高度上升而減少。

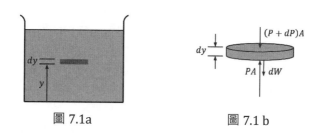

圖 7.1a　　　　　　　圖 7.1 b

　　考慮不可壓縮（密度 ρ 為定值）的流體，如圖 7.2。由 [7.4]，$dP = -\rho g \, dy$，可求出深度 $h = y_1 - y_2$ 的壓力 P：

$$P - P_0 = -\int_{y_1}^{y_2} \rho g \, dy = -\rho g(y_2 - y_1)$$

$$\Rightarrow \qquad P = P_0 + \rho g h \qquad\qquad [7.5]$$

其中 P_0 為液面壓力。流體的壓力只與深度有關，在相同深度的各點，會有相同的壓力。[7.5] 僅成立於不可壓縮的流體，而 [7.4] 在密度不為定值時亦成立。

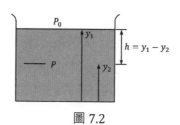

圖 7.2

因為流體壓力與 P_0 和深度有關，故在表面增加壓力會傳遞至流體內各

處。法國科學家巴斯卡（Blaise Pascal）於 1653 年提出巴斯卡原理（Pascal's principle）：施加外加壓力於容器內的流體上，流體的壓力變化會無衰減地傳遞至流體內各點和器壁上。

例題 7.1 頂車機

一頂車機如圖 7.3，要舉起重量 W 之汽車，必須要對面積 A_1 之活塞施多少力？

解：要舉起汽車，在第二個活塞上的力要等於車的重量，$F_2 = W$。由巴斯卡原理，二活塞上會有相同的壓力：

$$P = \frac{F_1}{A_1} = \frac{F_2}{A_2} \quad \Rightarrow \quad F_1 = \left(\frac{A_1}{A_2}\right)F_2 = \left(\frac{A_1}{A_2}\right)W$$

由於 $A_1 < A_2$，故只要施加小的力 F_1，就能產生大的力 F_2。

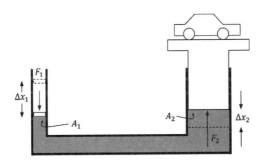

圖 7.3

例題 7.2

如圖 7.4，水壩寬度 w 且水深 H。設水的密度為 ρ，則水壩受到的合力為若干？

解：在左側，壓力 $P_0 + \rho g h$ 隨深度增加。在右側，大氣壓力 P_0 為定值。由於二側的受力方向相反，故 P_0 會抵消。取底部 $y = 0$，則在深度 h 處的壓力為

$$P = \rho g h = \rho g(H - y)$$

合力為

$$F = \int P\,dA = \int_0^H \rho g(H - y)w\,dy = \frac{1}{2}\rho g w H^2$$

由於壓力隨深度而增加，故水壩底部的厚度較厚。注意，在圖 7.5a 和圖 7.5b 中，壓力只與深度有關，與水量無關。

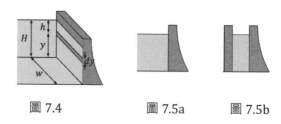

圖 7.4　　　　　圖 7.5a　　　　圖 7.5b

7-3　壓力的測量

　　大氣壓力是由大氣的重量所產生。托里切利（Evangelista Torricelli）設計出一簡單的氣壓計，如圖 7.6。將管內充滿水銀，並倒立於水銀容器上，水銀柱上方會接近真空。在 B 點的大氣壓力 P_0，等於水銀柱在 A 點施加的壓力 $\rho_{Hg}gh$，其中 ρ_{Hg} 為水銀密度且 h 為水銀柱高度。定義一大氣壓力為 0°C 下高度 0.76 m 的水銀柱的壓力：

$$P_0 = \rho_{Hg}gh = (13.6 \times 10^3 \ \text{kg/m}^3)(9.8 \ \text{m/s}^2)(0.76 \ \text{m})$$
$$= 1.013 \times 10^5 \ \text{Pa}$$

德國馬德堡市長葛利克（Otto von Guericke）於 1645 年將二個半球中間抽成真空，二邊各由八匹馬拉動，仍無法將二者分開。雖然壓力的 SI 單位為 Pa 或 N/m²，但有時以大氣壓力（atmosphere；atm）為單位。壓力的單位換算為

$$1 \ \text{atm} = 760 \ \text{mmHg}$$
$$= 1.013 \times 10^5 \ \text{N/m}^2$$
$$= 1.013 \times 10^5 \ \text{Pa}$$

圖 7.6

7-4 阿基米得原理

當物體浸入水中時，物體的重量會減少。這是因為水會對物體施加一合力，稱為浮力（buoyant force）。圖 7.7 中，虛線內的流體處於平衡狀態，表示浮力B和流體重量 $\rho_f V g$ 等大反向：

$$B = \rho_f V g \qquad [7.6]$$

其中 ρ_f 為流體密度，V 為虛線內體積。將虛線內流體以物體取代，所受的浮力不變。[7.6] 為阿基米得原理（Archimedes' principle）：浮力大小等於物體排開的流體重。浮力與物體材料無關，只與流體密度有關。

密度 ρ 且體積 V 的物體的重量為 $W = \rho V g$。當物體完全沉入密度ρ_f的流體中時，浮力大小為 $B = \rho_f V g$，淨力為 $B - W = (\rho_f - \rho)V g$。若 $\rho < \rho_f$，則浮力大於重量，物體會往上浮；若 $\rho > \rho_f$，則會往下沉；若 $\rho = \rho_f$，則物體會維持平衡。

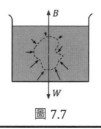

圖 7.7

例題 7.3　物體沉入液體中

一皇冠在空氣中的重量為 $W = 30$ N（忽略空氣浮力），在水中的視重為 $W' = 26$ N。此皇冠是否為純金？

解：視重 W' 為實重 W 減浮力 B：

$$W' = W - B$$

$$\Rightarrow \qquad B = W - W'$$

由 [7.6]，皇冠的體積為

$$V = \frac{B}{\rho_f g} = \frac{W - W'}{\rho_f g}$$

皇冠的密度 ρ 為，皇冠的質量 m 除以體積 V：

$$\rho = \frac{m}{V} = \frac{\rho_f mg}{W - W'} = \frac{W}{W - W'}\rho_f$$

$$= \frac{30}{30 - 26} \times 1000$$

$$= 7.5 \times 10^3 \ \ \text{kg/m}^3$$

黃金的密度為 19.3×10^3 kg/m^3，故皇冠不為純金，或是中空。

例題 7.4 物體浮在液體上

海面下的冰佔了冰山的多少部分？

解：設冰山的體積為 V，海面下的冰山體積為 V'；冰山密度為 ρ，海水密度為 ρ'。此時浮力和冰山重量平衡，得

$$\rho V g = \rho' V' g \qquad \Rightarrow \qquad \frac{V'}{V} = \frac{\rho}{\rho'}$$

可知，若海水密度 ρ' 越小，則液面下的體積 V' 越大。冰和海水的密度分別為 0.917×10^3 kg/m^3 和 1.025×10^3 kg/m^3，代入上式可得 $V'/V = 0.89$，有 89%的冰在海面下。

7-5 連續方程式

之前只考慮靜止的流體，現在要開始討論運動的流體。圖 7.8 中，流體流經管子。在時距 Δt 內，左側流體移動距離 $\Delta x_1 = v_1 \Delta t$，這段長度內的

流體質量為 $m_1 = \rho_1 A_1 \Delta x_1 = \rho_1 A_1 v_1 \Delta t$，其中 v_1 和 A_1 分別為左側的流體速率和截面積。相同時距內，通過右側的流體質量為 $m_2 = \rho_2 A_2 v_2 \Delta t$。由於質量守恆，$m_1 = m_2$，得

$$\rho_1 A_1 v_1 = \rho_2 A_2 v_2 \qquad [7.7]$$

此式稱為連續方程式（equation of continuity）。

　　若流體不可壓縮，則密度不變，$\rho_1 = \rho_2$。得

$$A_1 v_1 = A_2 v_2 \qquad [7.8]$$

乘積 Av（m^3/s）稱為體積通量（volume flux）或流率（flow rate）。[7.8] 顯示，截面愈窄則速率愈高。

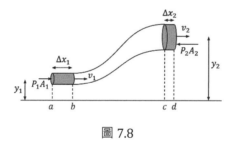

圖 7.8

7-6 白努利方程式

　　瑞士物理學家白努利（Daniel Bernoulli）於 1738 年導出流體速率、壓力和高度之間的關係式。圖 7.8 中，原先在管內 a 和 c 之間的理想流體，在時距 Δt 內流至 b 和 d 之間。因為流體不可壓縮，故圖中灰色的二區域有相同的體積 $V = A_1 \Delta x_1 = A_2 \Delta x_2$ 和質量 m。

　　流體左右二側分別受力 F_1 和 F_2，它們對系統作功

$$W = F_1 \Delta x_1 - F_2 \Delta x_2$$
$$= P_1 A_1 \Delta x_1 - P_2 A_2 \Delta x_2$$
$$= (P_1 - P_2)V$$

b 和 c 之間的動能和位能不變，故動能和位能的變化為

$$\Delta K = \frac{1}{2}mv_2^2 - \frac{1}{2}mv_1^2$$

$$\Delta U = mg(y_2 - y_1)$$

外力作功等於力學能變化，

$$W = \Delta K + \Delta U$$

$$\Rightarrow \quad (P_1 - P_2)V = \left(\frac{1}{2}mv_2^2 - \frac{1}{2}mv_1^2\right) + (mgy_2 - mgy_1)$$

$$\Rightarrow \quad P_1 - P_2 = \frac{1}{2}\rho v_2^2 - \frac{1}{2}\rho v_1^2 + \rho gy_2 - \rho gy_1 \qquad [7.9]$$

其中密度 $\rho = m/V$。整理，得

$$P_1 + \frac{1}{2}\rho v_1^2 + \rho gy_1 = P_2 + \frac{1}{2}\rho v_2^2 + \rho gy_2$$

$$\Rightarrow \quad P + \frac{1}{2}\rho v^2 + \rho gy = 常量 \qquad [7.10]$$

此式稱為白努利方程式（Bernoulli's equation）。雖然 [7.10] 是由不可壓縮流體推得，但亦適用於氣體。當流體靜止時（$v_1 = v_2 = 0$），[7.9] 會化為 [7.5]。

例題 7.5　文氏管（Venturi tube）

圖 7.9 中，已知文氏管的截面積和不可壓縮流體的壓力差 $P_1 - P_2$，求在右側的流速。

解：因為文氏管為水平放置，故 $y_1 = y_2$，應用 [7.9]，得

$$P_1 + \frac{1}{2}\rho v_1^2 = P_2 + \frac{1}{2}\rho v_2^2$$

可知，壓力高則流速低，反之亦然，稱此為白努利效應（Bernoulli effect）。由 [7.8]，得

$$v_1 = \frac{A_2}{A_1}v_2$$

由以上二式可解得 v_2：

$$P_1 + \frac{1}{2}\rho\left(\frac{A_2}{A_1}v_2\right)^2 = P_2 + \frac{1}{2}\rho v_2^2$$

$$\Rightarrow \qquad v_2^2 = \frac{2A_1^2(P_1 - P_2)}{\rho(A_1^2 - A_2^2)}$$

由於 $v_2^2 > 0$，故 $P_1 > P_2$，即狹窄處的壓力較低。

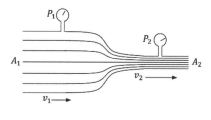

圖 7.9

習題

1. 需要施加 10 N 的垂直力，才能使重量 30 N 的物體沉入水中。試求物體密度。

2. 一質量 0.5 kg 之物體完全沉入油中，視重為 4.2 N。若油的密度為 $800\,\mathrm{kg/m^3}$，試求物體的密度。

3. 密度 ρ_1 和 ρ_2（$\rho_1 > \rho_2$）的液體互不相溶，並裝於 U 型管的二側，高度均為 h，如圖 7.10。若將底部的開關打開，求平衡後的液面差。

圖 7.10

4. 重量相同的二物體，密度分別為 $0.8\,\mathrm{g/cm^3}$ 和 $1.2\,\mathrm{g/cm^3}$。求二者在水

中所受的浮力比。

5. 一容器中盛有水銀和水，將某金屬塊丟入其中，發現金屬塊體積的 1/4 在水銀中，1/2 在水中。若水銀比重為 13.6，求金屬塊之比重。

6. 木塊在密度 1.5 g/cm³ 之液體中有 1/4 的體積浮出液面，若在比重 1.8 g/cm³ 之液中，有幾分之幾的體積會浮出液面？

7. 一密度均勻的空心球體，其內半徑為 A 且外半徑為 B，放入水中時，恰有一半浮出水面，求此材料之密度。

8. 一水深 H 之水槽，在水面下 h 處鑽一小孔，如圖 7.11。試求水落地的水平距離。

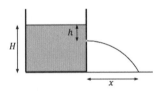

圖 7.11

9. 將長度 ℓ 之均勻桿的一端懸掛，平衡時有 ℓ/4 浸入水中，如圖 7.12。求桿的密度。

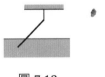

圖 7.12

第 8 章 振盪

8-1 簡諧振盪

考慮在無摩擦水平面上，一質量 m 的木塊連接至彈簧的末端，如圖 8.1。彈簧對木塊的施力是由虎克定律所給定：

$$F_s = -kx$$

應用牛頓第二定律至木塊上，得

$$-kx = ma \quad \Rightarrow \quad a = -\frac{k}{m}x$$

加速度正比於位移，並與位移方向相反。由於 $a = d^2x/dt^2$，得

$$\frac{d^2x}{dt^2} + \omega^2 x = 0 \qquad\qquad [8.1]$$

其中 $\omega = \sqrt{k/m}$。此形式的微分方程適用於所有的簡諧振盪（simple harmonic oscillation）。簡諧振盪在力學上稱為簡諧運動（simple harmonic motion；SHM）。

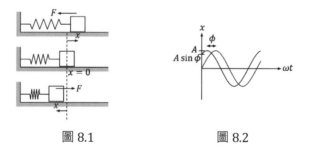

圖 8.1   圖 8.2

現在要找出 [8.1] 的解 $x(t)$。函數的二次微分 d^2x/dt^2 等於函數 x 乘以負號和常數 ω^2。正弦和餘弦函數滿足此條件。以正弦函數作為[8.1] 的解：

$$x(t) = A \sin(\omega t + \phi) \qquad [\mathbf{8.2}]$$

其中 A 稱為振幅（amplitude），為質點在 x 方向的極值。幅角 $\omega t + \phi$ 稱為相位（phase），而 ϕ 稱為相常數（phase constant）或相角（phase angle），相位和相常數的單位均為 rad。相常數 ϕ 是由某一時間的質點位置和速度所決定。若在 $t = 0$ 時，質點在 $x = 0$ 處，則 $\phi = 0$。當 $\phi > 0$ 時，曲線會往左邊偏移，如圖 8.2。角頻率 ω（angular frequency）為

$$\omega = \sqrt{\frac{k}{m}} \quad (\text{rad/s}) \qquad [\mathbf{8.3}]$$

ω 愈大，則在單位時間內振盪愈多次。角速度和角頻率有相同的單位，但意義不同。

[8.2] 的一次和二次導函數為

$$v = \frac{dx}{dt} = \omega A \cos(\omega t + \phi) \qquad [8.4]$$

$$a = \frac{d^2x}{dt^2} = -\omega^2 A \sin(\omega t + \phi) \qquad [8.5]$$

滿足 [8.1]。

週期 T 為一次循環所需的時間。因為在時距 T，相位會增加 2π

（rad），故

$$\omega(t + T) + \phi = (\omega t + \phi) + 2\pi$$
$$\Rightarrow \qquad T = \frac{2\pi}{\omega} \qquad [\mathbf{8.6}]$$

以 m 和 k 來表示週期：

$$T = \frac{2\pi}{\omega} = 2\pi \sqrt{\frac{m}{k}} \qquad [8.7]$$

週期只與 m 和 k 有關，與 A 和 ϕ 無關。木塊的質量愈小且彈簧愈硬（k 值愈大），則週期愈小（振盪愈快）。週期的倒數 $f = 1/T$ 稱為頻率，為每

單位時間區間內的振盪次數，單位為赫茲（hertz；Hz），且1 Hz = 1 s^{-1}。

例題 8.1

水平面上，一質量 m 的木塊連結至力常數 k 的彈簧，並在 $t = 0$ 時 $x = A$ 處靜止釋放。求（a）位移；（b）在 $x = +A/2$ 處的速度。

解：（a）將初始條件 $x(0) = A$ 和 $v(0) = 0$ 代入 [8.2] 和 [8.4]，得

$$A = A \sin \phi$$

$$0 = \omega A \cos \phi$$

由於 $\sin \phi = 1$ 且 $\cos \phi = 0$，得 $\phi = \pi/2$。因此，位移為

$$x(t) = A \sin \left(\omega t + \frac{\pi}{2} \right)$$

其中角頻率 $\omega = \sqrt{k/m}$。

（b）將 $x = A/2$ 代入上式，得

$$\frac{1}{2} = \sin \left(\omega t + \frac{\pi}{2} \right)$$

$$\Rightarrow \qquad \left(\omega t + \frac{\pi}{2} \right) = \frac{\pi}{6} \ \text{或} \ \frac{5\pi}{6}$$

速度為

$$v = \frac{dx}{dt} = \omega A \cos \left(\omega t + \frac{\pi}{2} \right)$$

$$= \omega A \cos \frac{\pi}{6} \ \text{或} \ \omega A \cos \frac{5\pi}{6}$$

$$= \pm \frac{\sqrt{3}}{2} \omega A$$

在一給定位置上，會有二等大反向的速度。

8-2 簡諧運動的能量

現在要檢視木塊－彈簧系統的力學能。在圖 8.1 中，因為沒有摩擦力，

故系統的力學能守恆。假設彈簧沒有質量，故只有木塊會貢獻動能。利用 [8.2] 和 [8.4]，可求出彈性位能 U 和動能 K：

$$U = \frac{1}{2}kx^2 = \frac{1}{2}kA^2\sin^2(\omega t + \phi)$$

$$K = \frac{1}{2}mv^2 = \frac{1}{2}m\omega^2 A^2 \cos^2(\omega t + \phi)$$

$$= \frac{1}{2}kA^2\cos^2(\omega t + \phi)$$

總力學能為

$$E = U + K = \frac{1}{2}kA^2[\sin^2(\omega t + \phi) + \cos^2(\omega t + \phi)]$$

$$\Rightarrow \qquad E = \frac{1}{2}kA^2 \qquad\qquad [8.8]$$

簡諧振子的總力學能正比於振幅的平方。U 和 K 隨位置 x 而變，如圖 8.3。

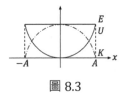

圖 8.3

可由總能求出在某一位置 x 上的速度：

$$\frac{1}{2}kx^2 + \frac{1}{2}mv^2 = \frac{1}{2}kA^2$$

$$\Rightarrow \qquad v = \pm\sqrt{\frac{k}{m}(A^2 - x^2)}$$

將 $x = A/2$ 代入，會得到例題 8.1（b）的結果。

8-3　鐘擺

　　單擺（simple pendulum）是以長度 L 的輕繩懸掛質量 m 的擺錘，如圖 8.4。其受到重力而在垂直面上作週期運動。應用牛頓第二定律至切線分量上，得

$$-mg \sin\theta = m\frac{d^2s}{dt^2}$$

其中 $s = L\theta$ 為擺錘沿著弧線的位置，負號表示力指向平衡位置。假設 θ 很小，利用小角度近似 $\sin\theta \approx \theta$，得

$$\frac{d^2\theta}{dt^2} + \frac{g}{L}\theta = 0$$

此式與 [8.1] 有相同形式，故在小角度下會作簡諧運動。因此，週期為

$$T = 2\pi\sqrt{\frac{L}{g}} \qquad\qquad [8.9]$$

週期與擺長和重力加速度有關，與質量無關。

圖 8.4

　　圖 8.5 中，一剛體繞一不通過質心的軸旋轉，此裝置稱為複擺（physical pendulum）。重力會提供回復力矩，對 O 的力矩為

$$\tau = -mgd \sin\theta$$

其中 d 為 O 至質心的距離。由 $\tau = I\alpha$，得

$$-mgd \sin\theta = I\frac{d^2\theta}{dt^2}$$

其中 I 為對 O 的轉動慣量。在角位移很小的情況下，由小角度近似$\sin\theta \approx$ θ，得

$$\frac{d^2\theta}{dt^2} + \frac{mgd}{I}\theta = 0$$

與 [8.1] 比較，得角頻率 $\omega = \sqrt{mgd/I}$。週期為

$$T = \frac{2\pi}{\omega} = 2\pi\sqrt{\frac{I}{mgd}} \qquad [8.10]$$

測量出 d 和 T，就可以算出物體的轉動慣量。當所有的質量集中在質心上（轉動慣量為 $I = md^2$），則會化為 [8.9]。

圖 8.5

　　以細繩懸掛一剛體，如圖 8.6，稱為扭擺（torsional pendulum）。將剛體旋轉角度 θ，物體受到的回復力矩會正比於角位移：

$$\tau = -\kappa\theta$$

其中 κ 稱為扭轉常數（torsion constant）。將 $\tau = I\alpha$ 寫為

$$-\kappa\theta = I\frac{d^2\theta}{dt^2} \quad \Rightarrow \quad \frac{d^2\theta}{dt^2} + \frac{\kappa}{I}\theta = 0$$

此式為簡諧振子的運動方程式。週期為

$$T = 2\pi\sqrt{\frac{I}{\kappa}} \qquad [8.11]$$

此結果沒有用到小角度近似，只要不彈性限制，就會作 SHM。

圖 8.6

例題 8.2

長度 L 且質量 m 的均勻細桿以一端為支點,在垂直面上小振幅振盪。求振盪週期。

解:桿子對支點的轉動慣量為 $I = \frac{1}{3}mL^2$,質心至支點的距離為 $d = L/2$。

由 [8.10],週期為

$$T = 2\pi\sqrt{\frac{mL^2/3}{mgL/2}} = 2\pi\sqrt{\frac{2L}{3g}}$$

與 [8.9] 比較,此複擺可等價為擺長 $L_{\text{eq}} = \frac{2}{3}L$ 之單擺。

習題

1. 一質點作週期 T 之 SHM,若最大速率為 v_0,則振幅為若干?

2. 質量 3 kg 的物體作 SHM,其位移為 $x = 2\sin(10t)$,求總力學能。

3. 電梯中,擺長 ℓ 且質量 m 的均勻細桿以一端為支點,若電梯以加速度 $g/2$ 下降,試求複擺週期。

4. 一長度 ℓ 之輕桿連接質量 m 之擺錘,且在懸掛點下方 h 處連接一力常數 k 之彈簧,如圖 8.7。試求在微小振幅下,此系統之週期。

5. 以長度 L 的二彈性繩連接質量 m 之小球，如圖 8.8。使小球有一微小的鉛直位移，並假設繩子張力 T 不變，試求 SHM 之角頻率。

 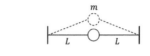

圖 8.7　　　　　　圖 8.8

6. 在光滑水平面上，力常數 k 之彈簧一端固定於牆上，另一端連接質量 M 之木塊，如圖 8.9。若一質量 m 的子彈以速率 v 射入，並嵌入木塊中，使之作 SHM，試求（a）振幅；（b）週期。

圖 8.9

7. 力常數 k 的輕彈簧一端固定，另一端接至質量 m 的圓柱，如圖 8.10。圓柱作無滑動的滾動，試證圓柱質心作 SHM，且週期

$$T = 2\pi \sqrt{\frac{3m}{2k}}$$

8. 在無摩擦且半徑 R 的半圓形碗中，一質點在碗底作 SHM，如圖 8.11。試求其週期。

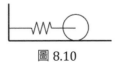

圖 8.10　　　　　　圖 8.11

第 9 章　橫波

9-1　行進波

圖 9.1 中，一脈波往右行進，繩上線元會受到擾動而往垂直於波的方向移動。圖中 P 點不會往波的方向移動。脈波使介質的位移垂直於波的行進方向，稱此脈波為橫波（transverse wave）。在某一瞬間，將給定位移的所有點（例如波峰）連成一線，稱為波前（wavefront）。

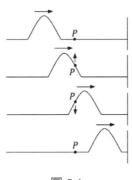

圖 9.1

考慮一繩上脈波以速率 v 往右移動，如圖 9.2。在靜止座標系 S 中，波形 $y(x,t)$ 會隨時間而往右移動。在脈波座標系 S' 中，波形 $y'(x') = f(x')$ 不隨時間而變。假設 $t = 0$ 時（圖 9.2a），二座標系原點重合，且波形相同，$y(x,0) = y'(x') = f(x')$。在時間 t 時（圖 9.2b），座標系 S 上 x 處的位移 y 等於座標系 S' 上 x' 處的位移 y'：

$$y(x,t) = y'(x') = f(x')$$

由伽利略轉換，$x' = x - vt$ ，得

$$y(x,t) = f(x - vt) \qquad \text{[9.1]}$$

其中 y 稱為波函數（wave function），$x - vt$ 稱為波函數的相位（phase）。

由 [9.1] 可知，以等速 v 往右移動的行進波（traveling wave），其波函數為 $x - vt$ 的函數。若脈波往左移動，則為 $x + vt$ 的函數。對繩波，波函數為向量（位移）；對聲波，波函數為純量（壓力和密度）；對光波，波函數為電場或磁場向量。

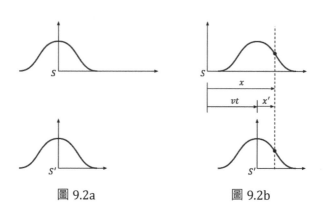

圖 9.2a　　　　　圖 9.2b

在脈波座標系中，脈波靜止且繩子往左移動。將線元視為半徑 R 的圓弧，如圖 9.3b。張力 F 的水平分量會被抵消，而垂直分量 $2F \sin \theta$ 會提供向心力：

$$2F \sin \theta = \frac{mv^2}{R}$$

若 μ 為線質量密度，則長度 $R(2\theta)$ 的線元的質量為 $m = 2\mu R\theta$。假設脈波的振幅很小，利用小角度近似 $\sin \theta \approx \theta$，得

$$2F\theta = 2\mu R\theta \frac{v^2}{R}$$

$$\Rightarrow \qquad v = \sqrt{\frac{F}{\mu}} \qquad\qquad [9.2]$$

$v = dx/dt$ 稱為相速（phase velocity）或波速（wave velocity）。只要振幅夠小，[9.2] 對任何形狀的脈波均成立。

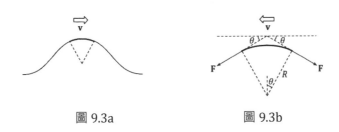

圖 9.3a　　　　　　　圖 9.3b

可由牛頓第二定律解釋 [9.2]。張力增加會使線元有更大的加速度而更快回至平衡位置，故波速會隨張力的增加而增加。若線元愈重，則加速度降低，故波速會隨質量（密度）的增加而減少。

9-2 疊加和干涉

多數波動現象無法以單一行進波描述，必須以波的疊加來分析。疊加原理為：二個以上的行進波經過介質，合波函數為個別波函數的代數和；即

$$y = y_1 + y_2 + y_3 + \cdots$$

遵守此原理的波，稱為線性波。本書只處理線性波。

當二個波重疊時，會產生一合波，此疊加稱為干涉（interference）。考慮二反向行進的脈波，其波函數為 y_1 和 y_2，如圖 9.4a。當二者疊加時，因為介質的位移方向相同，故合波函數 $y_1 + y_2$ 會有較大的振幅，此疊加稱為相長干涉（constructive interference）。當二脈波的位移方向相反，如圖 9.4b，此疊加稱為相消干涉（destructive interference）。雖然波會干涉，但彼此間沒有交互作用，二脈衝最後會往原方向移動，且波形不變。

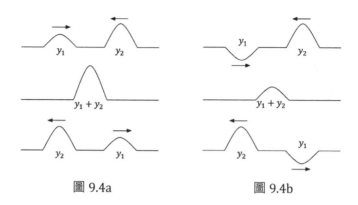

圖 9.4a　　　　　　　　　圖 9.4b

　　當一脈波沿著繩子前進至末端，它會反射。若末端固定，則脈衝會反轉，如圖 9.5a。這是因為根據牛頓第三定律，牆壁會施以等大反向的力。若末端為自由端，則脈衝不會反轉，如圖 9.5b。

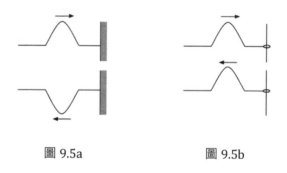

圖 9.5a　　　　　　　　圖 9.5b

　　可由波的疊加以瞭解反射過程。對固定端反射，可視為二脈波的疊加，它們的橫向位移相反，如圖 9.6a。對自由端反射，則可視為橫向位移相同的二脈衝的疊加，如圖 9.6b。注意，自由端的位移可達脈衝的二倍高度。

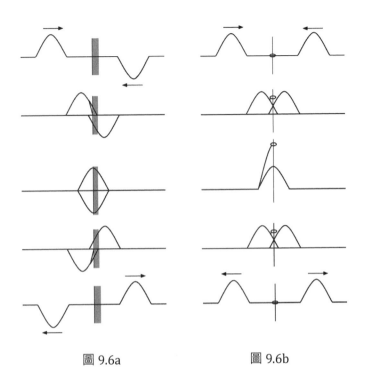

圖 9.6a　　　　　　　　圖 9.6b

　　當脈衝經過輕繩和重繩的邊界，會有部分反射和部分透射。當脈衝由輕繩至重繩，類似於固定端，反射波會反轉，如圖 9.7a。當由重繩至輕繩，則類似於自由端，反射波不會反轉，如圖 9.7b。由 [9.2]，因為張力相同，故輕繩有較快的波速。

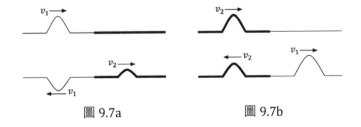

圖 9.7a　　　　　　　　圖 9.7b

9-3 線性波方程

在 9-1 節，我們以波函數來表示繩上的行進波。所有的波函數為線性波方程（linear wave equation）的解，此方程式描述波的運動。

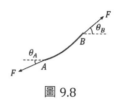

圖 9.8

考慮一繩子受到擾動，如圖 9.8。假設橫向位移很小，則各點會有相同的張力 F。若 μ 為線質量密度，則長度 Δx 的線元的質量為 $\Delta m = \mu\, \Delta x$。應用牛頓第二定律至垂直方向，得

$$F(\sin\theta_B - \sin\theta_A) = \mu\, \Delta x \frac{\partial^2 y}{\partial t^2} \qquad [9.3]$$

若角度很小，可利用小角度近似

$$\sin\theta \approx \tan\theta = \frac{\partial y}{\partial x}$$

則 [9.3] 可寫為

$$F\left[\left(\frac{\partial y}{\partial x}\right)_B - \left(\frac{\partial y}{\partial x}\right)_A\right] = \mu\, \Delta x \frac{\partial^2 y}{\partial t^2}$$

$$\Rightarrow \qquad \frac{f(x+\Delta x) - f(x)}{\Delta x} = \frac{\mu}{F}\frac{\partial^2 y}{\partial t^2} \qquad [9.4]$$

其中 $f(x) = (\partial y/\partial x)_A$ 且 $f(x+\Delta x) = (\partial y/\partial x)_B$。由偏導函數的定義，取極限 $\Delta x \to 0$，

$$\frac{\partial f}{\partial x} \equiv \lim_{\Delta x \to 0} \frac{f(x+\Delta x) - f(x)}{\Delta x}$$

則 [9.4] 可寫為

$$\frac{\partial f}{\partial x} = \frac{\mu}{F}\frac{\partial^2 y}{\partial t^2}$$

$$\Rightarrow \qquad \frac{\partial^2 y}{\partial x^2} = \frac{1}{v^2}\frac{\partial^2 y}{\partial t^2} \qquad\qquad [9.5]$$

[9.5] 為線性波方程。

9-4 諧波

圖 9.9 中，一繩上脈波以速度 v 往右移動。由 [9.1]，波函數為

$$y(x,t) = f(x - vt)$$

考慮一行進波在 $t = 0$ 時的位置為正弦函數，如圖 9.9。圖中，由平衡點至最大位移處的距離，稱為振幅 A。位移最高點稱為波峰，最低點稱為波谷。此時的波函數為

$$y(x,0) = A \sin kx$$

其中 k 為待定常數。相鄰二波峰（或連續二個波形上對應的點）之間的距離，稱為波長 λ（wavelength）。在 $x = \lambda/2$ 處位移 $y = 0$，因此，

$$0 = A\sin\left(k\frac{\lambda}{2}\right) \qquad \Rightarrow \qquad k\frac{\lambda}{2} = \pi$$

得 $k = 2\pi/\lambda$，且

$$y(x,0) = A\sin\left(\frac{2\pi}{\lambda}x\right) \qquad\qquad [9.6]$$

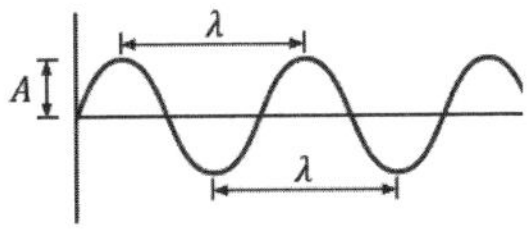

圖 9.9

雖然波往 x 方向運動，但繩上各點是在 y 方向振盪。週期 T 為完整波形通過某一定點所需的時間，頻率 f 為單位時間通過某一定點的波的數量，且

$$f = \frac{1}{T} \quad \text{(Hz)} \qquad [9.7]$$

波在一個週期 T 前進一個波長 λ，因此波速

$$v = \frac{\lambda}{T} = \lambda f \qquad [9.8]$$

由 [9.1] 和 [9.6]，在時間 t 的波函數為

$$y(x,t) = A \sin\left[\frac{2\pi}{\lambda}(x - vt)\right] = A \sin\left[2\pi\left(\frac{x}{\lambda} - \frac{t}{T}\right)\right]$$

這顯示空間和時間的週期性。在給定時間 t，位置 x 和 $x + n\lambda$（n 為正整數）有相同的 y 值。在給定位置 x，時間 t 和 $t + nT$ 相同的 y 值。

可定義二個物理量以方便表示波函數。定義波數 k（wave number）和角頻率 ω（angular frequency）為

$$k \equiv \frac{2\pi}{\lambda} \qquad \text{(rad/m)} \qquad [\mathbf{9.9a}]$$

$$\omega \equiv \frac{2\pi}{T} = 2\pi f \qquad (\text{ rad/s }) \qquad [\mathbf{9.9b}]$$

則波速 [9.8] 可表示為

$$v = \frac{\omega}{k} \qquad [\mathbf{9.10}]$$

將波函數寫為

$$y(x,t) = A \sin(kx - \omega t) \qquad [9.11]$$

若波往 $-x$ 方向運動，則 $y(x,t) = A \sin(kx + \omega t)$。波函數 [9.11] 假設在 $x = 0$ 和 $t = 0$ 時的垂直位置 y 為零。若不為此情況，則波函數為

$$y(x,t) = A \sin(kx - \omega t + \phi) \qquad [\mathbf{9.12}]$$

其中 ϕ 為相常數，此常數是由初始條件所決定。

需要區分波速 v 和質點速度 $\partial y/\partial t$。由 [9.12]，質點的橫向速度 v_y

和橫向加速度 a_y 為

$$v_y = \frac{\partial y}{\partial t} = -\omega A \cos(kx - \omega t + \phi) \qquad [9.13]$$

$$a_y = \frac{\partial^2 y}{\partial t^2} = -\omega^2 A \sin(kx - \omega t + \phi) \qquad [9.14]$$

因為繩子會隨桿子振動，故繩上各點亦作 SHM，產生的波稱為諧波（harmonic wave）。

9-5 駐波

考慮有相同的振幅，頻率和波長的二個諧波，往相反方向行進。波函數為 $y_1 = A \sin(kx - \omega t)$ 和 $y_2 = A \sin(kx + \omega t)$，相加可得

$$y(x, t) = A \sin(kx - \omega t) + A \sin(kx + \omega t)$$

$$= 2A \sin kx \cos \omega t \qquad [9.15]$$

其中用到三角恆等式 $\sin(\alpha \pm \beta) = \sin \alpha \cos \beta \pm \cos \alpha \sin \beta$。注意，[9.15]不為 $kx - \omega t$ 的函數，因此不為行進波，而是駐波（standing wave）的波函數。當繩子的一端固定，另一端作 SHM，入射波會和反射波疊加形成駐波。

圖 9.10 中沒有邊界條件，故駐波的頻率和波長可為任一值。各點會以相同的角頻率作 SHM，但振幅 $2A \sin kx$ 隨位置而變。在零振幅的位置稱為波節（node），滿足條件 $\sin kx = 0$，即 $kx = 0, \pi, 2\pi, \ldots$，因為 $k = 2\pi/\lambda$，得波節的位置

$$x = \frac{n\lambda}{2} \qquad n = 0, 1, 2, 3, \ldots$$

有最大振幅 $2A$ 的位置，稱為波腹（antinode），滿足條件 $\sin kx = \pm 1$，即 $kx = \frac{\pi}{2}, \frac{3\pi}{2}, \frac{5\pi}{2}, \ldots$，波腹的位置為

$$x = \frac{n\lambda}{4} \qquad n = 1, 3, 5, \ldots$$

由以上二式可知，相鄰波節（或波腹）之間的距離為 $\lambda/2$，相鄰的波節和波腹之間的距離為 $\lambda/4$。

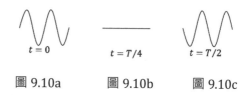

圖 9.10a　　　　圖 9.10b　　　　圖 9.10c

考慮長度 L 的繩子二端被固定，此邊界條件會導致不連續頻率和波長的駐波，稱為共振駐波（resonant standing wave）。共振駐波的前三個正規模態如圖 9.11。因為二端為波節，故在 $x = 0$ 和 $x = L$ 處的位移為零，因此

$$\sin kL = 0 \quad \Rightarrow \quad \frac{2\pi}{\lambda}L = n\pi$$

可得 $L = n\lambda/2$，發現繩長是半波長的整數倍。由 $f = v/\lambda$，第 n 諧波的波長和頻率為

$$\lambda_n = \frac{2L}{n} \qquad\qquad [9.16]$$

$$f_n = \frac{nv}{2L} \qquad\qquad [9.17]$$

其中 $n = 1,2,3,...$。當繩長等於半個波長（圖 9.11a），得第一諧音的頻率 $f_1 = v/2L$，稱為基頻（fundamental frequency），是共振的最低頻率。當繩長等於波長（圖 9.11b），對應至第二諧音且頻率 $f_2 = v/L = 2f_1$。第 n 諧音的頻率 $f_n = nf_1$ 為基頻的整數倍。

圖 9.11a　　　圖 9.11b　　　圖 9.11c

習題

1. 力常數 k 且原長 L_0 的彈簧，將其伸長至 $2L_0$ 和 $3L_0$，求波的傳遞速率比。

2. 一行進諧和波函數表為

$$y = 0.1 \sin(2x - 5t)$$

   求其波長和週期。

3. 長度 80 cm 的弦線二端固定，若基頻為 420 Hz，則波速為若干？

4. 將弦線的二端固定，且張力為 1 N。若質量密度為 0.1 g/m 且第二諧音的頻率為 1000 Hz，求弦長。

第 10 章　縱波

10-1　彈性模量

　　彈簧受力時，會有一定程度的形變（伸長或壓縮）。一般而言，會由應力和應變來討論材料的形變。應力（stress）與變形力成正比，應力所產生的應變（strain）則為形變程度的量度。類似於虎克定律的彈性常數，定義彈性模量（elastic modulus）為

$$\text{彈性模量} \equiv \frac{\text{應力}}{\text{應變}} \qquad\qquad [10.1]$$

以下會討論三種彈性模量：固體的楊氏模量、固體的剪切模量、固體和流體的體積模量。

　　考慮一桿子在不受力時的長度為 L_0 且截面積為 A，如圖 10.1。當一端被固定，而另一端受到垂直於截面的外力 F，會有長度變化ΔL。定義張應力（tensile stress）為 F/A，張應變（tensile strain）為 $\Delta L/L_0$，則它們的比值為桿子材料的楊氏模量（Young's modulus）：

$$Y \equiv \frac{\text{張應力}}{\text{張應變}} = \frac{F/A}{\Delta L/L_0} \qquad\qquad [10.2]$$

楊氏模量為固體抵抗長度變化的量度。

　　圖 10.2 中，物體的下層被固定，上層受到與表面平行的力F，稱為剪力（shearing force）。定義剪應力（shear stress）為 F/A，剪應變（shear strain）為 $\Delta x/h$，其中 A 和 Δx 分別為剪切面的面積和位移，h 為上層和下層之間的距離。定義剪切模量（shear modulus）為

$$S \equiv \frac{剪應力}{剪應變} = \frac{F/A}{\Delta x/h} \qquad [10.3]$$

剪切模量為固體抵抗剪力的量度。理想流體無法承受剪應力。

　　圖 10.3 中，一立方體的體積為 V 且每一表面的面積為 A。當各表面均受到相同的正向力 F，形狀不變但體積變化為 ΔV。由定義 [7.3]，壓力 $P = F/A$。定義體應力（volume stress）為壓力變化 ΔP，體應變（volume strain）為體積的區段變化 $\Delta V/V$。因此，體積模量（bulk modulus）為

$$B \equiv \frac{體應力}{體應變} = -\frac{\Delta P}{\Delta V/V} \qquad [10.4]$$

加入負號是為了使 B 為正，因為壓力增加（$\Delta P > 0$）會導致體積減少（$\Delta V < 0$）。體積模量為材料（固體或流體）抵抗體積變化的量度。體積模量的倒數 $k = 1/B$ 稱為壓縮率（compressibility）。

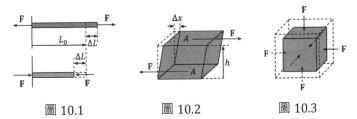

圖 10.1　　　　圖 10.2　　　　圖 10.3

10-2 聲波的性質

　　圖 10.4a 中，氣體在平衡態的壓力和密度為均勻的，但分子會作隨機運動。當活塞往右推（圖 10.4b），前方的氣體會被壓縮而有較高的壓力和密度，圖中以深色表示密部（compression）。分子間的碰撞，使密部往前傳遞。當活塞往後拉，前方的氣體會膨脹而有較低的壓力和密度，以淺色表示疏部（rarefaction）。注意，在管內傳遞的是波，而不是分子本身。由於介質

的位移平行於波的行進方向，故此脈波稱為縱波（longitudinal wave）。

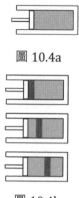

圖 10.4a

圖 10.4b

　　接著要計算在流體中的縱波速率。假設在截面積 A 的管內，流體在平衡下的壓力為 P_0 且密度為 ρ，如圖 10.5。在脈波的作用下，體元的厚度由 Δx 變為 $\Delta x + \Delta s$，但質量 $\rho A \Delta x$ 不變。位置由 x 移動至 $x + s$ 處，故加速度為 $a = \partial^2 s / \partial t^2$。體元二側的壓力分別變為 P_1 和 P_2，因此受到的淨力為 $F = (P_1 - P_2)A$。由牛頓第二定律，並取極限 $\Delta x \to 0$，得

$$(P_1 - P_2)A = \rho A \Delta x \frac{\partial^2 s}{\partial t^2}$$
$$\Rightarrow \quad \frac{P_1 - P_2}{\Delta x} = \rho \frac{\partial^2 s}{\partial t^2}$$
$$\Rightarrow \quad -\frac{\partial P}{\partial x} = \rho \frac{\partial^2 s}{\partial t^2} \qquad [10.5]$$

由體變模量的定義 [10.4] 可得壓力變化 ΔP：

$$B = -\frac{\Delta P}{\Delta V / V}$$
$$\Rightarrow \quad \Delta P = -B \frac{\Delta V}{V} = -B \frac{A \Delta s}{A \Delta x} = -B \frac{\Delta s}{\Delta x}$$
$$\Rightarrow \quad \Delta P = -B \frac{\partial s}{\partial x}$$

壓力為 $P = P_0 + \Delta P = P_0 - B\,\partial s/\partial x$，代入 [10.5]，得波動方程

$$\frac{\partial^2 s}{\partial x^2} = \frac{\rho}{B}\frac{\partial^2 s}{\partial t^2}$$ [10.6]

與 [9.5] 比較，得流體內的縱波速率

$$v = \sqrt{\frac{B}{\rho}}$$ [**10.7**]

注意，[10.7] 和橫波速率 $v = \sqrt{F/\mu}$ 有相同的形式。

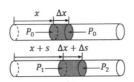

圖 10.5

　　在圖 10.6 中，一揚聲器產生的縱波在管內作一維運動。相鄰的密部（或疏部）之間的距離等於聲波的波長 λ。對一諧波，介質會在波的方向作簡諧運動，相對於平衡點的位移為

$$s = s_0 \sin(kx - \omega t)$$ [10.8]

其中 s_0 為位移振幅（displacement amplitude）。將 [10.8] 代入 ΔP，壓力變化為

$$\Delta P = -Bks_0\cos(kx - \omega t)$$
$$= -\Delta P_0\cos(kx - \omega t)$$ [10.9]

由於 $k = \omega/v$ 且 $B = \rho v^2$，得最大的壓力變化

$$\Delta P_0 = \rho\omega v s_0$$ [10.10]

比較 [10.8] 和 [10.9]，顯示 s 和 ΔP 以 $\pi/2$ 反相。此二函數的圖形繪於圖 10.6。當位移為零且二側的分子聚集（b 和 d），會有最大壓力 $P_0 +$

ΔP_0。當位移為零且二側的分子散開（a 和 c），會有最小壓力 $P_0 - \Delta P_0$。當位移為零，會有最大的壓力變化；當壓力為零，會有最大的位移變化。

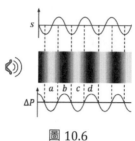

圖 10.6

10-3 共鳴聲波

由上一節可知，可將聲波視為位移波或壓力波。當管子的末端為封閉或打開時，均會反射聲波。空氣在閉口端無法縱向運動，類似於繩子的固定端，故反射後位移波上下顛倒。當一脈波行進至閉口端，密部反射後為密部，疏部反射後為疏部。

在開口端的壓力為常數（大氣壓力），故反射後壓力波上下顛倒。當疏部到達開口端，外界空氣會到此處，並產生反射的密部。因此，疏部反射後為密部；同理，密部會在開口端膨脹，並以疏部反射。當管子截面積改變時（類似於繩子的線質量密度改變），聲波會部分反射和部分透射。

如同繩波，反向行進的聲波亦可形成駐波。由以上的討論可知，閉口端為位移波節，開口端為壓力波節。因為壓力波與位移波為 90° 反相，故開口端對應至位移波腹。（習慣上以位移表示，而非壓力。）

當管子的二端均開放，稱為開管（open pipe）。開口端近似為位移波腹，前三個正規模態如圖 10.7。在第一個正規模態，管長等於半個波長，因此波長 $\lambda = 2L$ 且基頻 $f_1 = v/2L$。依此類推，第 n 諧波的頻率為

$$f_n = \frac{nv}{2L} \quad n = 1, 2, 3, \ldots \qquad [10.11]$$

開管的自然頻率會形成一泛音列，其包含基頻的整數倍。

　　當管子的其中一端封閉，則稱為閉管（closed pipe）。閉口端為位移波節（圖 10.8）。在第一個正規模態，管長等於四分之一波長，因此 $\lambda = 4L$ 且基頻 $f_1 = v/4L$。滿足邊界條件的諧波頻率為

$$f_n = \frac{nv}{4L} \qquad n = 1,3,5,\dots \qquad [10.12]$$

閉管的自然頻率為基頻的奇數倍。

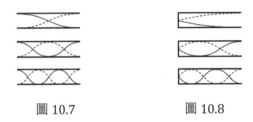

圖 10.7　　　　　圖 10.8

例題 10.1

一開管可發出頻率 500 Hz（不一定為基頻）。若將一端封閉，求可能發出的頻率。

解：將開管頻率代入 [10.11]，得

$$500 = \frac{nv}{2L} \quad \Rightarrow \quad L = \frac{nv}{1000}$$

將此式代入 [10.12]，得

$$f_m = \frac{mv}{4L} = \frac{mv}{4}\frac{1000}{nv} = 250\frac{m}{n}$$

其中 $n = 1,2,3,\dots$ 且 $m = 1,3,5,\dots$。當 $n = 1$ 時，閉管頻率可能為 250 Hz 的奇數倍；當 $n = 2$ 時，頻率可能為 125 Hz 的奇數倍；依此類推。

10-4 都卜勒效應

在火車接近時聽到的鳴笛聲頻率，會高於離開時的頻率。奧地利物理學家都卜勒（Christian Doppler）在 1842 年發現，當波源和觀察者有相對運動時，觀察者接受到的頻率會與波源發出的頻率不同，此現象稱為都卜勒效應（Doppler effect）。

考慮一靜止波源放出頻率 f 的波，且聲速為 v。若觀察者靜止，則收到的頻率等於波源頻率。假定觀察者以速率 v_0 接近波源，如圖 10.9，波長仍為 $\lambda = v/f$，但聲波相對於觀察者的速度為 $v' = v + v_0$。因此，觀察者會聽到較高的頻率

$$f' = \frac{v'}{\lambda} = \frac{v + v_0}{v/f} = \frac{v + v_0}{v}f$$

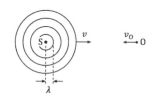

圖 10.9

假定波源以速率 v_0 接近靜止的觀察者，如圖 10.10a。當波源發出一波峰，會在一個週期 T 後發出另一波峰。波源前方的波長 λ' 為，第一個波峰的移動距離 vT 減去波源的移動距離 $v_S T$：

$$\lambda' = vT - v_S T = \frac{v - v_S}{f}$$

如圖 10.10b。因此，觀察者聽到的頻率為

$$f' = \frac{v}{\lambda'} = \frac{v}{(v - v_S)/f} = \frac{v}{v - v_S}f$$

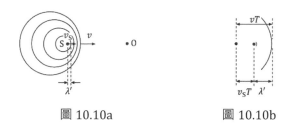

圖 10.10a　　　　　　　圖 10.10b

當波源和觀察者往彼此接近，則相對於觀察者的聲速為 $v' = v + v_0$ 且波長為 $\lambda' = (v - v_S)/f$，視頻率 $f' = v'/\lambda'$為

$$f' = \frac{v + v_0}{v - v_S} f \qquad [10.13]$$

若觀察者離開波源，則相對於觀察者的聲速為 $v' = v - v_0$ 且 [10.13] 中分子為$v - v_0$。若波源離開觀察者，則波長為 $\lambda' = (v + v_S)/f$ 且 [10.13] 中分母為$v + v_S$。當波源（或觀察者）的相對運動是往另一者接近，則視頻率增加；當相對運動遠離另一者，則有較低的視頻率。

習題

1. 若將一長度 L 之開管的一端封閉，則須將管長增加多少，才能使基頻為原來基頻的 $1/8$。

2. 一停靠在路邊的 A 車正鳴著喇叭，B 車以等速度從 A 車旁邊駛過，B 車上的乘客測得的喇叭頻率為 $700\,Hz$，離開時為 $660\,Hz$。設聲速為 $340\,m/s$。試求（a）A 車的喇叭頻率；（b）B 車的速率。

3. 靜止的時候，甲車喇叭發出的頻率為 $2f$，乙車喇叭發出的頻率為 f。現在讓甲乙二車以速率 v 相向運動；令聲速為V。若甲車所聽到的乙

車喇叭的頻率，與甲車自己的喇叭的頻率相同，試求乙車所聽到甲車喇叭的頻率。

4. 一速率 50 m/s 之警車與一速率 25 m/s 之卡車同方向運動，警車上之警笛的頻率為 1200 Hz。設聲速為 350 m/s。（a）當警車在卡車後面時；（b）當警車在卡車前面時，卡車司機所聽到的頻率是多少？

5. 一行進諧波函數表為

$$y = 0.04 \sin\left(\frac{x}{5} - 2t\right)$$

其中 x 及 y 之單位為 m，t 為 s，求其波長和頻率。

第 11 章　熱力學第零定律

11-1　熱力學第零定律

我們藉由觸覺分辨物體冷熱的程度，並以此建立溫度的概念。然而，我們對冷熱的感覺並不可靠。例如，將雙手分別放入冷水和熱水中，再放入相同的溫水中，一隻手會覺得較熱，另一手較冷。因此需要客觀的方法（溫度計）測量物體的溫度。

假定二物體放在絕熱容器內，使它們無法與外界交互作用。當二物體可以互相傳熱時，稱為熱接觸。經過一段長時間後，二者的冷熱程度相同，稱它們達到熱平衡（thermal equilibrium）。此時，二物體所具有的相同性質即稱為溫度。在熱力學，我們以變數（如溫度、壓力、體積）描述系統的宏觀狀態，這些變數稱為狀態變數（state variables）。在熱平衡下，系統的宏觀量不隨時間而變，且此時才能以這些變數描述系統的狀態。

考慮三個系統 A、B、C。若 A、B 均和 C 處於熱平衡，則 A 和 B 彼此亦處於熱平衡，此為熱力學第零定律。因為此定律的觀念在 1930 年代才完全釐清，晚於熱力學第一和第二定律，故稱為第零定律。根據第零定律，二系統不一定要作熱接觸才可達熱平衡。

11-2　溫標

溫度計是用來測量物體溫度的工具。它是利用本身與待測物達熱平衡時，二者溫度相同的原理。溫度計利用物體隨溫度而變的性質（如體積、壓力、電阻），且具備以下條件：（1）當與待測物接觸後，能在短時間內達熱平衡。（2）質量或體積不可太大，以免影響物體溫度太多。（3）高靈敏度，因溫度改變而產生明顯的效應。

為了校正溫度計，需將溫度計置於等溫系統中。冰點為純水和冰在熱平

衡下共存的溫度，沸點為水和水蒸氣在熱平衡下共存的溫度。由於這二點與壓力有關，在攝氏溫標（Celsius scale），取 1 atm 下水的冰點為0°C，沸點為100°C。在華氏溫標（Fahrenheit scale），取 1 atm 下水的冰點為 32°F，沸點為 212°F。攝氏溫標和華氏溫標之間的關係為

$$\frac{T_C - 0}{100 - 0} = \frac{T_F - 32}{212 - 32} \quad \Rightarrow \quad T_F = \frac{9}{5}T_C + 32$$

在定容氣體溫度計，將氣體置於燒瓶內，如圖 11.1。使用氣體作為測溫物質，是因為氣體的體膨脹係數較玻璃容器大，容器的熱脹冷縮對刻度的影響較小。氣體壓力會隨溫度而變。將燒瓶浸於 0°C 的冰水中，並移動右管使左管水銀面至刻度零處，二管的水銀面高度差指出此時的氣體壓力。再將燒瓶浸於 100°C 的沸水中，調整左管水銀面至刻度零處，使氣體體積維持不變。將這二點的壓力和溫度繪於圖 11.2。

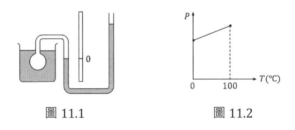

圖 11.1　　　　　　圖 11.2

壓力和溫度的圖形為一直線，且其延長線在 −273.15°C 的壓力為零。（必須是延長線，因為真實氣體在溫度太低時會液化。）當氣體的種類或質量改變時，會得到相同的結果，如圖 11.3。在克氏溫標（Kelvin scale），或稱為絕對溫標（absolute temperature scale），將 −273.15°C 定為絕對零度 0 K，絕對溫標和攝氏溫標間的換算關係為

$$T = T_C + 273.15$$

其中 T 為絕對溫度，以 K（kelvin）為單位。

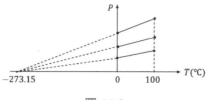

圖 11.3

將圖 11.1 中的燒瓶與待測物作熱接觸，並調整左管水銀面至刻度零處，由二管水銀面的高度差知道壓力 P，就可得到待側物的溫度 T_C：

$$\frac{P_0}{273.15} = \frac{P}{273.15 + T_C} \quad \Rightarrow \quad P = P_0\left(1 + \frac{T_C}{273.15}\right)$$

其中 P_0 為 0°C 時的氣體壓力。

11-3　熱膨脹

物體的體積會隨溫度的上升而增加，是因為組成原子間的平均距離增加，此現象稱為熱膨脹（thermal expansion）。考慮一細桿在某溫度時的長度為 L_i，若溫度變化 ΔT 不大，則長度變化近似為

$$\Delta L = \alpha L_i \Delta T \qquad\qquad [\mathbf{11.1}]$$

其中比例常數 α 為線膨脹係數（coefficient of linear expansion），單位為 (°C)$^{-1}$。係數 α 通常為溫度的函數，但溫度變化不大時，α 為常數。當金屬墊圈的溫度上升時，圓孔半徑會以相同的係數 α 膨脹而不會變小，如圖 11.4。雙金屬片是將二種不同的金屬接合，如圖 11.5，當溫度上升，金屬片會彎向低膨脹係數的一邊。

圖 11.4　　　　　　　　圖 11.5

因為物體的長度會隨溫度而變，故表面積和體積也會改變。若溫度變化

ΔT 不大，則體積變化為

$$\Delta V = \beta V_i \, \Delta T \qquad\qquad [11.2]$$

其中 V_i 是原體積，β 為體膨脹係數（coefficient of volume expansion），單位為 $(°C)^{-1}$。考慮邊長 ℓ_1、ℓ_2、ℓ_3 的長方體，體積為 $V_i = \ell_1 \ell_2 \ell_3$，且

$$\frac{dV}{dT} = \ell_2 \ell_3 \frac{d\ell_1}{dT} + \ell_1 \ell_3 \frac{d\ell_2}{dT} + \ell_1 \ell_2 \frac{d\ell_3}{dT}$$

$$\Rightarrow \qquad \frac{1}{V_i}\frac{dV}{dT} = \frac{1}{\ell_1}\frac{d\ell_1}{dT} + \frac{1}{\ell_2}\frac{d\ell_2}{dT} + \frac{1}{\ell_3}\frac{d\ell_3}{dT} \qquad [11.3]$$

將 [11.1] 和 [11.2] 寫為

$$\alpha = \frac{\Delta L / L_i}{\Delta T} \qquad \text{和} \qquad \beta = \frac{\Delta V / V_i}{\Delta T}$$

可知 α（β）為每單位溫度變化的長度（體積）區段變化。由此二式將[11.3]寫為

$$\beta = \alpha_1 + \alpha_2 + \alpha_3$$

對等向性（isotropic）材料，$\alpha_1 = \alpha_2 = \alpha_3$ 且 $\beta = 3\alpha$。同理可證，等向性材料的面積變化為 $\Delta A = 2\alpha A_i \Delta T$。

11-4 理想氣體的狀態方程式

考慮密閉容器內的定量氣體，分子數為 N。實驗發現：

1. 在等溫下，氣體壓力和體積成反比：$P \propto 1/V$。（波以耳定律）

2. 在等壓下，氣體體積和絕對溫度成正比：$V \propto T$。（查理定律）

3. 在定容下，氣體壓力和絕對溫度成正比：$P \propto T$。（給呂薩克定律）

將這些結果總結為

$$PV \propto T$$

通常稱 P、V、T 為理想氣體的熱力變數（thermodynamic variables）或狀態變數（state variables）。給定壓力和溫度下，$V \propto N$；給定體積和溫度下，$P \propto N$。因此，$PV \propto N$。可得到理想氣體的狀態方程式（equation of state），或稱為理想氣體定律（ideal gas law）：

$$PV = NkT \qquad\qquad [\mathbf{11.4}]$$

其中比例常數 k 稱為波茲曼常數（Boltzmann's constant）。壓力和體積的 SI 單位分別為 Pa（1 Pa = 1 N/m²）和 m³，而 PV 的單位為 joule （1 J = 1 N·m）。實驗證明，當壓力趨近於零，不同的氣體有相同的 k 值：

$$k = 1.38 \times 10^{-23} \quad \text{J/K} \qquad\qquad [11.5]$$

[11.4] 僅成立於平衡狀態下，此時才可明確定義 P、V、T。

若氣體的分子數很大，則以莫耳數表示物質的量會較為方便。一莫耳（mole；mol）的物質所含的粒子數與 12 克的 $^{12}_{6}C$ 的原子數相等。亞佛加厥常數 N_A（Avogadro constant）為粒子數 N 和莫耳數 n（單位為 mol）的比值：

$$N_A = \frac{N}{n} = 6.022 \times 10^{23} \quad \text{mol}^{-1} \qquad\qquad [11.6]$$

物質的莫耳質量 M（molar mass）為一莫耳物質的質量：

$$M = \frac{m}{n} \qquad\qquad [11.7]$$

其中 m 為物質的質量，n 為物質的莫耳數。莫耳質量 M 的 SI 單位為 kg/mol，但通常使用 g/mol。一莫耳的任何物質含有相同的粒子數 N_A，但因組成的粒子不同而有不同的莫耳質量。

利用莫耳數 n 將 [11.4] 寫為

$$PV = nRT \qquad\qquad [\mathbf{11.8}]$$

其中 $R = kN_A$ 稱為萬有氣體常數（universal gas constant）：

$$R = 8.314 \quad \text{J/mol·K} \qquad\qquad [11.9a]$$
$$= 0.082 \quad \text{L·atm/mol·K} \qquad\qquad [11.9b]$$

由 [11.8] 和 [11.9b]，1 莫耳的任何氣體在 1 atm 和 0°C 下的體積為 22.4 公升（liters，1 L = 10⁻³ m³）。

例題 11.1

在體積 40 L 的氧氣瓶內，氧氣的壓力為 110 atm。為避免混入其它氣體，壓力降至 10 atm 時就得充氣。若每天需用 1.0 atm 的氧氣 400 L，則可使用幾天？

解：若使用前氧氣的莫耳量為 n_1，須充氣時的莫耳量為 n_2，由理想氣體定律 $PV = nRT$，可使用的莫耳量為

$$n_1 - n_2 = \frac{V}{RT}(P_1 - P_2)$$

其中 V 為氧氣瓶體積。每天用掉的氧氣莫耳量為

$$n_3 = \frac{V'}{RT}P_3$$

二式相除，即可得到使用天數為

$$\frac{n_1 - n_2}{n_3} = \frac{(P_1 - P_2)V}{P_3 V'} = \frac{(110 - 10) \times 40}{1.0 \times 400} = 10 \ \text{天}$$

例題 11.2

圖 11.6 中，可自由滑動的隔板將容器分為左、右二室，分別充以 $P_1 = 4$ atm 和 $P_2 = 3$ atm 的理想氣體。若在等溫下達平衡，求隔板往右移動的距離。

解：由理想氣體定律 $PV = nRT$，因 n 和 T 不變，故 $P_i V_i = P_f V_f$。平衡後二邊會有相同的壓力 P，且

$$(4 \ \text{atm})(20A) = P \cdot (20 + x)A$$
$$(3 \ \text{atm})(80A) = P \cdot (80 - x)A$$

其中 A 為隔板截面積。聯立以上二式，解得 $x = 5$ cm。

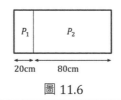

圖 11.6

例題 11.3

證明在等溫下，大氣壓力隨高度 y 的變化為

$$P = P_0 e^{-Mgy/RT}$$

其中 P_0 為地表的大氣壓力，M 為大氣分子量。

證：由 [7.4]，

$$dP = -\rho g \, dy \qquad\qquad [\text{i}]$$

密度為

$$\rho = \frac{m}{V} = \frac{nM}{V} = \frac{PM}{RT}$$

其中用到 [11.8]，$n/V = P/RT$。代入 [i] 可得

$$dP = -\frac{PM}{RT} g \, dy \qquad \Rightarrow \qquad \frac{dP}{P} = -\frac{Mg}{RT} dy$$

積分後，即可得證。

習題

1. 若令一大氣壓下冰點為 $120°X$，沸點為 $370°X$，則 $46°C$ 相當於若干 $°X$？

2. 若令一大氣壓下水的冰點定為 $-38°W$，沸點定為 $112°W$。試導出溫標 W 和攝氏溫標 C 之間的轉換公式。

3. 若 $dT/dy = -\gamma$，其中 γ 為定值，證明大氣壓力隨高度 y 的變化為

$$P = P_0 \left(\frac{T_0 - \gamma y}{T_0}\right)^{Mg/R\gamma}$$

其中 P_0 和 T_0 分別為地表的壓力和溫度，M 為大氣分子量。

4. 體積相同的二氣室以細管連通，並有相同的壓力 1 atm 和溫度 27°C 之理想氣體。將二氣室分別升溫至 127°C，和降溫至 −73°C，求平衡後的氣體壓力。

5. 以可自由滑動的隔板將絕熱容器分為左、右二室，並充以理想氣體。在溫度 27°C 時，二者有相同的體積 V 和壓力 P。將左室加熱至127°C，而右室保持 27°C。求（a）二室的體積；（b）和壓力。

6. 以導熱隔板將絕熱容器分為左、右二室，並充以相同的理想氣體。最初隔板固定不動，且二室有相同的溫度，而壓力和體積分別為 $\left(2P，\right.$ $\left.3V/4\right)$ 和 $(P，V/4)$。若使隔板可自由移動，求平衡後的體積。

7. 有一長度 L_1 且線膨脹係數 α_1 的金屬棒，與 L_2 且 α_2 的另一金屬棒。將二金屬棒的末端焊接，則焊接後的等效線膨脹係數為若干？

8. 當溫度變化為 ΔT，試證密度變化為

$$\Delta\rho = -\gamma\rho\Delta T$$

其中 γ 為體膨脹係數。

9. 銅的線膨脹係數為 1.70×10^{-6} $(°C)^{-1}$，銅在 $-10°C$ 時的密度為 ρ_1，在 $15°C$ 時的密度為 ρ_2，則 $(\rho_1 - \rho_2)/\rho_1$ 之值為若干？

第 12 章 熱力學第一定律

12-1 熱功當量

當溫度不同的物體作熱接觸，熱會由高溫物體流向低溫物體。在 18 世紀，用熱質說（caloric theory）解釋熱的物理現象。此理論認為熱是一種無質量的流體，稱為熱質（caloric），且熱質為守恆量。根據此模型，物體溫度因吸收熱質而上升，且體積因熱質增加而膨脹，以此解釋熱脹冷縮。熱的單位是卡路里（calorie），此名稱由熱質而來，由「15℃ 卡路里」的定義，1 克的水在 1 atm 下由 14.5℃ 上升至 15.5℃ 所需的熱量為 1 cal。由於卡路里的單位很小，故常以大卡（Calorie，字首大寫）標示食物的能量，一大卡等於一仟卡。美國慣用的單位為 Btu（British thermal unit），其定義為 1 lb 的水由 63°F 上升至 64°F 所需的熱量。

然而，熱質說無法解釋摩擦生熱。英國科學家湯普森（Benjamin Thompson），之後被封為侖福德伯爵（Count Rumford），於 1798 年觀察到在砲管鏜孔時所產生的熱。他用鈍的工具摩擦浸於水中的砲管，發現水沸騰後，砲管本身沒有發生變化，摩擦所生的熱似乎是無窮無盡的。實驗證明，可由力學功持續生熱，故熱不為守恆量。

吸熱和作功均會使溫度上升，這表示熱是能量的一種形式。焦耳（James Prescott Joule）著名的實驗如圖 12.1。重錘落下會帶動翼瓣旋轉，進而對絕熱容器內的水作功。由於沒有熱進入或離開系統，故只有力學功會改變溫度。重錘落下而損失的位能會等於翼瓣對水所作的功，若質量 m 的二重錘落下距離 h，則 $W = 2mgh$。測量水增加的溫度 ΔT，產生此溫度變化需吸熱 $Q = m_w c_w \Delta T$，其中 m_w 和 c_w 分別為水的質量和比熱（見下一節）。焦耳發現 $W/Q = 4.18\ \text{J/cal}$。焦耳以不同的液體作實驗，均得到相同的數值，$4.18\ \text{J/cal}$ 稱為熱功當量（mechanical equivalent of heat）。實驗證明，1 cal 的熱和 4.186 J 的功會使系統產生相同的溫度變化，故

$$1 \ \text{cal} = 4.186 \ \text{J} \qquad\qquad [12.1]$$

　　熱和功均為在某過程中，系統和外界之間的能量轉移。功是由力學方法而轉移的能量，而熱的定義為，因系統和外界之間的溫度差而轉移的能量。一旦過程停止，熱和功就沒有意義。因此，我們會說對系統作多少功，不會說系統有多少功；同樣地，會說系統吸收多少熱量，而不說系統有多少熱量。之後會看到，物體溫度上升時增加的是內能，而不是熱。由熱力學第一定律，系統吸熱或對系統作功，均可使內能增加。

圖 12.1

12-2 熱容量和比熱

　　系統溫度會隨內能的增加的上升。（下一節討論的相變除外。）以下討論系統吸收或放出的熱量，但記住，任何能量的轉移也會改變系統的溫度。若熱量 Q 使樣品產生溫度變化 ΔT，其熱容量（heat capacity）定義為 $Q/\Delta T$，為樣品上升 1℃ 所需的能量。

　　樣品吸收的熱量 Q 正比於樣品質量 m 和溫度變化 ΔT，

$$Q = mc\Delta T \qquad\qquad [12.2]$$

其中 c 稱為材料的比熱（specific heat）。當系統吸熱且溫度上升，取 Q 和 ΔT 為正值；當系統放熱且溫度下降，取 Q 和 ΔT 為負值。將 [12.2] 表示為

$$c = \frac{1}{m}\frac{Q}{\Delta T}$$

可知比熱為每單位質量的熱容量。比熱的SI單位為 $J/kg \cdot K$，但通常以 $cal/g \cdot K$ 為單位。比熱是熱鈍感的量度，材料的比熱愈大，溫度愈不易改變。通常以莫耳數 n 表示氣體的量，則

$$Q = nC\Delta T \qquad [12.3]$$

其中 C 為莫耳比熱（molar specific heat），單位為 $J/mol \cdot K$ 或 $cal/mol \cdot K$。

　　物質的比熱會隨溫度而變。但若溫度變化不大，可將比熱視為常數。例如，水在 0°C 時的比熱與 100°C 時的比熱只相差約 1%。比熱也會因物質狀態的改變（例如液態變為氣態）而驟變。不同的加熱條件也會有不同的比熱（見 12-6 節）。

12-3 潛熱

　　當物質和外界有能量轉移，物質的溫度不一定會改變。當物質發生相變（phase change）時，例如熔化和沸騰，分子間的位能改變，但分子運動的動能不變，因此溫度不變。單位質量的物質相變所需吸收或放出的熱量，稱為潛熱 L（latent heat），定義為

$$L \equiv \frac{Q}{m} \qquad [12.4]$$

因為不同的物質有不同的分子排列方式，故它們有不同的潛熱。

　　考慮對 1 克的冰塊加熱，使之由 −20°C 上升至 120°C，如圖 12.2。由 [12.2]，溫度會隨吸收的熱量而線性增加，且上升至 0°C 所需的熱量為

$$Q = mc\Delta T = 1 \times 0.50 \times 20 = 10 \text{ cal}$$

其中冰的比熱為 0.50 $cal/g \cdot K$。然而，在所有的冰塊熔化前，溫度會維持在 0°C。由 [12.4] 計算所需的熱量為

$$Q = mL_f = 1 \times 80 = 80 \text{ cal}$$

其中 $L_f = 80$ cal/g 為水的熔化熱（latent heat of fusion）。由 [12.2]，溫度

由 0°C 上升至 100°C 所需的熱量為

$$Q = mc\Delta T = 1\times1\times100 = 100 \quad \text{cal}$$

由 100°C 的水變為 100°C 的水蒸氣，需要的熱量為

$$Q = mL_v = 1\times540 = 540 \quad \text{cal}$$

其中 $L_v = 540$ cal/g 為水的汽化熱（latent heat of vaporization）。水蒸氣
由 100°C 增加至 120°C 所需的熱量為

$$Q = mc\Delta T = 1\times0.48\times20 = 9.6 \quad \text{cal}$$

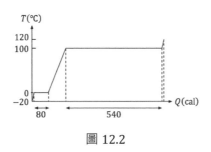

圖 12.2

例題 12.1

將同質量的 100°C 水蒸氣和 0°C 的冰置於絕熱容器內，求達到熱平衡時的
狀態。

解：設水蒸氣和冰的質量均為 m。質量 m 且溫度 100°C 的水蒸氣凝結成
水，會放熱

$$Q_1 = mL_v = 540m$$

質量 m 且溫度 0°C 的冰升溫至 100°C，需吸熱

$$Q_2 = mL_f + mc\Delta T$$

$$= 80m + 100m$$

$$= 180m$$

因為 $Q_1 > Q_2$，表示只要部分的水蒸氣放熱，就可使全部的冰升溫至

100°C。熱量 Q_2 可使質量 m' 的水蒸氣凝結，且

$$180m = 540m' \quad \Rightarrow \quad m' = \frac{1}{3}m$$

熱平衡時的溫度為 100°C，且水的質量為 $m + \frac{1}{3}m = \frac{4}{3}m$，水蒸氣的質量為 $m - \frac{1}{3}m = \frac{2}{3}m$。液態佔總質量 $2m$ 的 2/3，氣態佔總質量的 1/3。

12-4　熱的傳輸

熱的傳輸有三種機制：熱傳導、對流和熱輻射。

考慮長度 L 且截面積 A 的桿子，二端分別與溫度 T_H 的高溫熱庫和溫度 T_L 的低溫熱庫作熱接觸，如圖 12.3a。桿子側面以絕熱材料包覆，使熱僅沿著桿子傳輸，而不會從側面放熱。在高溫熱庫的分子會以較大的振幅在平衡位置上振動，並與相鄰分子碰撞，將部分能量傳給低能量的分子。藉由碰撞將熱量由高溫處傳至低溫處，此過程稱為熱傳導（thermal conduction），為固體主要的傳熱方式。

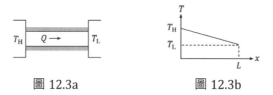

圖 12.3a　　　　　　　　圖 12.3b

實驗發現，單位時間傳輸之熱量 dQ/dt 與截面積和溫度差成正比，與長度成反比：

$$\frac{dQ}{dt} \propto A \frac{\Delta T}{L}$$

其中 $\Delta T = T_H - T_L$。對無窮小厚度 dx 和溫度差 dT，熱流率（heat flow rate）為

$$\frac{dQ}{dt} = -kA\frac{dT}{dx} \qquad [12.5]$$

此為熱傳導定律（law of thermal conduction），其中比例常數 k 稱為熱導率（thermal conductivity），而負號是為了要使 dQ/dt 為正值，因為溫度梯度 $dT/dx = (T_L - T_H)/L$ 為負值。熱導率為物質的傳熱能力，熱的良導體有較大的熱導率，而熱的絕緣體有較低的熱導率。通常金屬是熱的良導體，因為除了原子的振動，自由電子可在金屬內輕易地移動，使熱快速傳播。氣體為不良導體，因為分子間的距離非常遠。

　　當圖 12.3a 在穩態時，桿上各處的熱流率相同，否則熱量會聚集或消失在某處。此時各點會有相同的溫度梯度

$$\frac{dT}{dx} = \frac{T_L - T_H}{L}$$

如圖 12.3b，溫度隨距離作線性變化。由 [12.5]，

$$\frac{dQ}{dt} = kA\frac{T_H - T_L}{L} = \frac{\Delta T}{R} \qquad [12.6]$$

其中 $R = L/kA$ 稱為樣品的熱阻（thermal resistance）。

　　對流（convection）是流體的主要傳熱方式，分為自然對流和受迫對流。當流體一部分受熱後，體積膨脹而密度減小，因而往上流動。而原處由周圍溫度較低且密度較大的流體補充。此類因溫度差而發生的過程，稱為自然對流。若流體的運動是因外力所致，例如用扇子搧風，則為受迫對流。

　　不需要介質而直接以電磁波傳熱的方式，稱為熱幅射（thermal radiation）。溫度不為絕對零度的物體，均會放出電磁波形式的能量。表面積 A 且絕對溫度 T 的物體，其輻射功率為

$$P = \sigma e A T^4 \qquad [12.7]$$

此為史提芬定律（Stefan's law），其中常數 $\sigma = 5.6696 \times 10^{-8}$

（$W/m^2 \cdot K^4$），e 為放射率（emissivity）。放射率與物體的性質有關，介

於 0 和 1 之間。

　　物體會放出熱輻射，亦會吸收外界的熱輻射。若一物體的溫度為 T_1，則其輻射功率為 $\sigma e A T_1^4$。若外界溫度為 T_2，則外界的輻射功率正比於 T_2^4，且物體的吸收功率亦正比於T_2^4。當物體與外界溫度相等時，物體的輻射功率等於吸收功率，故放射率等於吸收率（absorptivity）。因此，良好放射體亦為良好吸收體。鏡子幾乎反射所有的入射光，故有非常低的吸收率，且因此有非常低的放射率。物體輻射熱的淨功率為

$$P_{net} = \sigma e A(T_1^4 - T_2^4)$$

當物體溫度高於外界時，輻射的能量會大於吸收的能量，且其溫度降低。顏色愈深且表面愈粗糙的物體，愈易吸收或放出熱輻射。理想吸收體會吸收所有入射的能量，此類物體的放射率 $e = 1$ 且稱為黑體（black body）。在第 29 章會提到黑體輻射。

例題 12.2

圖 12.4 為二材料所組成的複合板，厚度分別為 L_1 和 L_2，熱導率分別為 k_1 和 k_2。二側溫度為 T_H 和 T_L（$T_H > T_L$）。試求在穩態下的接合處溫度和熱流率。

解：設接合處溫度為 T。在穩態下，各處會有相同的熱流率。由 [12.5]，

$$\frac{dQ}{dt} = k_1 A \frac{T - T_L}{L_1} = k_2 A \frac{T_H - T}{L_2} \qquad \text{[i]}$$

$$\Rightarrow \qquad T = \frac{k_1 L_2 T_L + k_2 L_1 T_H}{k_1 L_2 + k_2 L_1}$$

將溫度 T 代入 [i]，得

$$\frac{dQ}{dt} = \frac{A(T_H - T_L)}{(L_1/k_1) + (L_2/k_2)} = \frac{\Delta T}{R_1 + R_2}$$

其中 $\Delta T = T_H - T_L$，且 $R_1 = L_1/k_1 A$ 和 $R_2 = L_2/k_2 A$ 為二材料的熱阻。與 [12.6] 比較可知，複合板的熱阻為 $R = R_1 + R_2$。

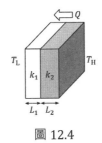

圖 12.4

12-5 熱力學第一定律

在熱力學中，我們以狀態變數（$P, V, T, ...$）來描述系統的狀態。只有在熱平衡下，才能標示系統的狀態。在準靜過程（quasistatic process）中，系統緩慢地改變，且在過程中狀態變數接近平衡態，故能以 PV 圖描述此過程。

在熱力學中，熱庫（heat reservoir）是有用的概念。熱庫具有相當大的熱容，對有限的熱傳遞，熱庫的溫度不變。

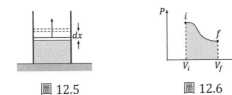

圖 12.5　　　　圖 12.6

考慮截面積 A 的活塞和汽缸，如圖 12.5。若活塞緩慢上升 dx，氣體準靜膨脹並對活塞作功

$$dW = F\,dx = PA\,dx = P\,dV$$

當系統在準靜過程中由平衡態 i 至 f，則系統作的總功為

$$W = \int_{V_i}^{V_f} P\,dV \qquad\qquad \textbf{[12.8]}$$

功為 PV 圖中，曲線下的面積，如圖 12.6。顯然在相同的初和末平衡態，不同的熱力路徑可能有不同的功。

　　內能為儲存於系統內的所有能量（如力學能、化學能、電能），但不包括系統質心的動能和位能。假定進入一系統的熱為 Q，且系統對外界作功 W，則系統的內能變化為

$$\Delta U = Q - W \qquad [12.9]$$

上式稱為熱力學第一定律（first law of thermodynamics），為能量守恆定律的特例。不論是否為準靜過程，第一定律均成立。內能是由系統的平衡態所決定，故為狀態變數；而 Q 和 W 與熱力路徑有關。

　　一孤立系統不會對外界作功，且沒有熱交換。由第一定律，$\Delta U = 0$，孤立系統的內能為定值。

　　在圖 12.7 的循環過程中，系統會週期性的會到其初態，故每次循環的內能不變。由第一定律，得

$$Q = W$$

每次循環的淨功 $W = W_{\mathrm{I}} + W_{\mathrm{II}}$ 會等於熱輸入 Q。由於 $W_{\mathrm{I}} > 0$ 且 $W_{\mathrm{II}} < 0$，故系統作的淨功為曲線包圍的面積。若循環為順時針，則淨功為正值；反之則為負值。

圖 12.7

例題 12.3

二莫耳的理想氣體，初溫 27°C 且初壓 1 atm。在（a）等壓（isobaric）過程，（b）等溫（isothermal）過程中，若體積加倍，氣體作功若干？

解：（a）由狀態方程式，初體積為 $V_1 = nRT_1/P_1$。而末體積為 $V_2 = 2V_1$。

在等壓過程中，壓力不變，如圖 12.8a。由 [12.8]，氣體作功

$$W = \int_{V_1}^{V_2} P \, dV = P(V_2 - V_1) = PV_1 = nRT_1$$

$$= (2 \ \text{mol})(8.314 \ \text{J/mol·K})(300 \ \text{K})$$

$$= 4.99 \ \text{kJ}$$

（b）在等溫過程中，系統沿著等溫線（isotherm）由狀態 i 至 f，如圖 12.8b。氣體作功為曲線下面積：

$$W = \int_{V_1}^{V_2} P \, dV = \int_{V_1}^{V_2} \frac{nRT}{V} \, dV = nRT \ln \frac{V_2}{V_1}$$

$$= (2 \ \text{mol})(8.314 \ \text{J/mol·K})(300 \ \text{K}) \ln 2$$

$$= 3.46 \ \text{kJ}$$

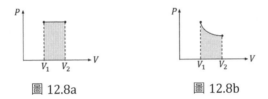

圖 12.8a   圖 12.8b

12-6 莫耳比熱

系統能以不同的過程達到相同的溫度變化。圖 12.9 中，對 n 莫耳的氣體加熱，b 和 c 在同一等溫線上。定容過程 $a \to b$ 中，氣體作功（曲線下面積）為零，由第一定律 [12.9]，可得 $\Delta U = Q$，系統增加的內能等於吸收的熱量。由 [12.3]，定容下吸熱 $Q_V = nC_V\Delta T$，且

$$\Delta U = nC_V\Delta T \qquad \qquad \textbf{[12.10]}$$

其中 C_V 為定容莫耳比熱。當溫度和壓力改變時，C_V 會隨之改變。在理想氣體的情況，假設 C_V 不變，且內能只與溫度有關。因此，[12.10] 可用於

理想氣體的任一過程，不限於定容過程。

等壓過程 $a \to c$ 中，氣體因膨脹而對外作功，且吸熱

$$Q_P = nC_P\Delta T \qquad [12.11]$$

其中 C_P 為等壓莫耳比熱。由理想氣體的狀態方程式 $PV = nRT$，等壓下作功 $W = P\Delta V = nR\Delta T$。理想氣體的內能變化為 [12.10]。由第一定律，$\Delta U = Q - W$，得

$$nC_V\Delta T = nC_P\Delta T - nR\Delta T$$

$$\Rightarrow \qquad C_P - C_V = R \qquad [12.12]$$

其預測理想氣體的等壓和定容莫耳比熱之差等於萬有氣體常數。此式可用於真實氣體。

因為各路徑的溫度變化相同，故內能變化相同。在定容和等壓下分別吸熱 $Q_V = \Delta U$ 和 $Q_P = \Delta U + W$。由於氣體在等壓下對外作功，因此 $Q_P > Q_V$ 且 $C_P > C_V$。固體和液體在等壓加熱下，因熱膨脹很小而作比較少的功，故 C_V 和 C_P 近似相等。

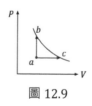

圖 12.9

12-7 絕熱過程

絕熱（adiabatic）過程中，系統與外界沒有熱傳播。要達到絕熱過程，可藉由絕熱容器，或是過程迅速發生，使系統沒有足夠時間與外界作熱交換。

考慮在一絕熱容器中，理想氣體緩慢膨脹。對無窮小體積變化 dV，氣體作功 $dW = P\,dV$。由第一定律和 [12.10]，得

$$nC_V dT = -P\,dV$$

在準靜絕熱膨脹中 $P\,dV > 0$，故由上可知 $dT < 0$，溫度下降。由理想氣體的狀態方程式 $PV = nRT$，得

$$P\,dV + V\,dP = nR\,dT$$

由以上二式，消去 dT，可得

$$P(C_V + R)\,dV + C_V V\,dP = 0 \qquad\qquad [12.13]$$

利用 [12.12]，並定義絕熱指數 γ（adiabatic index）為

$$\gamma \equiv \frac{C_P}{C_V}$$

則 [12.13] 可寫為

$$\gamma \frac{dV}{V} + \frac{dP}{P} = 0$$

積分後可得，$\ln(PV^\gamma) = $ 常數，等價為

$$PV^\gamma = 常數 \qquad\qquad [\mathbf{12.14a}]$$

其中常數與初始條件有關。利用 [11.8]，可證明

$$TV^{\gamma-1} = 常數 \qquad\qquad [\mathbf{12.14b}]$$

$$P^{1-\gamma}T = 常數 \qquad\qquad [\mathbf{12.14c}]$$

以上三式用於理想氣體的準靜絕熱過程。

　　圖 12.10 中的 $i \to f$ 為絕熱膨脹，二黑線為等溫線。由 [12.14a]，得

$$V^\gamma dP + \gamma PV^{\gamma-1}dV = 0 \qquad \Rightarrow \qquad \frac{dP}{dV} = -\gamma \frac{P}{V}$$

對等溫過程，由 $PV = nRT$ 可得

$$P\,dV + V\,dP = 0 \quad \Rightarrow \quad \frac{dP}{dV} = -\frac{P}{V}$$

由於 $\gamma > 1$，故在 PV 圖中絕熱線比等溫線陡。

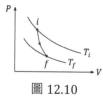

圖 12.10

考慮一絕熱容器，隔板二側分別為氣體和真空，如圖 12.11a。將隔板移除，氣體膨脹但不作功，此過程稱為絕熱自由膨脹（adiabatic free expansion）。此過程不為準靜過程，故無法以 PV 圖描述。由於絕熱（$Q = 0$）且不作功（$W = 0$），由第一定律，得

$$\Delta U = 0$$

在絕熱自由膨脹，任何氣體的內能不變。實驗證明，真實氣體會有微小的溫度變化，這表示真實氣體的內能亦為壓力和體積的函數。在理想氣體的特例下，絕熱自由膨脹的溫度不變，因此，理想氣體的內能只與溫度有關，與壓力和體積無關。

考慮在一汽缸和活塞之間充以理想氣體，器壁為絕熱，但底部與熱庫作熱接觸，如圖 12.11b。氣體由熱庫吸熱，並作準靜等溫膨脹。因為理想氣體的內能為溫度的函數，故在等溫過程中，內能變化 $\Delta U = 0$。因此，由第一定律，$Q = W$，進入系統的熱會轉換為功。圖 12.11a 和圖 12.11b 有相同的初態和末態，但路徑不同。

圖 12.11a   圖 12.11b

例題 12.4

圖 12.12 中，1 莫耳的單原子理想氣體的循環過程包含定容、絕熱、等壓，其中 $T_1 = 300$ K、$T_2 = 600$ K、$T_1 = 455$ K。(a) 計算每一過程和整個循環的熱量 Q、內能變化 ΔU 和作功 W。(b) 求各點的壓力和體積。

解：(a) 在定容過程 $1 \to 2$，作功 $W = 0$，由熱力學第一定律，吸收的熱量等於內能變化，

$$Q = \Delta U = nC_V\,\Delta T = \frac{3}{2}nR\,\Delta T$$

$$= \frac{3}{2} \times 1 \times 8.314 \times (600 - 300)$$

$$= 3741 \text{ J}$$

在絕熱過程 $2 \to 3$，吸熱 $Q = 0$，內能變化為

$$\Delta U = nC_V\Delta T = \frac{3}{2}nR\,\Delta T$$

$$= \frac{3}{2} \times 1 \times 8.314 \times (455 - 600)$$

$$= -1808 \text{ J}$$

由第一定律，作功 $W = -\Delta U = 1808$ J。

在等壓過程 $3 \to 1$，作功

$$W = P\,\Delta V = nR\,\Delta T$$

$$= 1 \times 8.314 \times (300 - 455)$$

$$= -1289 \text{ J}$$

由 [12.11]，

$$Q = nC_P\,\Delta T = \frac{5}{2}nR\,\Delta T$$

$$= \frac{5}{2} \times 1 \times 8.314 \times (300 - 455)$$

$$= -3222 \text{ J}$$

由熱力學第一定律,

$$\Delta U = Q - W = -3222 - (-1289) = -1933 \text{ J}$$

由以上的結果,對整個循環,

$$Q = 3741 + 0 - 3222 = 519 \text{ J}$$

$$\Delta U = 3741 - 1808 - 1933 = 0$$

$$W = 0 + 1808 - 1289 = 519 \text{ J}$$

(b)由 [11.9b],$R = 0.082$ L·atm/mol·K,在點 1 的體積為

$$V_1 = \frac{nRT_1}{P_1} = \frac{1 \times 0.082 \times 300}{1} = 24.6 \text{ L}$$

因 $1 \to 2$ 為定容過程,故 $V_2 = V_1 = 24.6$ L。點 2 的壓力為

$$P_2 = \frac{nRT_2}{V_2} = \frac{1 \times 0.082 \times 600}{24.6} = 2 \text{ atm}$$

點 3 的壓力為 $P_3 = P_1 = 1$ atm。由 [12.14a],

$$P_2 V_2^{\gamma} = P_3 V_3^{\gamma}$$

$$\Rightarrow \qquad V_3 = \left(\frac{P_2}{P_3}\right)^{1/\gamma} V_2 = \left(\frac{2}{1}\right)^{3/5} \times 24.6 = 37.3 \text{ L}$$

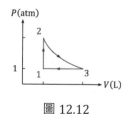

圖 12.12

習題

1. 將質量 m_1 溫度 T_1 的水和質量 m_2 溫度 T_2 的水混合，求熱平衡後的溫度。

2. 質量相等的三種液體，比熱分別為 0.6、0.3、0.1（cal/g·℃），溫度分別為 80、30、10（℃）。求混合後的溫度。

3. 熱導率 k 的球殼，內外半徑分別為 R_1 和 R_2，內外表面的溫度分別維持在 T_1 和 T_2，求通過球殼的熱流。

4. 將三條等長且材料相同的物質以圖 12.13 的方式連接，末端的溫度各為 20℃、20℃、80℃，求在接點的溫度。

圖 12.13

5. 將二塊相同的長方體材料以圖 12.14 的二種方式連接。前者在 1 分鐘傳遞的熱量，後者需時多久才能傳遞相同的熱量？

圖 12.14

6. 熱導率分別為 k_1 和 k_2 的二塊熱導板，有相同的厚度 L 和截面積 A。將它們併在一起，如圖 12.15，求合併後的熱導率。

圖 12.15

第 13 章 氣體動力論

13-1 理想氣體模型

　　在氣體動力論（kinetic theory of gases），對氣體分子作下列假設：

1. 氣體是由大量的全同分子所組成。

2. 分子的速度為隨機的。

3. 分子沒有內部結構，故它們只有移動動能。

4. 分子除了和其它分子（或器壁）作彈性碰撞，沒有交互作用，故可忽略位能。

5. 分子間的平均距離遠大於其直徑，這表示可將氣體分子視為質點。

對真實氣體，以上假設只在高溫低壓下才成立。為了簡化，我們亦假設沒有其它外力（如重力），且速率分佈不隨時間改變。

13-2 壓力和溫度的動力詮釋

　　在熱力學，溫度的概念僅為溫度計的讀數，我們可由氣體動力論瞭解其意義。考慮一邊長 L 之立方體容器，氣體分子在容器內作不規則運動，如圖 13.1a。當氣體與器壁碰撞時，二者會受到等大反向的衝力，並對器壁產生壓力。考慮一質量 m 的分子，其速度的 x 分量為v_{x1}。當它和器壁作彈性碰撞，x 分量上的線動量變化為

$$\Delta p_1 = mv_{x1} - (-mv_{x1}) = 2mv_{x1}$$

分子撞擊左側器壁二次相隔的時間為 $\Delta t = 2L/v_{x1}$。因此單一分子在平均時距內的施力為

$$F_1 = \frac{\Delta p_1}{\Delta t} = \frac{2mv_{x1}}{2L/v_{x1}} = \frac{mv_{x1}^2}{L}$$

將所有的分子均考慮進去後，總平均力為

$$F = \sum F_i = \frac{m \sum v_{xi}^2}{L} \qquad [13.1]$$

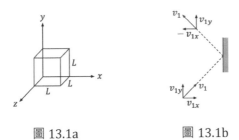

圖 13.1a　　　　圖 13.1b

設總分子數為 N，則 v_x^2 的平均值為

$$\overline{v_x^2} = \frac{\sum v_{xi}^2}{N}$$

因為分子的運動是隨機的，故 $\overline{v_x^2} = \overline{v_y^2} = \overline{v_z^2}$。第 i 個分子的速率的平方為 $v_i^2 = v_{xi}^2 + v_{yi}^2 + v_{zi}^2$，平均值為

$$\overline{v^2} = \overline{v_x^2} + \overline{v_y^2} + \overline{v_z^2} = 3\overline{v_x^2} = 3\frac{\sum v_{xi}^2}{N}$$

$$\Rightarrow \qquad \sum v_{xi}^2 = \frac{N}{3}\overline{v^2}$$

將此式代入 [13.1]，可得壓力

$$P = \frac{F}{A} = \frac{Nm\overline{v^2}}{3V} \qquad [13.2]$$

其中 $V = AL = L^3$ 為容器體積。

定義方均根（root mean square；rms）速率為

$$v_{\text{rms}} \equiv \sqrt{\overline{v^2}} \qquad \mathbf{[13.3]}$$

以方均根速率將壓力 [13.2] 表示為

$$P = \frac{2}{3}\frac{N}{V}\left(\frac{1}{2}mv_{rms}^2\right) \tag{13.4}$$

此式以微觀量 v_{rms} 來表示宏觀量 P。雖然此式是由立方體容器的特例導出，但結果與容器的形狀無關。由 [13.4] 可知，增加氣體（增加分子數N）和加熱（增加平均動能 $\frac{1}{2}mv_{rms}^2$）會使壓力上升。

由理想氣體定律（$PV = NkT$）和 [13.4]，單一分子的平均動能為

$$T = \frac{PV}{Nk} = \frac{2}{3k}\left(\frac{1}{2}mv_{rms}^2\right) \tag{13.5}$$

此式顯示，溫度是平均動能的量度。每個分子的平均移動動能為

$$\frac{1}{2}mv_{rms}^2 = \frac{3}{2}kT \tag{13.6}$$

總移動動能為

$$K_{tot} = N\left(\frac{1}{2}mv_{rms}^2\right)$$

$$\Rightarrow \qquad K_{tot} = \frac{3}{2}NkT = \frac{3}{2}nRT \tag{13.7}$$

其中 N 為分子數，$n = N/N_A$ 為莫耳數。若氣體只有移動動能，則此式表示氣體的內能。此結果表示，理想氣體的內能只與溫度有關。

由 [13.6]，方均根速率為

$$v_{rms} = \sqrt{\frac{3kT}{m}} = \sqrt{\frac{3RT}{M}} \tag{13.8}$$

其中 m 為單一分子的質量，M為莫耳質量。在給定溫度下，分子愈輕則速率愈快。

例題 13.1

一容器內含有壓力 1.0 atm 且溫度 27°C 之氧氣。試求（a）數量密度，（b）質量密度，（c）氧分子的質量，（d）分子間的平均距離，（e）分子的平均平

移動能。

解：（a）數量密度為單位體積的分子數。由理想氣體定律 $PV = NkT$，得

$$\frac{N}{V} = \frac{P}{kT} = \frac{1.013 \times 10^5 \ \text{Pa}}{(1.381 \times 10^{-23} \ \text{J/K})(300 \ \text{K})}$$

$$= 2.45 \times 10^{25} \ \text{m}^{-3}$$

（b）質量密度為總質量和體積的比值：$\rho = nM/V$，其中氧氣的莫耳質量為 $M = 32$ g/mol。由理想氣體定律 $PV = nRT$，得

$$\rho = \frac{nM}{V} = \frac{PM}{RT} = \frac{(1.013 \times 10^5 \ \text{Pa})(32 \ \text{g/mol})}{(8.314 \ \text{J/K} \cdot \text{mol})(300 \ \text{K})}$$

$$= 1.30 \times 10^{-3} \ \text{g/cm}^3$$

（c）氧分子的質量為

$$m = \frac{M}{N_A} = \frac{32 \ \text{g/mol}}{6.022 \times 10^{23} \ \text{mol}^{-1}} = 5.314 \times 10^{-23} \ \text{g}$$

（d）設分子間的平均距離為 d，則此距離對應之體積為

$$V_0 = \frac{4}{3} \pi \left(\frac{d}{2}\right)^3 = \frac{\pi}{6} d^3 \qquad \text{[i]}$$

體積 V_0 內有一個分子（密度 $1/V_0$），而體積 V 內有 N 個分子（密度 N/V）。因此，

$$\frac{1}{V_0} = \frac{N}{V}$$

將 [i] 和（a）之結果代入，得

$$\frac{6}{\pi d^3} = \frac{N}{V}$$

$$\Rightarrow \qquad d = \left(\frac{6}{\pi(2.45 \times 10^{25} \ \text{m}^{-3})}\right)^{1/3}$$

$$= 4.28 \times 10^{-7} \ \text{cm} = 42.8 \ \text{Å}$$

（e）分子的平均平移動能為

$$K_{\text{avg}} = \frac{3}{2}kT = \frac{3}{2}(1.381 \times 10^{-23} \ \text{J/K})(300 \ \text{K})$$

$$= 6.21 \times 10^{-14} \ \text{erg}$$

例題 13.2

在體積 2 公升的容器內，氫氣 H_2 的壓力為 2 atm，且方均根速率為 2×10^3 m/s。求（a）氫氣的總移動動能，和（b）數量密度。

解：（a）由 [13.7] 和 [11.8]，可得總移動動能

$$K_{\text{tot}} = \frac{3}{2}nRT = \frac{3}{2}PV$$

$$= \frac{3}{2}\left(2 \ \text{atm} \times \frac{1.013 \times 10^5 \ \text{Pa}}{1 \ \text{atm}}\right)\left(2 \ \text{L} \times \frac{10^{-3} \ \text{m}^3}{1 \ \text{L}}\right)$$

$$= 6.1 \times 10^2 \ \text{J}$$

（b）由 [13.8]，溫度為

$$T = \frac{Mv_{\text{rms}}^2}{3R}$$

由 [11.8]，$PV = nRT$，可得單位體積的分子數：

$$\frac{n}{V} = \frac{P}{RT} = \frac{3P}{Mv_{\text{rms}}^2}$$

$$\Rightarrow \quad \frac{N}{V} = \frac{nN_A}{V} = \frac{3PN_A}{Mv_{\text{rms}}^2}$$

$$= \frac{3 \times \left(2 \ \text{atm} \times \frac{1.013 \times 10^5 \ \text{Pa}}{1 \ \text{atm}}\right)(6.022 \times 10^{23} \ \text{mol}^{-1})}{(2 \times 10^{-3} \ \text{kg/mol}) \times (2 \times 10^3 \ \text{m/s})^2}$$

$$= 4.6 \times 10^{25} \ \text{m}^{-3}$$

13-3 理想氣體的莫耳比熱

理想氣體模型對單原子氣體近似正確。因分子沒有內部結構，故其只有移動動能，且內能等於 [13.7]，

$$U = \frac{3}{2} NkT = \frac{3}{2} nRT \qquad [13.9]$$

理想氣體的內能只與溫度有關，與體積和壓力無關。由 [12.10]，在無窮小變化的極限下的定容莫耳比熱為

$$C_V = \frac{1}{n} \frac{dU}{dT} \qquad [13.10]$$

將內能 [13.9] 代入 [13.10]，得單原子理想氣體的定容莫耳比熱

$$C_V = \frac{3}{2} R \qquad [13.11]$$

利用 [12.12]，得

$$C_P = C_V + R = \frac{5}{2} R \qquad [13.12]$$

$$\gamma = \frac{C_P}{C_V} = \frac{5}{3} \qquad [13.13]$$

13-4　能量均分

　　單原子氣體的莫耳比熱近似於理想氣體，但對雙原子和多原子氣體卻不吻合。這是因為我們只需要考慮單原子氣體的移動動能，而多原子氣體的內能包含轉動和振動動能。由 [13.8]，分子的平均移動動能為

$$\frac{1}{2} m v_{\mathrm{rms}}^2 = \frac{3}{2} kT \qquad [13.14]$$

由於 $\overline{v_x^2} = \overline{v_y^2} = \overline{v_z^2} = \overline{v^2}/3 = v_{\mathrm{rms}}^2/3$，故可表示為

$$\frac{1}{2} m \overline{v_x^2} = \frac{1}{2} m \overline{v_y^2} = \frac{1}{2} m \overline{v_z^2} = \frac{1}{2} kT \qquad [13.15]$$

每一速度分量會貢獻相同的能量 $\frac{1}{2} kT$。由於分子可以沿著三個獨立方向運動，故有三個移動自由度（degree of freedom）。將此結果推廣為馬克士威的

能量均分定理（theorem of the equipartition of energy）：每一自由度會貢獻 $\frac{1}{2}kT$ 的能量。

　　理想氣體模型適用於單原子氣體，並有三個移動自由度。N 個氣體分子的總移動動能為

$$K_{\text{tot}} = N\left(\frac{1}{2}mv_{\text{rms}}^2\right) = \frac{3}{2}NkT = \frac{3}{2}nRT \qquad [13.16]$$

　　圖 13.2 中，雙原子理想氣體可繞著三個互相垂直的軸旋轉，各轉動自由度均有動能

$$K_{\text{rot}} = \frac{1}{2}I\omega^2$$

因為可忽略對 z 軸的轉動慣量，故只有二個轉動自由度。總共會有 5 個自由度。根據能量均分定理，分子的平均能量為 $U = \frac{5}{2}kT$。分子數 N 或莫耳數 n 的總能為

$$U = \frac{5}{2}NkT = \frac{5}{2}nRT$$

代入 [13.10]，得

$$C_V = \frac{5}{2}R \qquad [13.16]$$

由 [23.10] 和 [12.12]，

$$C_P = \frac{7}{2}R \qquad , \qquad \gamma = \frac{7}{5} \qquad [13.17]$$

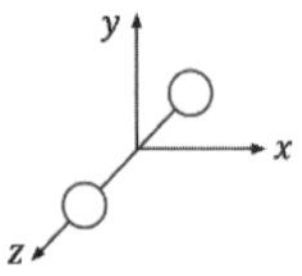

圖 13.2

若雙原子分子會沿著軸振動，如圖 13.3。振動能量為

$$E = \frac{1}{2}mv^2 + \frac{1}{2}kx^2$$

此處有二個振動自由度，分別對應至動能和位能。因此共有 7 個自由度，總能

$$U = \frac{7}{2}nRT \qquad [13.18]$$

莫耳比熱和絕熱指數為

$$C_V = \frac{7}{2}R \quad , \quad C_P = \frac{9}{2}R \quad , \quad \gamma = \frac{9}{7} \qquad [13.19]$$

對多原子氣體，其振動會更複雜，而有更多的自由度，故會有較高的莫耳比熱。

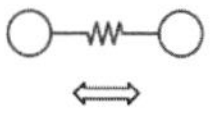

圖 13.3

例題 13.3

在體積 0.3 m³ 的容器內，含有 2 莫耳且 20°C 之氦氣。求（a）氣體的總移動動能，（b）和每個分子的平均動能。

解：（a）利用 [13.7]，

$$K_{\text{tot}} = \frac{3}{2}nRT = \frac{3}{2}(2 \ \text{mol})(8.31 \ \text{J/mol} \cdot \text{K})(293 \ \text{K})$$

$$= 7.30 \times 10^3 \ \text{J}$$

（b）利用 [13.14]，

$$\frac{1}{2}m_0\overline{v^2} = \frac{3}{2}kT = \frac{3}{2}(1.381 \times 10^{-23} \ \text{J/K})(293 \ \text{K})$$

$$= 6.07 \times 10^{-21} \ \text{J}$$

習題

1. 一容器內有 1 mol 的氦氣，其溫度為 300 K，求分子的總動能。

2. 已知地球的半徑為 $R_E = 6.4 \times 10^6$ m，若氧氣 O_2 的方均根速率等於脫離速度，則地表的溫度需若干？

3. 在邊長 L 的正立方體容器中，充以分子量 m 之理想氣體。若分子速率均為 v，則每個氣體分子對器壁撞擊的平均力為若干？

4. 二絕熱容器內充以相同的理想氣體，二者的壓力、體積和絕對溫度分別為 (P, V, T_1) 和 $(P, 2V, T_2)$。將二者連通並達到平衡後，求氣體的絕對溫度。

5. 以絕熱隔板將絕熱容器分為左、右二室，且各充以相同的理想氣體。左、右二室的體積、莫耳數和絕對溫度分別為 (V, n, T) 和 $(2V, 2n, 2T)$。將隔板抽開後，求平衡後的氣體壓力。

6. 凡得瓦氣體的狀態方程式為

$$\left(P + \frac{a}{V^2}\right)(V - b) = RT$$

其中 a 和 b 均為定值。當 1 莫耳的此類氣體由狀態 (T_0, V_0) 等溫膨脹至 $(T_0, 2V_0)$，試求氣體作功。

7. 一理想單原子氣體（$C_P = 5R/2$）作準靜膨脹，末壓力為初壓力的一半。（a）若為絕熱過程，求末體積和初體積的比值；（b）若為等溫過程，求末體積和初體積的比值。

8. 在定容下，將一莫耳的理想單原子氣體由 0℃ 加熱至 100℃。求（a）內能變化；（b）吸收的熱。

第 14 章 熱力學第二定律

14-1 熱機

將熱轉換為力學功的裝置，稱為熱機（heat engine），例如蒸汽機、汽油引擎。經過每次循環，熱機的工作物質最後會回到初態。

圖 14.1 為熱機的示意圖，其在溫度 T_H 的高溫熱庫和溫度 T_L 的低溫熱庫之間運作。（熱庫的溫度不因熱傳遞而變。）在每次循環，熱機會自高溫熱庫吸收熱 Q_H，部分的熱會用來作功 W，其餘的熱 Q_L 會排至低溫熱庫。在每次循環，系統會回到初態，故內能 $\Delta U = 0$。由第一定律，可得到熱機在一循環所作的功：

$$\Delta U = Q - W$$
$$\Rightarrow \qquad 0 = |Q_H| - |Q_L| - W$$
$$\Rightarrow \qquad W = |Q_H| - |Q_L|$$

定義熱機的熱效率 η（thermal efficiency）為，在每次循環，輸出的功和輸入的熱的比值：

$$\eta \equiv \frac{W}{|Q_H|} \qquad\qquad [\mathbf{14.1}]$$

$$= \frac{|Q_H| - |Q_L|}{|Q_H|} = 1 - \frac{|Q_L|}{|Q_H|} \qquad\qquad [14.2]$$

可將熱效率視為，獲得（W）和付出（$|Q_H|$）的比值。當 $Q_L = 0$ 時，效率 $\eta = 100\%$，此時所有的熱輸入會轉換為功。然而，之後會看到，這是不可能的。

1851 年，克耳文（Lord Kelvin）提出，在一循環中，熱機不可能將所有的熱輸入完全轉換為功。此為熱力學第二定律（second law of thermodynamics）的克耳文-普朗克表述（Kelvin-Planck statement）。克耳文-普朗克表述是描述一次循環，在單一過程中（例如理想氣體的等溫膨脹），

還是可能將熱完全轉換為功。在克耳文-普朗克表述中，Q_L 必不為零。圖 14.2 為完美（但不可能）熱機。

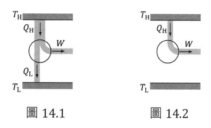

圖 14.1　　　　圖 14.2

例題 14.1

汽缸內裝有定量的理想氣體（$C_V = \frac{3}{2}R$），由圖 14.3 的 a 點（$T_a = 300$ K）開始，經一循環後回到初態。求此循環的效率。

解：由 $PV = nRT$，定量氣體的 PV/T 等於常數，且

$$\frac{2 \times 4}{300} = \frac{2 \times 12}{T_b} = \frac{1 \times 12}{T_c} = \frac{1 \times 4}{T_d}$$

解得 $T_b = 900$ K，$T_c = 450$ K，$T_d = 150$ K。由 [12.3]，各過程吸收或排放的熱量為

$$Q_{ab} = nC_P\Delta T = \frac{5}{2}nR(900 - 300) = 1500nR$$

$$Q_{bc} = nC_V\Delta T = \frac{3}{2}nR(450 - 900) = -675nR$$

$$Q_{cd} = nC_P\Delta T = \frac{5}{2}nR(150 - 450) = -750nR$$

$$Q_{da} = nC_V\Delta T = \frac{3}{2}nR(300 - 150) = 225nR$$

循環吸收的熱量為 $Q_{in} = Q_{ab} + Q_{da} = 1725nR$。

　　　對循環過程，內能變化 $\Delta U = 0$。根據熱力學第一定律，$0 = Q - W$，氣體作功 W 等於吸收的淨熱 Q，

$$W = Q = Q_{ab} + Q_{bc} + Q_{cd} + Q_{da} = 300nR$$

效率為

$$\eta = \frac{W}{Q_{\text{in}}} = \frac{300nR}{1725nR} = 17.4\%$$

圖 14.3

14-2　致冷機和熱泵

　　　熱會由高溫物體流至低溫物體，而不會自發性地由低溫流向高溫物體。1850 年，德國物理學家克勞修斯（Rudolf Clausius）以此觀察提出，在沒有功輸入的情況下，循環裝置不可能連續地將熱由低溫物體傳遞至高溫物體。此為熱力學第二定律的克勞修斯表述（Clausius statement）。

　　　熱機能將熱轉換為功，且能量是由高溫熱庫傳遞至低溫熱庫。若要將能量由低溫熱庫傳遞至高溫熱庫，需要一裝置，此裝置稱為熱泵（heat pump）或致冷機（refrigerator），其為逆向運作的熱機。致冷機為冷卻上的應用，而熱泵則是作為加熱的用途。例如，在夏天，致冷機（空調）會將室內的能量轉移至室外，使室內降溫。在冬天，熱泵將室外冷空氣的能量傳遞至室內，使室內溫度上升。

　　　對致冷機或熱泵作功 W，其會由低溫熱庫吸收熱 $|Q_L|$，並將更多的熱 $|Q_H|$ 排至高溫熱庫，如圖 14.4。由於是以循環運作，故引擎的內能不變，由第一定律可得

$$|Q_H| = W + |Q_L|$$

若可以不需要作任何功就達到此過程，則此致冷機或熱泵為完美的，如圖 14.5，但這違反第二定律中克勞修斯表述，故不可能。

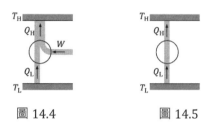

圖 14.4   圖 14.5

類似於熱機的熱效率，我們定義致冷機的性能係數 COP（coefficient of performance）為，獲得（$|Q_L|$）和付出（W）的比值：

$$COP_R \equiv \frac{|Q_L|}{W}$$ [14.3]

愈有效率的致冷機，其 COP 愈高，能以較少的功將熱由低溫熱庫移除。定義熱泵的 COP 為

$$COP_{HP} \equiv \frac{|Q_H|}{W}$$ [14.4]

14-3 卡諾定理

在準靜過程中，系統的狀態變數會緩慢改變，故會接近熱平衡。在可逆（reversible）過程中，系統可沿原本的熱力路徑回至初態，且路徑上的任一點均為平衡態。若不滿足這些條件，則稱為不可逆（irreversible）過程。不可逆過程無法以 PV 圖描述。在絕熱自由膨脹中，氣體迅速膨脹，因為過程中不為平衡態，無法以 PV 圖描述，故為不可逆過程。

法國工程師卡諾（Sadi Carnot）於 1824 年發明一可逆循環，稱為卡諾

循環（Carnot cycle）。假設工作物質為理想氣體。卡諾循環的 PV 圖如圖 14.6，是由四個可逆過程組成：

1. 等溫膨脹（$a \to b$）：氣體與溫度 T_H 的高溫熱庫作熱接觸，並在等溫 T_H 下膨脹。氣體吸收的熱量 $|Q_H|$ 等於對外作功 W_{ab}。

2. 絕熱膨脹（$b \to c$）：移除熱庫，且氣體絕熱膨脹。氣體損失的內能被用來對外作功，且溫度由 T_H 降至 T_L。

3. 等溫壓縮（$c \to d$）：氣體與溫度 T_L 的低溫熱庫接觸，並在等溫 T_L 下壓縮。氣體在低溫熱庫放熱 $|Q_L|$，且外界對氣體作功 W_{cd}。

4. 絕熱壓縮（$d \to a$）：移除熱庫，且氣體絕熱壓縮。氣體溫度上升至T_H，且 $W_{da} = -W_{bc}$，這是因為此過程與絕熱膨脹時的內能變化大小相同。

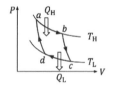

圖 14.6

在等溫過程中，理想氣體的內能不變。由熱力學第一定律可得，$Q = W$。由例題 12.3（b），等溫過程中氣體作功 $W = nRT \ln(V_2/V_1)$。因此，在高溫熱庫吸收的熱量 $|Q_H|$ 和在低溫熱庫排放的熱量 $|Q_L|$ 為

$$|Q_H| = nRT_H \ln \frac{V_b}{V_a}$$

$$|Q_L| = nRT_L \ln \frac{V_c}{V_d}$$

二式相除，

$$\frac{|Q_L|}{|Q_H|} = \frac{T_L}{T_H} \frac{\ln(V_c/V_d)}{\ln(V_b/V_a)} \tag{14.5}$$

在絕熱過程中，由 [12.14b] 可得

$$T_H V_b^{\gamma-1} = T_L V_c^{\gamma-1}$$
$$T_H V_a^{\gamma-1} = T_L V_d^{\gamma-1}$$

二式相除，

$$\left(\frac{V_b}{V_a}\right)^{\gamma-1} = \left(\frac{V_c}{V_d}\right)^{\gamma-1} \quad \Rightarrow \quad \frac{V_b}{V_a} = \frac{V_c}{V_d} \qquad [14.6]$$

因此，在 [14.5] 中 $\ln(V_b/V_a) = \ln(V_c/V_d)$，且

$$\frac{|Q_L|}{|Q_H|} = \frac{T_L}{T_H} \qquad [\mathbf{14.7}]$$

由 [14.2] 和 [14.7]，卡諾熱機的效率為

$$\eta_C = 1 - \frac{T_L}{T_H} \qquad [14.8]$$

可知，在相同二溫度之間運轉的所有卡諾熱機有相同的效率。若 $T_L = T_H$ 則效率為零。由於無法得到 $T_L = 0$ 的熱庫，故效率必低於 100%。

　　以卡諾循環運轉的熱機，是最有效率的熱機。卡諾定理（Carnot's theorem）如下：

1. 在相同二熱庫之間運轉的熱機和卡諾熱機，前者的效率不會高於後者。
2. 在相同二熱庫之間運轉的所有可逆熱機，會有相同的效率。

可利用克勞修斯表述證明卡諾定理。

　　想像在相同二熱庫之間運轉的二熱機，一個為效率 $\eta = W/|Q_H|$ 的熱機，另一個為效率 $\eta' = W/|Q'_H|$ 的卡諾熱機。因為卡諾循環是可逆的，故卡諾熱機可倒轉為卡諾致冷機。如圖 14.7a，以熱機所產生的功來推動卡諾致冷機。假設 $\eta > \eta'$，即

$$\frac{W}{|Q_H|} > \frac{W}{|Q'_H|} \quad \Rightarrow \quad |Q'_H| > |Q_H|$$

由圖可知，此聯合裝置將熱量 ΔQ 由低溫抽至高溫熱庫，且

$$\Delta Q = |Q'_H| - |Q_H| > 0$$

此系統等價為完美致冷機,這違反克勞修斯表述,故假設 $\eta > \eta'$ 不成立。因此, $\eta \leq \eta'$。

假定以效率 η 的可逆熱機產生的功,使效率 η' 的卡諾熱機倒轉。由以上的討論,可推論 $\eta > \eta'$ 不成立。改以卡諾熱機推動倒轉的可逆熱機,亦可證明 $\eta < \eta'$ 不成立。因此, $\eta = \eta'$,在相同二熱庫之間運轉的所有可逆熱機均有相同的效率(等於卡諾效率)。

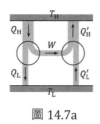
圖 14.7a

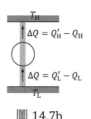
圖 14.7b

14-4 汽油引擎

汽油引擎的燃燒室包含汽缸、活塞、火星塞、進氣閥和排氣閥,並以奧托循環(Otto cycle)運作,奧圖循環包含六個過程,如圖 14.8,但只有其中四個行程會使活塞運動:

1. 進氣行程($O \to A$):一開始活塞在汽缸上端,且進氣閥打開。當活塞往下移動,燃料和空氣的混合物在等壓 P_0 下進入汽缸內。

2. 壓縮行程($A \to B$):進氣閥關閉,且活塞往上移動。混合氣被迅速壓縮,故可視為絕熱過程。此時,溫度和壓力會上升。

3. 點火($B \to C$):在活塞到達頂端的前一刻,火星塞會點燃混合氣,此過程中有熱量 $|Q_{in}|$ 進入系統。因為此過程的時間間隔很短,體積近似不變,此不為循環的行程之一。

4. 動力行程($C \to D$):氣體在此過程絕熱膨脹,且溫度和壓力下降。

5. 排氣($D \to A$):活塞到達底部時排氣閥打開,氣體排出直到壓力降至

P_0。熱量 $|Q_{out}|$ 離開系統，且溫度會下降。活塞幾乎靜止且體積近似不變。

6. 排氣行程（$A \to O$）：活塞往上移動以排出剩餘的氣體。之後關閉排氣閥，並重複循環。

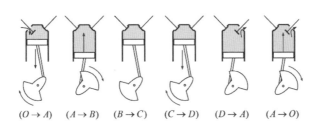

$(O \to A)$　　$(A \to B)$　　$(B \to C)$　　$(C \to D)$　　$(D \to A)$　　$(A \to O)$

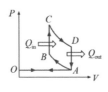

圖 14.8

假設工作物質為理想氣體，且所有過程為可逆的。利用 [12.3]，對 n 莫耳，熱輸入 $|Q_{in}|$ 和熱輸出 $|Q_{out}|$ 為

$$|Q_{in}| = nC_V(T_C - T_B)$$
$$|Q_{out}| = nC_V(T_D - T_A)$$

代入 [14.2]，效率為

$$\eta = 1 - \frac{|Q_{out}|}{|Q_{in}|} = 1 - \frac{T_D - T_A}{T_C - T_B}$$

利用 [12.14b]，

$$T_A V_A^{\gamma-1} = T_B V_B^{\gamma-1}$$
$$T_C V_C^{\gamma-1} = T_D V_D^{\gamma-1}$$

由於 $V_A = V_D = V_1$ 且 $V_B = V_C = V_2$,可得效率:

$$\frac{T_D - T_A}{T_C - T_B} = \frac{T_C(V_C/V_D)^{\gamma-1} - T_B(V_B/V_A)^{\gamma-1}}{T_C - T_B}$$

$$= \frac{T_C(V_2/V_1)^{\gamma-1} - T_B(V_2/V_1)^{\gamma-1}}{T_C - T_B} = \left(\frac{V_2}{V_1}\right)^{\gamma-1}$$

$$\Rightarrow \qquad \eta = 1 - \frac{T_D - T_A}{T_C - T_B} = 1 - \frac{1}{(V_1/V_2)^{\gamma-1}}$$

其中 V_1/V_2 稱為壓縮比(compression ratio),而 $\gamma = C_P/C_V$。效率會隨壓縮比而增加。

14-5 熵

　　熱力學第零定律和第一定律分別牽涉到溫度和內能的概念。熱力學第二定律牽涉另一個狀態函數,稱為熵(entropy)。考慮在溫度 T_H 和 T_L 之間運作卡諾熱機。在一個循環,熱機在高溫熱庫吸熱 $|Q_H|$,在低溫熱庫放熱 $|Q_L|$。由 [14.7] 可知,

$$\frac{|Q_H|}{T_H} - \frac{|Q_L|}{T_L} = 0$$

取系統吸熱時 Q 為正值,放熱時 Q 為負值,則上式可改寫為

$$\frac{Q_H}{T_H} - \frac{Q_L}{T_L} = 0$$

而在絕熱過程中 Q/T 為零,因此,在一個卡諾循環後 Q/T 之和為零。

　　考慮任意的可逆循環,如圖 14.9。由前面的討論可知,每一卡諾循環的 Q/T 之和為零。將圖 14.9 分割為一系列的卡諾循環,則

$$\sum \frac{Q}{T} = 0$$

將可逆循環近似為無窮多個卡諾循環,得

$$\oint \frac{dQ_r}{T} = 0 \qquad\qquad [14.9]$$

下標 r 強調其為可逆循環。

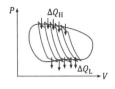

圖 14.9

　　考慮此可逆循環上的二平衡態 a 和 b，如圖 14.10。系統沿著路徑 I 由 a 至 b，再沿著路徑 II 由 b 至 a。由 [14.9] 可知

$$\int_a^b \frac{dQ_r}{T} + \int_b^a \frac{dQ_r}{T} = 0 \qquad \Rightarrow \qquad \int_a^b \frac{dQ_r}{T} = \int_a^b \frac{dQ_r}{T} \qquad [14.10]$$
$$\text{(I)} \qquad\quad \text{(II)} \qquad\qquad\qquad\qquad \text{(I)} \qquad\quad \text{(II)}$$

dQ_r/T 的積分與路徑無關。定義無窮小的熵變化為

$$dS = \frac{dQ_r}{T} \qquad\qquad [14.11]$$

注意，[14.11] 只給出熵變化，沒有定義熵。對有限的熵變化，

$$\Delta S = \int_i^f \frac{dQ_r}{T} \qquad\qquad [\mathbf{14.12}]$$

熵變化只與初態和末態有關，與熱力路徑無關。因此，如同溫度和內能，熵也是狀態變數。藉由計算相同初態和末態的可逆過程，可找出相同二平衡態之間的不可逆過程的熵變化。

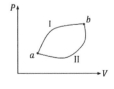

圖 14.10

例題 14.2

試求理想氣體在可逆過程中的熵變化。

解：根據第一定律，

$$dQ = dU + dW$$

理想氣體的內能變化 [12.10] 為 $dU = nC_V\,dT$。由 $PV = nRT$，氣體作功為 $dW = P\,dV = nRT\,dV/V$。因此，

$$dQ = nC_V dT + \frac{nRT}{V} dV$$

$$\Rightarrow \qquad \frac{dQ}{T} = nC_V \frac{dT}{T} + nR \frac{dV}{V}$$

$$\Rightarrow \qquad \Delta S = nC_V \ln\left(\frac{T_f}{T_i}\right) + nR \ln\left(\frac{V_f}{V_i}\right) \qquad [14.13]$$

例題 14.3

計算 n 莫耳理想氣體，體積由 V_i 絕熱自由膨脹至 V_f 的熵變化。

解：在絕熱自由膨脹，系統的壓力、體積和溫度沒有良好定義值，故為不可逆過程且在 [14.12] 中不能取 $Q = 0$。必須找出等價的可逆過程，其有相同初態和末態。取準靜等溫膨脹，因為理想氣體在絕熱自由膨脹下的內能和溫度不變。令 [14.13] 中 $T_f = T_i$，得氣體的熵變化為

$$\Delta S_g = nR \ln \frac{V_f}{V_i}$$

由於 $V_f > V_i$，氣體的熵增加。

　　因為絕熱自由膨脹對外界沒有影響，故外界的熵變化為零，$\Delta S_e = 0$。而宇宙（系統加上外界）的熵變化為 $\Delta S_u = \Delta S_g + \Delta S_e > 0$。對不可逆過程，宇宙的熵必增加。熱力學第二定律陳述如下：孤立系統在改變時的總熵不會減少。

例題 14.4

將質量 500 g 且溫度 0°C 的冰塊投入水溫略高於 0°C 的水池中。當冰塊緩慢溶化成水時，求（a）冰塊，（b）水池，（c）和宇宙的熵變化。

解：（a）過程中，冰塊吸熱 $Q = mL$，其中熔化熱 $L = 80$ cal/g = 334 kJ/kg。在等溫下，冰塊的熵變化為

$$\Delta S_i = \frac{Q}{T} = \frac{mL}{T} = \frac{(0.5 \text{ kg})(334 \text{ kJ/kg})}{273 \text{ K}} = 0.61 \text{ kJ/K}$$

（b）由於水池放熱，故 $Q = -mL$。水池的熵變化為

$$\Delta S_p = -\frac{mL}{T} = -0.61 \text{ kJ/K}$$

$$\Delta S_p = -\frac{mL}{T} = -0.61 \text{ kJ/K}$$

（c）在可逆過程中，宇宙的熵變化為 $\Delta S_u = \Delta S_i + \Delta S_p = 0$。

習題

1. 一卡諾熱機在溫度 400 K 和 3000 K 的二熱庫之間運作，若釋放至低溫熱庫的熱為 300 J，則作功若干？

2. 一卡諾循環在溫度 100°C 和 20°C 的二熱庫之間運作，且理想氣體自高溫熱庫吸收的熱為 100 J。求（a）熱效率；（b）釋放至低溫熱庫的熱。

3. 一理想單原子氣體的初態為 (P_0, V_0)，等壓膨脹後體積為 $3V_0$，再經定容減壓和等溫壓縮，如圖 14.11。試求此循環（a）作功；（b）熱效率。

圖 14.11

4. 以空氣為工作物質，過程如圖 14.12，證明其效率為

$$\eta = 1 - \frac{T_1 \ln \frac{T_2}{T_1}}{T_2 - T_1}$$

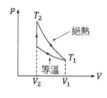

圖 14.12

5. 一莫耳的理想單原子氣體（$C_P = 5R/2$）作等壓膨脹，若末體積為初體積的二倍，求熵變化。

6. 1 莫耳的單原子理想氣體在等壓下，溫度由 T 升至 $3T$，求（a）氣體的內能變化；（b）對外界所作的功；（c）熵的變化。

第 15 章　電場

15-1　庫侖定律

　　庫侖（Charles Coulomb）於 1785 年利用扭秤測量帶電物體間的電力大小。庫侖發現，二電荷 q 和 Q 之間的力與間距平方成反比（$F \propto 1/r^2$），與電荷乘積成正比（$F \propto qQ$）。由此二結果，得庫侖定律（Coulomb's law）：

$$F = \frac{kqQ}{r^2} \qquad [15.1]$$

此為二點電荷之間的靜電力（electrostatic force）。實驗證明靜電力為守恆力。以向量形式將靜電力表示為

$$\mathbf{F} = k\frac{q_1 q_2}{r^2}\hat{\mathbf{r}} \qquad [15.2a]$$

$$\mathbf{F} = \frac{1}{4\pi\epsilon_0}\frac{q_1 q_2}{r^2}\hat{\mathbf{r}} \qquad [15.2b]$$

其中 $\hat{\mathbf{r}}$ 為單位向量，如圖 15.1。而庫侖常數 k（Coulomb's constant）和電容率 ϵ_0（permittivity）為

$$k = 8.987 \times 10^9 \qquad \mathrm{N \cdot m^2/C^2} \qquad [15.3a]$$

$$\epsilon_0 = 8.854 \times 10^{-12} \qquad \mathrm{C^2/N \cdot m^2} \qquad [15.3b]$$

雖然 [15.2b] 較 [15.2a] 複雜，但 ϵ_0 可簡化電磁學的其它方程式。

圖 15.1a　　　　　　　圖 15.1b

　　圖 15.1a 中，若二電荷的電性相同，則互相排斥；圖 15.1b 中，若二電荷的電性相反，則互相吸引。即同性相斥，異性相吸。

例題 15.1

以長度 L 之輕繩懸掛二球，其質量 m 和電荷 $+q$ 均相同，如圖 15.2a。試求輕繩與法線的夾角 θ。

解：球體會受到重力 mg、張力 T 和電力 F，自由體圖如圖 15.2b。應用牛頓第二定律，水平和垂直分量分別為

$$T \sin \theta - F = 0 \quad \Rightarrow \quad T \sin \theta = F$$
$$T \cos \theta - mg = 0 \quad \Rightarrow \quad T \cos \theta = mg$$

二式相除，得

$$\tan \theta = \frac{F}{mg}$$

$$\Rightarrow \qquad \theta = \tan^{-1}\left(\frac{F}{mg}\right) = \tan^{-1}\left(\frac{1}{mg}\frac{kq^2}{r^2}\right)$$

其中 r 為二球之間的距離。二者有相同的夾角，$\theta_1 = \theta_2$。

由上式可知，若二球的電性相等但電量不同（$q_1 \neq q_2$），夾角 θ_1 和 θ_2 仍相等，因為上式中 q^2 變為 $q_1 q_2$，二者受到的電力相等。然而，若 $m_1 \neq m_2$，則 $\theta_1 \neq \theta_2$。

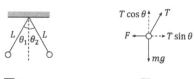

圖 15.2a   圖 15.2b

15-2 電場

電荷會在周圍產生電場（electric field）。二點電荷不會直接作交互作用，而是與電場作用。考慮靜止點電荷 Q 所產生的電場，類似於重力場 $g = F/m$，定義在某一點的電場強度 **E**（electric field strength）為

$$\mathbf{E} \equiv \frac{\mathbf{F}}{q_0} \quad (\text{N/C}) \qquad \qquad [15.4]$$

其中 **F** 為測試電荷 q_0 在該點受到的力。場強 **E** 的方向為，正測試電荷的受

力方向。將庫侖定律 [15.2a] 代入，得點電荷 Q 所產生的電場為

$$\mathbf{E} = \frac{kQ}{r^2}\hat{\mathbf{r}} \qquad [15.5]$$

場強 $\mathbf{E}$ 為空間中一點的性質，且只與源電荷 Q 有關。電荷 q 在 P 點會受力

$$\mathbf{F} = q\mathbf{E} \qquad [15.6]$$

其中 $\mathbf{E}$ 為 q 以外的其它電荷在 P 點的合場強。若 $q > 0$，則電力與場強同向；若 $q < 0$，則二者反向。電力 $\mathbf{F} = q\mathbf{E}$ 與重力 $\mathbf{F} = m\mathbf{g}$ 有相同的形式。

由於靜電力遵守疊加原理，故電場亦遵守。對 n 個分立點電荷，在一給定點 P 上產生的合場強為

$$\mathbf{E} = \mathbf{E}_1 + \mathbf{E}_2 + \cdots + \mathbf{E}_n = \sum \mathbf{E}_i = \sum \frac{kq_i}{r_i^2}\hat{\mathbf{r}}_i \qquad [15.7]$$

其中 $\hat{\mathbf{r}}_i$ 是由電荷 q_i 指向 P 點的單位向量。若電荷為連續分佈，則將其分割為電荷元 Δq。所有電荷元在 P 點產生的合電場近似為

$$\mathbf{E} \approx \sum \frac{k\Delta q_i}{r_i^2}\hat{\mathbf{r}}_i$$

將電荷分布切割為無窮小的電荷元 dq，則電場為

$$\mathbf{E} = \lim_{\Delta q_i \to 0} \sum \frac{k\Delta q_i}{r_i^2}\hat{\mathbf{r}}_i = k \int \frac{dq}{r^2}\hat{\mathbf{r}} \qquad [15.8]$$

當電荷以不同的形式分佈，可用不同的方法計算電場。若電荷 Q 分佈於一線、面積、體積上，可分別定義線電荷密度 λ、面電荷密度 σ、體電荷密度 ρ，定義如下：

$$\lambda \equiv \frac{Q}{\ell} \ \ (\text{C/m}) \ , \ \ \sigma \equiv \frac{Q}{A} \ \ (\text{C/m}^2) \ , \ \ \rho \equiv \frac{Q}{V} \ \ (\text{C/m}^3)$$

其中 ℓ 為長度，A 為面積、V 為體積。由這些定義，可分別將電荷元 dq 表示為

$$dq = \lambda \, d\ell \quad , \quad dq = \sigma \, dA \quad , \quad dq = \rho \, dV$$

例題 15.2

試比較電子在 100 N/C 的電場中受到的電力，和在地表受到的重力。

解：電力和重力大小為

$$F_E = qE = (1.6 \times 10^{-19} \text{ C})(100 \text{ N/C}) = 1.6 \times 10^{-17} \text{ N}$$

$$F_g = mg = (9.1 \times 10^{-31} \text{ kg})(9.8 \text{ N/kg}) = 8.9 \times 10^{-30} \text{ N}$$

它們的比值為

$$\frac{F_g}{F_E} = 5.6 \times 10^{-13}$$

重力遠小於電力。

例題 15.3

在 x 軸上，二電荷 q_1 和 $-q_2$ 與原點的距離分別為 a 和 b，如圖 15.3。求（a）y 軸上的電場，（b）若 $a = b$ 且 $q_1 = q_2 = q$，則電場為何？

解：（a）二電荷在 y 軸上一點 P 所產生電場大小分別為

$$E_1 = k \frac{|q_1|}{r_1^2} = k \frac{|q_1|}{(a^2 + y^2)}$$

$$E_2 = k \frac{|q_2|}{r_2^2} = k \frac{|q_2|}{(b^2 + y^2)}$$

在 P 點上合電場的 x 和 y 分量為

$$E_x = E_1 \cos\phi + E_2 \cos\theta = k \frac{|q_1| \, a}{(a^2 + y^2)^{3/2}} + k \frac{|q_2| \, b}{(b^2 + y^2)^{3/2}}$$

$$E_y = E_1 \sin\phi - E_2 \sin\theta = k \frac{|q_1| \, y}{(a^2 + y^2)^{3/2}} - k \frac{|q_2| \, y}{(b^2 + y^2)^{3/2}}$$

（b）將 $a = b$ 和 $q_1 = q_2 = q$ 代入（a）小題的結果，得

$$E_x = \frac{2kqa}{(a^2 + y^2)^{3/2}} \qquad \text{和} \qquad E_y = 0$$

當 $y \gg a$ 時，會得到遠處的電場為 $E \approx 2kqa/y^3$，正比於 $1/r^3$。在 x 軸上遠處，亦會得 $E \propto 1/r^3$。

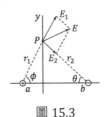

圖 15.3

例題 15.4

二平行極板相距 d，且之間有一均勻電場 **E**，如圖 15.4。一質量 m 且電量 q 之正電荷由正極板處靜止釋放，並加速至負極板。求電荷至負極板時的速率。

解一：均勻電場會使電荷受到定力，故電荷作等加速度運動。加速度為 $a = qE/m$。由運動方程式 [1.7d]，

$$v^2 = 0 + 2ad = \frac{2qEd}{m} \qquad \Rightarrow \qquad v = \sqrt{\frac{2qEd}{m}}$$

解二：由功能定理，電力作功 $W = Fd = qEd$ 等於動能變化：

$$qEd = \frac{1}{2}mv^2 - 0 \qquad \Rightarrow \qquad v = \sqrt{\frac{2qEd}{m}}$$

圖 15.4

例題 15.5 陰極射線管（cathode ray tube；CRT）

如圖 15.5，長度 ℓ 的二平行極板間有均勻電場 E，一質量 m 且電量 $-e$ 之電子以初速 v_i 進入該區域。求（a）電子在離開電場時的垂直位置；（b）電子離開極板時的角度；（c）電子在屏幕上的垂直位移，該屏幕與極板相距 L。

解：（a）由牛頓第二定律 $F = ma$，可求出電子的加速度為

$$a = \frac{F}{m} = \frac{eE}{m}$$

在水平方向作等速度運動，故電子在電場中的時間為 $t = \ell/v_i$，可得電子在離開電場時的垂直位置

$$y = \frac{1}{2}at^2 = \frac{1}{2}\frac{eE}{m}\left(\frac{\ell}{v_i}\right)^2$$

（b）可由電子離開電場時的速度分量，得到角度：

$$\begin{cases} v_x = v_i \\ v_y = at = \dfrac{eE}{m}\dfrac{\ell}{v_i} \end{cases} \Rightarrow \quad \tan\theta = \frac{v_y}{v_x} = \frac{eE\ell}{mv_i^2}$$

（c）在屏幕上的垂直位移 D 為

$$D = y + L\tan\theta = \frac{1}{2}\frac{eE}{m}\left(\frac{\ell}{v_i}\right)^2 + \frac{eE\ell L}{mv_i^2} = \frac{eE\ell}{mv_i^2}\left(\frac{\ell}{2} + L\right)$$

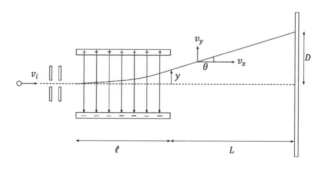

圖 15.5

例題 15.6

正電荷 Q 均勻分佈於半徑 a 的圓環上，如圖 15.6。試計算在中心軸上，與圓心相距 y 處的電場。

解：由對稱可知，電場的垂直分量 $E_\perp$ 會被抵消。電荷元 dq 在 P 點的電場的 y 分量為

$$dE_y = \frac{k\,dq}{r^2}\cos\theta = \frac{ky}{r^3}\,dq$$

其中 $r = (a^2 + y^2)^{1/2}$。在 P 點的電場為

$$E_y = \int dE_y = \frac{ky}{(a^2 + y^2)^{3/2}}\int dq = \frac{ky}{(a^2 + y^2)^{3/2}}Q$$

在 $y = 0$ 處的電場為零。若 $y \gg a$，則 $E_y \approx kQ/y^2$，如同點電荷的電場。

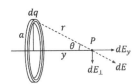

圖 15.6

例題 15.7

半徑 R 的圓盤上有均勻面電荷密度 σ，如圖 15.7。試計算在中心軸上，與圓心相距 y 處的電場。

解：將圓盤視為一系列的圓環。半徑 r 且寬度 dr 的圓環帶有電荷

$$dq = \sigma\,dA = \sigma(2\pi r\,dr)$$

由例題 15.6 的結果，此圓環產生的電場為

$$dE_y = \frac{ky}{(r^2 + y^2)^{3/2}}\,dq = \frac{ky}{(r^2 + y^2)^{3/2}}\sigma(2\pi r\,dr)$$

總電場為

$$E_y = \pi k \sigma y \int_0^R \frac{2r\,dr}{(r^2 + y^2)^{3/2}} = \pi k \sigma y \int_0^R \frac{d(r^2)}{(r^2 + y^2)^{3/2}}$$

$$= 2\pi k \sigma \left[1 - \frac{y}{(R^2 + y^2)^{1/2}} \right]$$

在 $y \ll R$ 處，近場近似為

$$E_y = 2\pi k \sigma = \frac{\sigma}{2\epsilon_0}$$

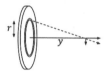

圖 15.7

15-3 電場線

約在 1840 年，法拉第（Michael Faraday）引入電場線（electric field lines），以此將電場圖像化。電場線具有以下性質：

1. 電場線起於正電荷（圖 15.8a），止於負電荷（圖 15.8b）。
2. 進入或離開電荷的場線數，正比於電量大小。
3. 場線的切線方向為該點的電場方向。
4. 場強正比於場線密度。
5. 場線不相交。

在圖 15.9a 和圖 15.9b 中的二電荷，分別帶等量異性和等量同性的電荷。

圖 15.8a　　　　圖 15.8b　　　　圖 15.9a　　　　圖 15.9b

正電荷在電場中會沿著場線移動。若源電荷和測試電荷均帶正電，因為電荷同性相斥，表示場線離開（源）正電荷。同理，（源）負電荷會吸引（測試）正電荷，表示場線指向負電荷。

考慮二電荷，電量分別為 q_1 和 q_2，則它們連接的場線數的比值為 $N_2/N_1 = q_2/q_1$。當正（負）電荷較多時，部分場線會止（起）於無窮遠處。

場強正比於場線密度。場線密度為，在與電場垂直的面上，通過單位面積的場線數。在距離孤立點電荷r處球面面積為 $4\pi r^2$，假定電荷發出 N 條場線，則球面上的場線密度為 $N/4\pi r^2$。因為場強正比於場線密度，故電場亦正比於 $1/r^2$，如同 [15.5]。

15-4 電通量

電場線類似於流體的流線。考慮一均勻電場 E 垂直通過面積 A 的平面，如圖 15.10。場線密度正比於電場大小，因此，通過此平面的總場線數正比於 EA。若將曲面傾斜一角度，如圖 15.11，則通過平面的場線數正比於 $EA_\perp = EA\cos\theta$。高斯（Carl F. Gauss）以此定義電通量（electric flux）為

$$\Phi_E \equiv \mathbf{E} \cdot \mathbf{A} \quad (\mathrm{N} \cdot \mathrm{m}^2/\mathrm{C}) \qquad [15.9]$$

其中向量 $\mathbf{A}$ 的大小等於面積 A，方向垂直於平面。

通常電場不為均勻分布，或並非垂直通過平面。將曲面分割為許多面元，則可將電場視為均勻分布，通過面元的電通量為

$$\Delta\Phi_E = \mathbf{E} \cdot \Delta\mathbf{A}$$

其中 $\Delta\mathbf{A}$ 為面元向量。總電通量為所有面元的電通量之和：

$$\Phi_E = \sum \mathbf{E}_i \cdot \Delta\mathbf{A}_i$$

取極限 $\Delta A \to 0$，得電通量的廣義定義

$$\Phi_E = \lim_{\Delta A_i \to 0} \sum \mathbf{E}_i \cdot \Delta\mathbf{A}_i = \int \mathbf{E} \cdot d\mathbf{A} \qquad [15.10]$$

　　圖 15.12 顯示，場線通過一封閉曲面。定義向量 $d\mathbf{A}$ 在某一點上的方向為指出曲面。由圖可知，離開曲面的電通量 $\mathbf{E} \cdot d\mathbf{A}$ 為正，而進入曲面的電通量為負。在圖 15.12，因為進入曲面的場線數等於離開的場線數，故淨通量為零。

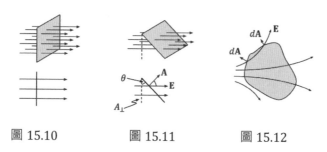

圖 15.10　　　　　圖 15.11　　　　　圖 15.12

15-5 高斯定律

　　考慮一正點電荷 q，取一以電荷為球心且半徑 r 之假想球面，稱為高斯面（Gaussian surface）。由對稱可知，球面上各點的電場大小相同，故電通量為

$$\Phi_E = \oint \mathbf{E} \cdot d\mathbf{A} = \oint E\, dA = E \oint dA = E(4\pi r^2)$$

由庫侖定律，可得

$$\Phi_E = \frac{1}{4\pi\epsilon_0} \frac{q}{r^2} (4\pi r^2) = \frac{q}{\epsilon_0} \qquad [15.11]$$

因為 $E \propto 1/r^2$ 且 $A \propto r^2$，故 Φ_E 與半徑 r 無關。若定義電荷 q 放出的場線數為 q/ϵ_0，則可稱電通量等於場線數。

　　考慮一封閉球面和任意形狀之曲面，如圖 15.13，通過二曲面的場線數（和電通量）相等。考慮封閉曲面外的點電荷，如圖 15.14，進入和離開曲面的電場線相等，因此，通過曲面的淨電通量為零。

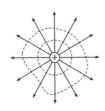

圖 15.13　　　　圖 15.14

在多個電荷的情況下，利用疊加原理，

$$\oint \mathbf{E} \cdot d\mathbf{A} = \oint (\mathbf{E}_1 + \mathbf{E}_2 + \cdots) \cdot d\mathbf{A}$$

$$= \oint \mathbf{E}_1 \cdot d\mathbf{A} + \oint \mathbf{E}_2 \cdot d\mathbf{A} + \cdots$$

由於只有曲面內的電荷會貢獻電通量，可得高斯定律（Gauss's law）：

$$\Phi_E = \oint \mathbf{E} \cdot d\mathbf{A} = \frac{q_{\text{in}}}{\epsilon_0} \qquad [15.12]$$

通過封閉曲面的電通量，等於曲面內淨電荷 q_{in} 除以 ϵ_0。注意，所有的電荷均會貢獻電場 $\mathbf{E}$，然而，只有封閉高斯面內的電荷會貢獻淨電通量。

　　可利用高斯定律，求解電荷系統所產生的電場。在對稱的情況下，可簡化計算過程。

例題 15.8

電荷 Q 均勻分布於半徑 a 之非導體球，試計算（a）球體外，（b）和球體內的電場。

解：（a）取半徑 $r > a$ 之球形高斯面，由高斯定律，

$$E_{\text{out}}(4\pi r^2) = \frac{Q}{\epsilon_0}$$

$$\Rightarrow \qquad E_{\text{out}} = \frac{Q}{4\pi\epsilon_0 r^2} = \frac{kQ}{r^2}$$

可等價為在球心的點電荷 Q 所產生的電場。

（b）取半徑 $r < a$ 之球形高斯面，由高斯定律，

$$E_{\text{in}}(4\pi r^2) = \frac{1}{\epsilon_0}\left(\frac{\frac{4}{3}\pi r^3}{\frac{4}{3}\pi a^3}Q\right) = \frac{1}{\epsilon_0}\frac{r^3}{a^3}Q$$

$$\Rightarrow \qquad E_{\text{in}} = \frac{kQ}{a^3}r$$

電場正比於半徑 r。電場如圖 15.15b。

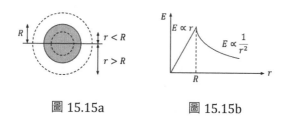

圖 15.15a　　　　　　　圖 15.15b

例題 15.9

一無限長的直線上有線電荷密度 λ，試求與其相距 r 處的電場。

解：取一半徑 r 且長度 L 之高斯面，如圖 15.16a。由對稱可知，電場只有
　　徑向分量，電場線如圖 15.16b。因為圓柱二端的面向量垂直於電場，故
　　只有側面會貢獻電通量。由高斯定律，

$$E(2\pi L) = \frac{\lambda L}{\epsilon_0} \qquad \Rightarrow \qquad E = \frac{\lambda}{2\pi\epsilon_0 r}$$

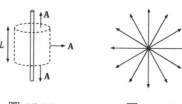

圖 15.16a　　　　　　圖 15.16b

例題 15.10

一無限大的平面有均勻面電荷密度 σ，試求其所產生的電場。

解：取一截面積 A 之圓柱高斯面，二端分別在平面二側，且與平面之距離相等，如圖 15.17a。由對稱可知，電場必垂直於平面，因此，圓柱側面的電通量為零。由高斯定律，

$$EA + EA = \frac{\sigma A}{\epsilon_0} \quad \Rightarrow \quad E = \frac{\sigma}{2\epsilon_0} \qquad [15.13]$$

場強與距離無關，電場會均勻分布，如圖 15.17b。

　　假定二無限大平面分別帶有正和負電荷，且面電荷密度相等。二平面平行，則二平面之間的區域的電場為 $E = \sigma/\epsilon_0$，其它區域的電場會被抵銷。

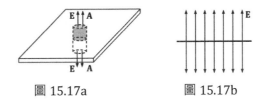

圖 15.17a　　　　　圖 15.17b

15-6 靜電平衡下的導體

　　圖 15.18 中，一導體板置於外電場中。自由電子會受到電力而移動，電荷重新分布所產生的電場會與外電場抵消，使導體內部的淨電場為零。電荷不移動的情況，稱為靜電平衡。

　　當一淨電荷加至導體上時，自由電子會重新分布，使內電場為零。在圖 15.19 中，取一導體內部的高斯面（虛線）。靜電平衡下，導體內各點的電場為零，由高斯定律 [15.12]，高斯面內的淨電荷為零。取一接近表面但在導體內部的高斯面，會得到相同結果。推論，導體上的淨電荷會留在表面上。

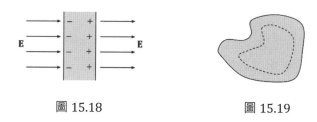

圖 15.18   圖 15.19

在靜電平衡，一帶電荷的導體如圖 15.20。若電場具有平行於導體表面的分量，則自由電子會沿著表面移動。因此，在靜電平衡下，電場會垂直於導體表面。取一微小的圓柱高斯面，二端平行於表面，並分別在導體內外，如圖 15.20。由於電場垂直於表面，且內部電場為零，故只有上方會貢獻電通量 EA，其中 A 為圓柱的截面積。由高斯定律，可得導體表面的電場 E：

$$EA = \frac{q}{\epsilon_0} = \frac{\sigma A}{\epsilon_0} \quad \Rightarrow \quad E = \frac{\sigma}{\epsilon_0} \qquad [15.14]$$

其中 σ 為該處的面電荷密度。

由 [15.13]，導體表面一小區域的電荷會產生電場 $E_1 = \sigma/2\epsilon_0$ 於導體內外，如圖 15.21。導體表面的其它電荷會在該處產生大小相等的電場E_2。在導體內部，$\mathbf{E}_1$ 和 $\mathbf{E}_2$ 的方向相反而互相抵銷。在導體外部，二電場的方向相同，故 [15.14] 為 [15.13] 的二倍。

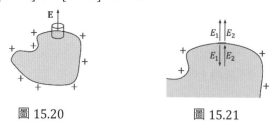

圖 15.20   圖 15.21

圖 15.22 中，一空腔導體內部有一點電荷 $+q$。圖中高斯面（虛線）上

的電場為零，故電通量為零。由高斯定律，曲面內的淨電荷為零。這表示內壁上有感應電荷 $-q$。由於導體為電中性，故外表面上會有電荷$+q$。

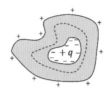

圖 15.22

習題

1. 在圖 15.6 的中心軸上，證明最大電場位於 $y = a/\sqrt{2}$ 處。

2. 電荷 q 均勻分佈在半徑 a 的半球殼上，求在球心處的電場。

3. 半徑 r 的半圓上，有均勻線電荷密度 λ。此半圓在 xz 平面上，且圓心在原點上。證明沿著 y 軸的電場為

$$\mathbf{E} = \frac{k\lambda r^2}{(r^2 + y^2)^{3/2}}\left(2\hat{\mathbf{i}} + \pi\frac{y}{r}\hat{\mathbf{j}}\right)$$

4. 在區域 $a < r < b$ 內的體電荷密度為 $\rho = A/r$，其中 A 為常數。在球心處有一點電荷 Q。若在電荷分佈的區域內電場為定值，試求 A 值。

5. 圖 15.23 中，立方體的一個角上有一靜電荷 q，求此立方體的電通量。

6. 圖 15.24 中，電場 $\mathbf{E} = 5\hat{\mathbf{i}} + (6 + y)\hat{\mathbf{j}}$，求通過邊長 1 的立方體的電通量。

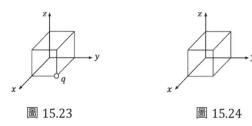

圖 15.23　　　　　　　圖 15.24

7. 半徑 a 的無限長實心圓柱上，有均勻體電荷密度 ρ。求在 (a) 圓柱內 ; (b) 圓柱外的電場。

8. 一實心絕緣球體具有均勻體電荷密度 ρ，證明球內任一點 P 的電場為

$$\mathbf{E} = \frac{\rho}{3\epsilon_0}\mathbf{r}$$

其中 $\mathbf{r}$ 是由球心至 P 點的位置向量。

9. 承上題，若球體內有一球形空腔，如圖 15.25，證明空腔內任一點的電場為

$$\mathbf{E} = \frac{\rho}{3\epsilon_0}\mathbf{a}$$

其中 $\mathbf{a}$ 是由球心至空腔中心的向量。此結果與空腔半徑無關。

圖 15.25

第 16 章　電位

16-1　電位能和電位

在源電荷分佈所建立的電場 **E** 中，測試電荷 q 會受到電力 $q\mathbf{E}$。對 A 至 B 點的有限位移，由 [3.16]，系統的電位能（electric potential energy）變化為

$$\Delta U = -W_c = -\int_A^B \mathbf{F} \cdot d\mathbf{s} = -q\int_A^B \mathbf{E} \cdot d\mathbf{s} \qquad [16.1]$$

因為電力 $q\mathbf{E}$ 為守恆力，故此線積分與路徑無關。

當一電荷 q 在電場中移動，定義電位（electric potential）變化 ΔV 為，每單位電荷的電位能變化：

$$\Delta V \equiv \frac{\Delta U}{q} \qquad \left(\text{volt} \; ; \; V\right) \qquad [\mathbf{16.2}]$$

其單位是為了紀念伏特（Alessandro Volta）。由 [16.1]，A 至 B 點的電位差為

$$V_B - V_A = -\int_A^B \mathbf{E} \cdot d\mathbf{s} \qquad [16.3]$$

由於靜電場為守恆場，故此線積分的值與路徑無關。電位差只與源電荷所建立的電場有關，與測試電荷無關。只有當測試電荷在二點間移動時，才有電位能變化。

電位相同的點所形成的曲面，稱為等位面（equipotential surface）。由 [16.3]，無窮小位移的電位差為 $dV = -\mathbf{E} \cdot d\mathbf{s}$。若位移 $d\mathbf{s}$ 沿著等位面（$dV = 0$），則 $\mathbf{E} \cdot d\mathbf{s} = 0$，故 $\mathbf{E}$ 垂直於 $d\mathbf{s}$，電場線垂直於等位面。將粒子沿著等位面運動，不需要作功。

在均勻電場中，可簡化 [16.3]。考慮一均勻電場 $\mathbf{E} = E\hat{\mathbf{i}}$，如圖 16.1，電位差為

$$V_B - V_A = -\int_A^B \mathbf{E} \cdot d\mathbf{s} = -\mathbf{E} \cdot \int_A^B d\mathbf{s} = -\mathbf{E} \cdot \Delta\mathbf{s} = -Ed \qquad [16.4]$$

得 $\Delta V < 0$，表示電場線是由高電位指向低電位。電力會使正電荷沿著電場移動，即正電荷傾向於往低電位移動，類似於重力使質點傾向於往低處移動。然而，負電荷傾向於往高電位移動。

由 [16.4] 可知，電場的等價單位為 V/m：

$$1 \ \text{N/C} = 1 \ \text{V/m}$$

因此可將電場解釋為，電位的位置變化率。通常以電子伏特（electronvolt；eV）作為基本粒子的能量單位（非SI制）。由能量守恆，

$$\Delta K + \Delta U = 0$$

$$\Rightarrow \qquad\qquad \Delta K = -q\Delta V \qquad\qquad [16.5]$$

當一電子通過 1 V 的電位差，動能變化為 1 eV：

$$\Delta K = e\Delta V = (1.602 \times 10^{-19} \ \text{C})(1 \ \text{V})$$

$$\Rightarrow \qquad\qquad 1 \ \text{eV} = 1.602 \times 10^{-19} \ \text{J} \qquad\qquad [16.6]$$

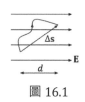

圖 16.1

例題 16.1

在均勻電場 E 中，一電量 q 且質量 m 的帶電粒子以初速 v_i 平行於電場運動，如圖 16.2。求粒子位移 d 後的末速。

解：由 [16.4]，A 和 B 二點之間的電位差為

$$\Delta V = -Ed$$

利用 [16.5]，$\Delta K = -q\Delta V$，可求出末速：

$$\frac{1}{2}mv_f^2 - \frac{1}{2}mv_i^2 = qEd$$

$$\Rightarrow \qquad v_f = \sqrt{v_i^2 + \frac{2qEd}{m}}$$

若初速 $v_i = 0$，則會得到例題 15.4 的結果。

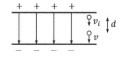

圖 16.2

16-2 點電荷的電位和電位能

孤立正電荷 q 會產生徑向電場，如圖 16.3。由 [16.3]，電位變化為

$$V_B - V_A = -\int_A^B \mathbf{E} \cdot d\mathbf{s} = -\int_A^B \frac{kq}{r^2}\hat{\mathbf{r}} \cdot d\mathbf{s}$$

$$= -\int_A^B \frac{kq}{r^2}ds\cos\theta = -\int_A^B \frac{kq}{r^2}dr$$

$$= kq\left(\frac{1}{r_B} - \frac{1}{r_A}\right) \qquad [16.7]$$

可知，在一點電荷所產生的電場中，二點之間的電位差只與徑向座標 r_A 和 r_B 有關。若取 $r_A = \infty$ 處的電位 $V_A = 0$，則與 q 相距 r 處的電位為

$$V = \frac{kq}{r} \qquad [16.8]$$

圖 16.3

　　由於電位 [16.3] 是由電場所導出，且電場遵守疊加原理，故電位亦遵守疊加原理。當存在數個點電荷時，在某一點 P 的總電位為，個別電荷在該點所產生的電位之和：

$$V = \sum \frac{kq_i}{r_i} \qquad [16.9]$$

其中取無窮遠處的電位為零，且 r_i 為 P 點和 q_i 之間的距離。注意，[16.9] 為純量的代數和，而非向量和，因此先計算 V 再求 $\mathbf{E}$ 會較容易。

　　考慮相距無窮遠的二電荷 q_1 和 q_2。想像電荷 q_1 固定，將另一電荷 q_2 移至附近 P 點而無動能變化，所需作的外功會轉換為系統的電位能：

$$U_{12} = q_2 \frac{kq_1}{r_{12}} = k \frac{q_1 q_2}{r_{12}}$$

其中 r_{12} 為 q_1 和 q_2 之間的距離，kq_1/r_{12} 為 q_1 在 q_2 產生的電位，並取 $r = \infty$ 處的電位能 $U = 0$。若電荷的電性相同，則 $U > 0$：外力需對系統作正功，以抵抗電荷之間的排斥力。若電荷的電性相異，則 $U < 0$：外力與位移方向相反以避免其加速，而作負功。

　　若將無窮遠處的第三個電荷 q_3 移入，則三電荷系統的電位能為

$$U = U_{12} + q_3 \left(\frac{kq_1}{r_{13}} + \frac{kq_2}{r_{23}} \right)$$

$$= U_{12} + U_{13} + U_{23}$$

括弧內二項分別為 q_1 和 q_2 在 q_3 產生的電位。在計算電位能時，

$$U = \sum U_{ij} = \sum \frac{kq_i q_j}{r_{ij}} \qquad [16.10]$$

其中 $U_{ij} = U_{ji}$ 且不包含 $i = j$ 項。

16-3 由電位得到電場

　　利用 [16.3]，可由電場計算出電位差。現在要證明，可由電位得到電

場。無窮小位移 $d\mathbf{s}$ 的電位變化為

$$dV = -\mathbf{E} \cdot d\mathbf{s}$$
$$= -E \, ds \cos\theta$$
$$= -E_s \, ds$$

其中 $E_s = E\cos\theta$ 為電場沿著位移 $d\mathbf{s}$ 的分量。將上式寫為

$$E_s = -\frac{dV}{ds} \qquad [16.11]$$

電場分量 E_s 為，電位在 $d\mathbf{s}$ 方向上的位置變化率。

在直角座標中，

$$dV = -\mathbf{E} \cdot d\mathbf{s}$$
$$= -\left(E_x\hat{\mathbf{i}} + E_y\hat{\mathbf{j}} + E_z\hat{\mathbf{k}}\right) \cdot \left(dx\hat{\mathbf{i}} + dy\hat{\mathbf{j}} + dz\hat{\mathbf{k}}\right)$$
$$= -\left(E_x \, dx + E_y \, dy + E_z \, dz\right)$$

對 x 方向的位移，$dy = dz = 0$ 且 $dV = -E_x \, dx$，故

$$E_x = -\frac{\partial V}{\partial x}$$

同理可得 $E_y = -\partial V/\partial y$ 和 $E_z = -\partial V/\partial z$。因此，電場為

$$\mathbf{E} = -\frac{\partial V}{\partial x}\hat{\mathbf{i}} - \frac{\partial V}{\partial y}\hat{\mathbf{j}} - \frac{\partial V}{\partial z}\hat{\mathbf{k}} \qquad [16.12]$$

若電場為球對稱，則電場為徑向，此時

$$dV = -\mathbf{E} \cdot d\mathbf{s} = -E_r \, dr$$
$$\Rightarrow \qquad E_r = -\frac{dV}{dr}$$

將點電荷的電位 [16.8] 代入，可得到其電場 $E_r = kq/r^2$。

例題 16.2

電荷 Q 均勻分佈於半徑 a 的圓環上，如圖 15.6。試計算在中心軸上，與圓心相距 y 處的 (a) 電位；(b) 電場。

解：(a) 所有電荷元 dq 至 y 軸上 P 點的距離均為 $(a^2 + y^2)^{1/2}$。P 點的電位為

$$V = k \int \frac{dq}{r} = k \int \frac{dq}{(a^2 + y^2)^{1/2}} = \frac{k}{(a^2 + y^2)^{1/2}} \int dq$$

$$= \frac{kQ}{(a^2 + y^2)^{1/2}}$$

(b) 由對稱可知，電場只有 y 分量。利用 [16.11]，

$$E_y = -\frac{dV}{dy} = -kQ \frac{d}{dy} (a^2 + y^2)^{-1/2}$$

$$= \frac{ky}{(a^2 + y^2)^{3/2}} Q$$

與例題 15.6 的結果相同。

例題 16.3

半徑 R 的圓盤上有均勻面電荷密度 σ，如圖 15.7。試計算在中心軸上，與圓心相距 y 處的 (a) 電位；(b) 電場。

解：(a) 將圓盤視為一系列的圓環，由例題 16.2 的結果，半徑 r 且寬度 dr 之圓環會在 P 點產生電位

$$dV = \frac{k \, dq}{(r^2 + y^2)^{1/2}} = \frac{k\sigma \, dA}{(r^2 + y^2)^{1/2}} = \frac{k\sigma \, (2\pi r \, dr)}{(r^2 + y^2)^{1/2}}$$

圓盤產生的電位為

$$V = \int dV = \int_0^\pi \frac{k\sigma \, (2\pi r \, dr)}{(r^2 + y^2)^{1/2}} = \pi k\sigma \int_0^\pi \frac{2r \, dr}{(r^2 + y^2)^{1/2}}$$

$$= 2\pi k\sigma \left[(R^2 + y^2)^{1/2} - y \right]$$

(b) 利用 [16.11]，

$$E_y = -\frac{dV}{dy} = 2\pi k\sigma \frac{d}{dy} \left[y - (R^2 + y^2)^{1/2} \right]$$

$$= 2\pi k\sigma \left[1 - \frac{y}{(R^2 + y^2)^{1/2}} \right]$$

與例題 15.7 的結果相同。

16-4　連續電荷分布

可由二個方法得到連續電荷分佈所產生的電位。第一，先計算電荷元 dq 在 P 點所產生的電位 $dV = k\,dq/r$。在 P 點的總電位為

$$V = k \int \frac{dq}{r} \qquad\qquad \text{[16.13]}$$

此式取無窮遠處的電位 $V = 0$。此式不適用於無窮電荷分佈。

若電場已知，則可用第二個方法。由 [16.3]，

$$V_B - V_A = - \int_A^B \mathbf{E} \cdot d\mathbf{s} \qquad\qquad \text{[16.14]}$$

可取任一參考點的電位為零。若電荷分布為對稱，則可由高斯定律得到電場，再由上式得到電位。

16-5　帶電導體

考慮一帶電導體。在 15-6 節發現，在靜電平衡下，導體外的電場會垂直於表面，且內部電場為零。因為電場 $\mathbf{E}$ 垂直於沿著表面的位移 $d\mathbf{s}$，故 $\mathbf{E} \cdot d\mathbf{s} = 0$。由 [16.3]，表面上二點 A 和 B 之間的電位差為零：

$$V_B - V_A = - \int_A^B \mathbf{E} \cdot d\mathbf{s} = 0$$

因此，在靜電平衡下，帶電導體的表面為等位面。此外，因為內部電場為零，故導體內部的電位與表面相同。因為電位為常量，故不需作功即可將導體內部的電荷移至其表面。

考慮一半徑 R 且帶正電荷 Q 的實心導體球，如圖 16.4a。因其外部電

場 kQ/r^2 與點電荷相同（見例題 15.8），故其與點電荷有相同的電位 $V = kQ/r$。因為球體表面的電位為 kQ/R，故球體內部任一點的電位亦為此值。

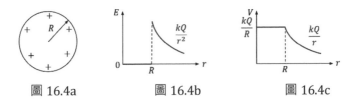

圖 16.4a　　　　圖 16.4b　　　　圖 16.4c

例題 16.4

在導體表面，曲率半徑愈小則面電荷密度愈大，如圖 16.5a，試證之。

解：若半徑 r 之導體球有均勻面電荷密度 σ，則其表面電位為

$$V = \frac{kq}{r} = \frac{1}{4\pi\epsilon_0}\frac{4\pi r^2\sigma}{r} = \frac{r\sigma}{\epsilon_0}$$

考慮半徑為 r_1 和 r_2 的二導體球，並以導線連接，如圖 16.5b。若二球相距甚遠，由於不受另一球影響，電荷會均勻分佈於表面。導線會使二者有相同的電位

$$\frac{r_1\sigma_1}{\epsilon_0} = \frac{r_2\sigma_2}{\epsilon_0} \quad \Rightarrow \quad \frac{\sigma_1}{\sigma_2} = \frac{r_2}{r_1}$$

可知 $\sigma \propto 1/r$，半徑愈小則面電荷密度愈大。對不規則形狀的導體，曲率半徑最小處會有最大的面電荷密度。

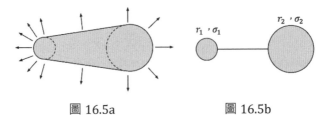

圖 16.5a　　　　　　圖 16.5b

例題 16.5　空腔導體

考慮一空腔導體，且空腔內部沒有電荷，如圖 16.6。試證導體內的電位相等。

證：在靜電平衡下，導體內的電場為零，故導體內任二點之間的電位差為

零，$V_B - V_A = 0$。由 [16.3]，

$$V_B - V_A = -\int_A^B \mathbf{E} \cdot d\mathbf{s} = 0$$

不論是否通過空腔，任何路徑的積分均為零。推論，即使導體外有電場或外表面有電荷，只要空腔內沒有電荷，在靜電平衡下，空腔和導體內的電場為零。因此，導體外表面內各點會有相同的電位。

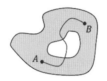

圖 16.6

16-6　電偶極

電偶極（electric dipole）為相隔一距離 d 的一對電荷，各帶有電荷 $+q$ 和 $-q$，如圖 16.7。定義電偶極矩 $\mathbf{p}$（electric dipole moment）為

$$\mathbf{p} \equiv q\mathbf{d} \quad (\mathrm{C \cdot m}) \qquad [16.15]$$

方向是由負電荷指向正電荷。當一分子的正電荷平均位置和負電荷平均位置不在同一處時，稱為極性分子。

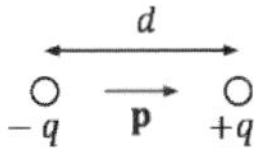

圖 16.7

圖 16.8 中，電偶極與均勻電場之間的夾角為 θ。二電荷會受到等大反

向的電力，故淨力為零，但淨力矩不為零。二電荷對中心的力矩相等，$\tau_+ = \tau_- = r_\perp F$，合力矩為

$$\tau = 2r_\perp F = 2\left(\frac{d}{2}\sin\theta\right)(qE) = pE\sin\theta$$
$$\Rightarrow \qquad \boldsymbol{\tau} = \mathbf{p} \times \mathbf{E} \qquad\qquad [16.16]$$

電場所產生的力矩 $\boldsymbol{\tau}$ 會使電偶極旋轉而沿著電場線排列。

圖 16.8

當電偶極受到外力矩而由 θ_i 旋轉至 θ_f，若動能不變，外力矩作功等於位能變化

$$U_i - U_f = W_{\text{ext}} = \int \tau \, d\theta = \int_{\theta_i}^{\theta_f} pE\sin\theta \, d\theta$$
$$= -pE\left(\cos\theta_f - \cos\theta_i\right)$$

取 $\theta_i = 90°$ 處位能 $U_i = 0$，則可將位能表示為

$$U = U_f = -pE\cos\theta$$
$$\Rightarrow \qquad U = -\mathbf{p} \cdot \mathbf{E} \qquad\qquad \mathbf{[16.17]}$$

例題 16.6

考慮在 $(0, a)$ 的電荷 q 和在 $(0, -a)$ 的電荷 $-q$，如圖 16.9。試求此電偶極在中垂線上的電場。

解：二電荷會在 x 軸上產生大小相等的電場：

$$E_+ = E_- = \frac{kq}{x^2 + a^2}$$

電場的 x 分量會抵消，而 y 分量為

$$E_y = -(E_+ + E_-)\cos\theta$$

$$= -\frac{2kq}{x^2 + a^2}\frac{a}{(x^2 + a^2)^{1/2}}$$

$$= \frac{-kp}{(x^2 + a^2)^{3/2}}$$

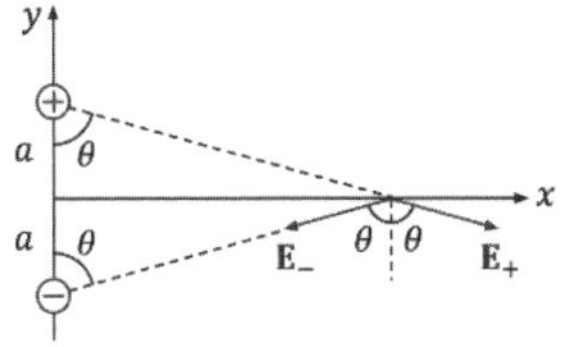

圖 16.9

當 $x \gg a$ 時，電場可近似為

$$E = \frac{kp}{x^3} \qquad (x \gg a) \qquad\qquad [16.18]$$

合電場與距離的三次方成反比，較單一電荷要快，這是因為部分電場會被抵消。可證明沿著偶極軸的遠場（far field）為

$$E = \frac{2kp}{y^3} \qquad (y \gg a) \qquad\qquad [16.19]$$

習題

1. 在邊長 a 之正三角形的二個角各置一電荷 $+q$，另一角置一電荷 $-q$，求三角形中心的電場和電位。

2. 將質量 m 且電量 q 的三個相同質點，置於邊長 a 的正三角形的三頂點上。（a）將三者由靜止釋放，求最大速率；（b）固定其中一質點，求另二者的末速；（c）固定其中二個，求第三者的末速。

3. 空間中有均勻電場 $\mathbf{E} = 2\hat{\mathbf{i}} + 3\hat{\mathbf{j}}$，點 A 和 B 的位置分別為 $(-2,-3)$ 和 $(3,2)$。求 A 和 B 之間的電位差。

4. 長度 L 的線上，有均勻線電荷密度 λ，如圖 16.10。求 P 點的（a）電位；（b）電場。

5. 長度 L 的線上，有線電荷密度 $\lambda = x$，如圖 16.11。求 P 點的（a）電位；（b）電場。

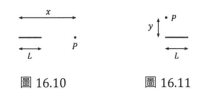

圖 16.10   圖 16.11

6. 半徑 a 的半圓環上，有均勻線電荷密度 λ。求在圓心處的（a）電位；（b）電場。

第 17 章 電容

17-1 電容

電容器（capacitor）是由二個導體所組成，且之間以絕緣體隔開。圖
17.1 中，二導體上的電量相等電性相反。實驗證明，儲存於各導體上的電量
Q 正比於導體之間的電位差 V：

$$Q = CV$$

其中比例常數 C 稱為電容器的電容（capacitance），為儲存電荷和電能的能
力的量度。定義電容為

$$C \equiv \frac{Q}{V} \quad \left(\text{farad}；F\right) \qquad \textbf{[17.1]}$$

電容與 Q 和 V 無關：若電位差加倍，則儲存的電荷亦加倍，二者的比值不
變。電容的單位是為了紀念法拉第（Michael Faraday）。因為 1 F 非常大，通
常以微法拉（$1\ \mu F = 10^{-6}\ F$）或皮法拉（$1\ pF = 10^{-12}\ F$）為單位。

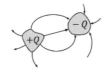

圖 17.1

例題 17.1 平行板電容器（parallel-plate capacitor）

平行板電容器是由二極板所組成，如圖 17.2a。若極板的面積為 A 且間距為
d，試求其電容。

解：與電池的正極連接的極板會帶正電荷 $+Q$，與負極連接則帶負電荷 $-Q$。
　　電荷是在導線中流動，不會通過極板之間的間隙。若極板的間距 d 很
　　小，則可將電場假設為均勻的，如圖 17.2b。極板之間的電場為 [15.13]

的二倍：

$$E = \frac{\sigma}{\epsilon_0} = \frac{Q}{\epsilon_0 A}$$

其中 $\sigma = Q/A$ 為面電荷密度。將 [16.4] 代入[17.1]，電容為

$$C = \frac{Q}{V} = \frac{Q}{Ed} = \frac{\epsilon_0 A}{d} \qquad [17.2]$$

其中

$$\epsilon_0 = 8.854 \times 10^{-12} \quad \text{F/m}$$

對給定的電位差，極板越大就可儲存越多的電荷，故 $C \propto A$。對給定的電荷，電場 $E = Q/\epsilon_0 A$ 為定值且電位差 $V = Ed \propto d$，因此 $C = Q/V \propto 1/d$。

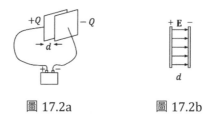

圖 17.2a　　　　　圖 17.2b

例題 17.2 球形電容器（spherical capacitor）

球形電容器是由半徑 a 且電荷 Q 的導體球，以及半徑 b 且電荷 $-Q$ 的同心導體球殼所組成，如圖 17.3。試求其電容。

解：利用 [16.3]，由於電場只有徑向分量，球體和球殼之間的電位差為

$$V_b - V_a = -\int_a^b \frac{kQ}{r^2} dr = kQ\left(\frac{1}{b} - \frac{1}{a}\right)$$

電位差為負值，但我們只取其大小。電容為

$$C = \frac{Q}{V} = \frac{ab}{k(b-a)} \qquad [17.3]$$

圖 17.3

雖然一般情況下，電容器為二個導體，但是單一導體也具有電容。考慮一半徑 a 之帶電導體球。想像一半徑無窮大的同心導體球殼，其電量與導體球相同，但電性相反。在 [17.3] 中，取極限 $b \to \infty$，可得

$$C = \frac{a}{k} = 4\pi\epsilon_0 a$$

假設地球為半徑 6370 km 的導體球，則其電容為 710 μF。

例題 17.3 圓柱形電容器（cylindrical capacitor）

圓柱形電容器是由半徑 a 且電荷 Q 的圓柱導體，以及半徑 b 且電荷 $-Q$ 的同軸圓柱殼所組成，如圖 17.4。試求長度 L 的電容。

解：假設長度遠大於 a 和 b，則可視為均勻電場。由例題 15.9，在 $a < r < b$ 內的電場為

$$E_r = \frac{2k\lambda}{r}$$

其中 λ（C/m）為線電荷密度。由於電場只有徑向分量，故二導體之間的電位差為

$$V_b - V_a = -\int_a^b \frac{2k\lambda}{r} dr = -2k\lambda \ln \frac{b}{a}$$

只取電位差大小。長度 L 的電荷為 $Q = \lambda L$，故電容為

$$C = \frac{\lambda L}{2k\lambda \ln(b/a)} = \frac{2\pi\epsilon_0 L}{\ln(b/a)} \qquad [17..4]$$

當 a 趨近於 b 時，電容會增加。

圖 17.4

17-2 電容器的串聯和並聯

當二個電容器以圖 17.5a 的方式連接，稱為串聯（series connection）。電荷不會通過極板之間的間隙，因此在串聯中各極板上的電量相同：

$$Q = Q_1 = Q_2$$

二電容器內的電場指向相同的方向，故串聯電位差為個別電位差之和：

$$V = V_1 + V_2$$

二電容器可等價為單一電容器 C_{eq}，如圖 17.5b。由 [17.1] 和以上二式，得

$$\frac{Q}{C_{eq}} = \frac{Q}{C_1} + \frac{Q}{C_2} \quad \Rightarrow \quad \frac{1}{C_{eq}} = \frac{1}{C_1} + \frac{1}{C_2}$$

若將 n 個電容器串聯，則等效電容 C_{eq}（equivalent capacitance）為

$$\frac{1}{C_{eq}} = \frac{1}{C_1} + \frac{1}{C_2} + \cdots + \frac{1}{C_n} \qquad [17.5]$$

在串聯中，等效電容的倒數會大於任一個別電容的倒數，故等效電容必小於任一原電容。

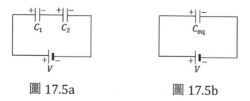

圖 17.5a　　　　　　　圖 17.5b

當二電容器以圖 17.6a 的方式連結，稱為並聯（parallel connection）。因為左側以導線連接，左側二極板的電位相同。同理，右側二極板的電位相同。因此，通過電容器的電位差相同：

$$V = V_1 = V_2$$

左側（或右側）二極板的總電荷為

$$Q = Q_1 + Q_2$$

並聯電路可等價為圖 17.6b。由 [17.1] 和以上二式，可得

$$C_{eq}V = C_1V_1 + C_2V_2 \quad \Rightarrow \quad C_{eq} = C_1 + C_2$$

若將 n 個電容器並聯，則等效電容為

$$C_{eq} = C_1 + C_2 + \cdots + C_n \qquad [17.6]$$

在並聯中，等效電容必大於任一原電容。因為串聯會使極板的面積增加，故電容變大。

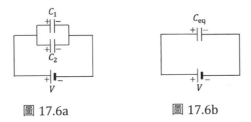

圖 17.6a　　　　　圖 17.6b

17-3　電場的能量密度

　　電容器儲存的能量，等於對其充電所作的功。若極板上的電荷大小為 q，則極板間的電位差為 $V = q/C$。要將無窮小電荷 dq 由負極板移至正極板，所需作的功為 $dW = V\,dq = (q/C)\,dq$，如圖 17.7。使電容器由 $q = 0$ 充電至 $q = Q$，所需作的功為

$$W = \int_0^Q \frac{q}{C} dq = \frac{Q^2}{2C}$$

此功是以電位能 U_E 的形式儲存。由於 $Q = CV$，得

$$U_E = \frac{Q^2}{2C} = \frac{1}{2}QV = \frac{1}{2}CV^2 \qquad [17.7]$$

雖然此式是由平行板電容器的特例導出，但可應用至其它電容器。

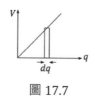

圖 17.7

考慮一平行板電容器，其電容為 $C = \epsilon_0 A/d$ 且極板之間的電位差為 $V = Ed$。由 [17.7]，儲存的電位能為

$$U_E = \frac{1}{2}CV^2 = \frac{1}{2}\frac{\epsilon_0 A}{d}(Ed)^2 = \frac{1}{2}\epsilon_0 E^2(Ad)$$

其中 Ad 為極板之間的體積。電場的能量密度（單位體積內的能量）為

$$u_E = \frac{U_E}{Ad} = \frac{1}{2}\epsilon_0 E^2 \qquad (\text{J/m}^3) \qquad\qquad \textbf{[17.8]}$$

雖然是由平行板電容器的特例所導出，但此式與場源無關。

電荷系統的位能與電場變化有關。例如，當對電容器充電，作功會產生電場。當二正點電荷接近，作功會修正它們附近的電場。當二電荷被釋放，它們會遠離。增加的動能會使場能減少。

例題 17.4

半徑 R 的導體球帶有電荷 Q，試求空間中儲存的電能。

解：由高斯定律，導體內部的電場為零，外部電場為 $E = Q/4\pi\epsilon_0 r^2$。在半徑 r 且厚度 dr 的球殼內，電能為

$$dU = u_E\, dV = \frac{1}{2}\epsilon_0 E^2(4\pi r^2\, dr) = \frac{Q^2}{8\pi\epsilon_0 r^2}dr$$

空間內的電能為

$$U = \int dU = \frac{Q^2}{8\pi\epsilon_0}\int_R^\infty \frac{dr}{r^2} = \frac{Q^2}{8\pi\epsilon_0 R}$$

17-4 介電質

當某些非導電材料置於電容器的極板之間，其電容改變，此類材料稱為介電質（dielectric）。圖 17.8a 中，極板上有電荷 Q_0 且電位差為 V_0，初電容為 $C_0 = Q_0/V_0$。圖 17.8b 中，將一介電質置於極板之間。極板上的電荷不變，但電位差會減少為

$$V_D = \frac{V_0}{\kappa}$$ [17.9]

其中 κ 稱為介電常數（dielectric constant）。由 $V = Ed$，場強會減少為

$$E_D = \frac{E_0}{\kappa}$$

由於極板上的電荷 Q_0 不變，故電容為 $C_D = Q_0/V_D$，將 [17.9] 代入，電容增加為

$$C_D = \kappa C_0$$ **[17.10]**

注意，介電質不等於絕緣體。水不為絕緣體，但有大的介電常數。

圖 17.8a　　　　圖 17.8b

例題 17.5

在面積 A 且間距 d 的平行板電容器中填入二介電質，介電常數分別為 κ_1 和 κ_2，如圖 17.9。試求其電容。

解：將其視為二電容 C_1 和 C_2 並聯。由 [17.2] 和 [17.10]，得

$$C = C_1 + C_2 = \kappa_1 \frac{\epsilon_0 A/2}{d} + \kappa_2 \frac{\epsilon_0 A/2}{d}$$

$$= \frac{\epsilon_0 A}{2d}(\kappa_1 + \kappa_2)$$

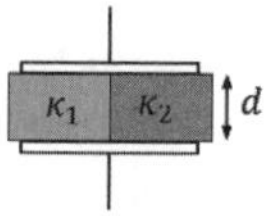

圖 17.9

習題

1. 通過平行板電容器的電位差為 28 V，若二極板之間的間距為 0.48mm，求極板的面電荷密度。

2. 半徑分別為 a 和 b 的二無限長圓柱導體，互相平行且二軸相距 s。設 $s \gg a$ 且 $s \gg b$，試證電容
$$C = \frac{2\pi\epsilon_0}{\ln \dfrac{(s-a)(s-b)}{ab}}$$

3. 半徑分別為 a 和 b 的二球體，球面相距 c，如圖 17.10。設 $c \gg a$ 且 $c \gg b$，試證電容
$$C = \frac{4\pi\epsilon_0}{\dfrac{1}{a} + \dfrac{1}{b} - \dfrac{2}{c}}$$

4. 圖 17.11 中，二極板為邊長 a 的正方形。若夾角 θ 很小，試證電容
$$C = \frac{\epsilon_0 a^2}{d}\left(1 - \frac{a\theta}{2d}\right)$$

圖 17.10 圖 17.11

5. 電荷 Q 均勻分佈於半徑 R 的球體上，求其電位能。

6. 在面積 A 且間距 d 的平行板電容器內填入二介電質，如圖 17.12。試求其電容。

7. 在面積 A 且間距 $2d$ 的平行板電容器內填入三介電質，如圖 17.13。試求其電容。

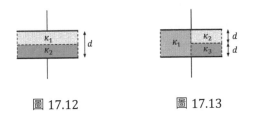

圖 17.12 圖 17.13

第 18 章 直流電路

18-1 電流和電流密度

在 15-6 節發現，靜電平衡下，導體內的電場為零。但在非平衡的情況下，導體內有一電場。當有一電位差通過導體，會在其內建立一電場，電場會加速電子。

在微觀下，傳導電子的路徑包含二個分量。第一，電子會以高速往任意方向移動，此隨機運動不會貢獻電流。第二，當接上電池，在導線內產生的電場會使電子往某一方向加速。因為電子會和正離子碰撞，故速度不會無限增加。

考慮電荷通過一截面，如圖 18.1，電流（current）為電荷通過截面的流率。若在時間 Δt 內，通過此截面的淨電荷為 ΔQ，定義平均電流為

$$I_{\text{avg}} \equiv \frac{\Delta Q}{\Delta t} \quad \left(\text{ampere；A}\right) \qquad [\mathbf{18.1}]$$

若不為穩態電流，則瞬時電流為

$$I \equiv \frac{dQ}{dt} \quad \left(\text{ampere；A}\right) \qquad [\mathbf{18.2}]$$

電流與電子流的方向相反。正電粒子往一方向的移動（圖 18.1a），等價為負電粒子往相反方向移動（圖 18.1b）。雖然在金屬中移動的是電子，但習慣上取正電荷的移動方向為電流方向。此電流方向有一優點，電流是由高電位流向低電位，類似於水往低處流。

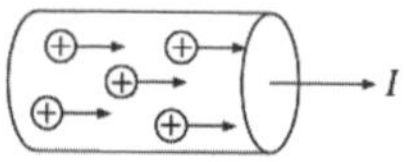

圖 18.1a 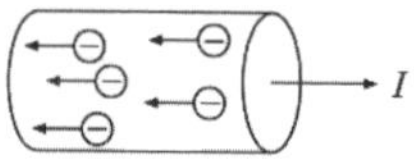　　　　　圖 18.1b

考慮一截面積 A 且長度 ℓ 的導線，電量 q 的載子以平均速率 v_{d} 移

動，如圖 18.2。若 n 為電荷載子密度（單位體積的電荷載子數），則此段導線內的總電量為 $\Delta Q = n(A\ell)q$。這些載子會在時間 $\Delta t = \ell/v_d$ 內通過截面，故電流為

$$I = \frac{\Delta Q}{\Delta t} = \frac{n(A\ell)q}{\ell/v_d} = nAqv_d \qquad [18.3]$$

平均速率 v_d 稱為漂移速率（drift speed）。漂移速度類似於落下物體的終端速度。定義電流密度（current density）為每單位面積的電流：

$$J \equiv \frac{I}{A} \quad (A/m^2) \qquad [18.4]$$

由 [18.3]，得

$$\mathbf{J} = nq\mathbf{v}_d \qquad [18.5]$$

此式僅成立於均勻的電流密度，且截面和電流方向垂直。電流為宏觀尺度下的純量，而電流密度為微觀尺度下的向量。

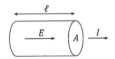

圖 18.2

例題 18.1

一截面積 0.03 cm² 的銅線載有 10 A 的電流，求電子的漂移速度。（銅的質量密度 $\rho = 8.9 \times 10^3$ kg/m³ 且莫耳質量 $M = 63.5 \times 10^{-3}$ kg/mol）

解：由 [18.3]，需先求出載子電荷密度 n。每個銅原子會貢獻一個自由電子，故載子電荷密度等於原子的數量密度（單位體積的原子數）。若原子量為 m（$= M/N_A$）且原子數為 N，則質量密度 $\rho = Nm/V$。數量密度為

$$n = \frac{N}{V} = \frac{\rho}{m} = \frac{\rho N_A}{M}$$

由 [18.3]，漂移速度的大小為

$$v_{\mathrm{d}} = \frac{I}{nAe} = \frac{M}{\rho N_{\mathrm{A}}} \frac{I}{Ae}$$

代入數值，得 $v_{\mathrm{d}} = 2.47 \times 10^{-4}$ m/s。可知漂移速度非常緩慢。

18-2　電阻和歐姆定律

　　導線內的電場會使電子以漂移速度移動。漂移速度正比於導線內的電場，$\mathbf{v}_{\mathrm{d}} \propto \mathbf{E}$。由 [18.5] 可知 $\mathbf{J} \propto \mathbf{v}_{\mathrm{d}}$，故 $\mathbf{J} \propto \mathbf{E}$。$\mathbf{J}$ 和 $\mathbf{E}$ 之間的關係為

$$\mathbf{J} = \frac{1}{\rho}\mathbf{E} = \sigma\mathbf{E} \qquad\qquad [18.6]$$

其中 ρ（$\Omega \cdot \mathrm{m}$）稱為電阻率（resistivity），電阻率的倒數 $\sigma = 1/\rho$ 為電導率（conductivity）。電阻率為材料本身的性質。良導體具有低電阻率（高電導率）。

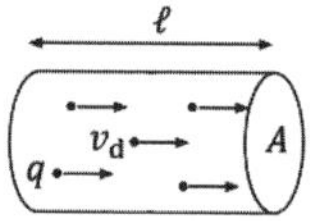

圖 18.3

　　考慮一長度 ℓ 且截面積 A 的導線，如圖 18.3。導線二端的電位差 V 會在導線內產生電場和電流。定義導體的電阻 R（resistance）為電位差和電流的比值：

$$R \equiv \frac{V}{I} \qquad \left(\mathrm{ohm} ; \Omega\right) \qquad\qquad [18.7]$$

電位差和電場之間的關係式為 $V = E\ell$，由 [18.4] 和 [18.6]，得

$$\frac{I}{A} = \frac{E}{\rho} = \frac{V/\ell}{\rho}$$

$$\Rightarrow \qquad R = \frac{V}{I} = \frac{\rho\ell}{A} \qquad\qquad [18.8]$$

電阻與長度成正比,與截面積成反比。

將電阻的定義 [18.7] 改寫為

$$V = IR \qquad\qquad \mathbf{[18.9]}$$

此式稱為歐姆定律 (Ohm's law),是由歐姆 (Georg Simon Ohm) 於 1827 年所得到。由於 V 和 I 為宏觀量,故方程式 $V = IR$ 稱為歐姆定律的宏觀式。關係式 $\mathbf{J} = \sigma\mathbf{E}$ 稱為歐姆定律的微觀式。

材料的電阻率通常與溫度有關。以參考溫度 T_0 下的電阻率 ρ_0 來表示溫度 T 下的電阻率 ρ:

$$\rho = \rho_0[1 + \alpha(T - T_0)] \qquad\qquad [18.10]$$

其中 α 為電阻率的溫度係數 (temperature coefficient of resistivity)。因為電阻和電阻率成正比,故

$$R = R_0[1 + \alpha(T - T_0)] \qquad\qquad [18.11]$$

其中 R_0 為溫度 T_0 下的電阻。

18-3 電功率

當一正電荷 q 通過電位差 V 的電池,電位能會增加 qV。電功率 P (electrical power) 為

$$P = \frac{dU}{dt} = \frac{d(qV)}{dt}$$

$$\Rightarrow \qquad P = IV \qquad\qquad \mathbf{[18.12]}$$

考慮圖 18.4 中的電路,電荷通過電阻 R 的電阻器。由於電子和原子的碰撞,電位能會損失而轉換為熱能。利用 $V = IR$,可將電功率表示為

$$P = I^2R = \frac{V^2}{R} \qquad (W) \qquad\qquad \mathbf{[18.13]}$$

圖 18.4

18-4　克希荷夫規則

　　當電流的方向不變，稱為直流電（direct current；DC）。當接上電池之類的元件時，非靜電力會對電荷 q 作功 W，使之繞一封閉迴路運動。定義電動勢 $\mathcal{E}$（electromotive force；emf）為

$$\mathcal{E} \equiv \frac{W}{q} \quad \text{(V)} \qquad \textbf{[18.14]}$$

電動勢不是力，而是電壓。

　　克希荷夫規則（Kirchhoff's rules）可幫助我們分析電路，其是由克希荷夫（Gustav R. Kirchhoff）提出。節點規則（junction rule）：

$$\sum I = 0 \qquad \textbf{[18.15]}$$

進入一節點的電流會等於離開的電流。節點規則為電荷守恆的結果。進入和離開節點的電流的正負號相反。例如，在圖 18.5 的情況可寫為 $I_1 + I_2 - I_3 = 0$。

　　迴路規則（loop rule）：

$$\sum V = 0 \qquad \textbf{[18.16]}$$

封閉迴路的電位變化為零。迴路規則是能量守恆的結果。應用迴路規則時，所取的方向會決定電位升或電位降，如圖 18.6。由於正極的電位比負極高，故

$$V_{ba} = V_b - V_a = +\mathcal{E}$$

當單位正電荷由 a 至 b，電動勢源會將化學能轉換為電位能，使電荷的電位增加 $+\mathcal{E}$。由於電流是由高電位流至低電位，故通過電阻器的電位變化為

$$V_{dc} = V_d - V_c = -IR$$

通過電阻器時，碰撞會使電位能轉換為熱能，故有電位降 $-IR$。圖 18.6a 中，取順時針方向，由迴路規則可得

$$\mathcal{E} - IR = 0$$

圖 18.6b 中，取逆時針方向。由於與電流的方向相反，故通過電阻器的電位變化為 $+IR$；正極至負極的電位變化為 $-\mathcal{E}$。可得

$$-\mathcal{E} + IR = 0$$

通過電阻器的電位變化與電流方向有關；通過電動勢的電位變化與正負極有關，而與電流方向無關。

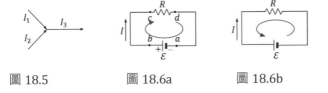

圖 18.5　　　　圖 18.6a　　　　圖 18.6b

例題 18.2

真實的電池內部具有電阻，稱為內電阻（internal resistance）。在圖 18.7 中，將電池視為電動勢 $\mathcal{E}$ 和內電阻器 r 串聯，並假設導線的電阻為零。另連接一電阻器，其電阻 R 稱為負載電阻（load resistance）。求負載電阻 R 消耗的功率。

解：電池的端電壓（terminal voltage）為電池二端的電位差

$$V_{da} = V_d - V_a = \mathcal{E} - Ir \qquad \text{[i]}$$

理想的電池沒有內電阻（$r = 0$），故其端電壓等於電動勢。當電流為零時的端電壓，稱為開路電壓（open-circuit voltage）。由 [i] 可知，電動勢等於開路電壓。

由迴路規則，可得

$$\mathcal{E} - Ir - IR = 0$$
$$\Rightarrow \qquad I\mathcal{E} = I^2R + I^2r$$

$I\mathcal{E}$ 為電池的總功率輸出，I^2R 和 I^2r 分別為負載電阻和內電阻消耗的功率。可求出電流

$$I = \frac{\mathcal{E}}{R + r}$$

若 $R \gg r$，則可忽略 r。電阻 R 消耗的功率為

$$P = I^2R = \frac{\mathcal{E}^2R}{(R + r)^2}$$

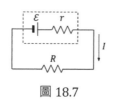

圖 18.7

18-5　電阻器的串聯與並聯

圖 18.8a 中，二個電阻器串聯。在串聯中，離開電阻器 R_1 的電荷量必等於進入 R_2 的電荷量。因此，在給定的時距內，會有相同的電荷量通過二電阻器，且電流會相等：

$$I = I_1 = I_2$$

其中 I 為離開電池的電流，而 I_1 和 I_2 分別為通過 R_1 和 R_2 的電流。通過串聯的電位差 V 為個別電位差之和 $V_1 + V_2$：

$$V = V_1 + V_2$$
$$\Rightarrow \qquad IR_{eq} = I_1R_1 + I_2R_2$$
$$\Rightarrow \qquad R_{eq} = R_1 + R_2$$

其中 R_{eq} 為串聯的等效電阻。當有三個以上的電阻器串聯，則等效電阻為

$$R_{eq} = R_1 + R_2 + R_3 + \cdots \qquad [18.17]$$

電阻器串聯的等效電阻，會大於任何個別電阻。

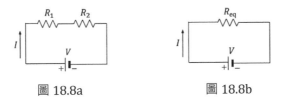

圖 18.8a　　　　　　　　圖 18.8b

圖 18.9a 中，二電阻器並聯。電阻器左側的電位等於節點 a 的電位，右側的電位為節點 b 的電位，故電阻器會有相同的電位差：

$$V = V_1 = V_2$$

由節點規則和歐姆定律，得

$$I = I_1 + I_2$$
$$\Rightarrow \qquad \frac{V}{R_{eq}} = \frac{V_1}{R_1} + \frac{V_2}{R_2}$$
$$\Rightarrow \qquad \frac{1}{R_{eq}} = \frac{1}{R_1} + \frac{1}{R_2}$$

當有三個以上的電阻器並聯，則等效電阻為

$$\frac{1}{R_{eq}} = \frac{1}{R_1} + \frac{1}{R_2} + \frac{1}{R_3} + \cdots \qquad [18.18]$$

電阻器並聯的等效電阻的倒數，會大於任何個別電阻的倒數，故等效電阻必小於任何個別電阻。

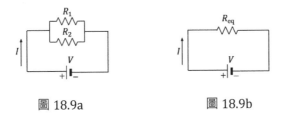

圖 18.9a　　　　　　　　圖 18.9b

例題 18.3

將 $R = 10\ \Omega$ 的五個電阻器以圖 18.10a 的方式連結，試求 a 和 b 之間的等效電阻。

解：可將電路畫成圖 18.10b。由對稱可知，通過中間電阻器的電流為零。令其斷路，如圖 18.10c。因此，等效電阻為

$$R_{\text{eq}} = \left(\frac{1}{2R} + \frac{1}{2R}\right)^{-1} = R = 10\ \Omega$$

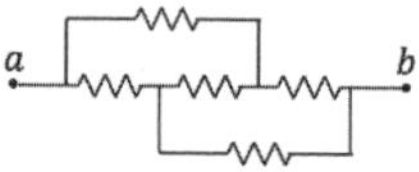

圖 18.10a 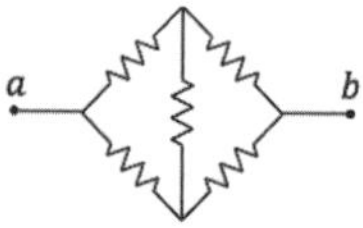　　　　圖 18.10b 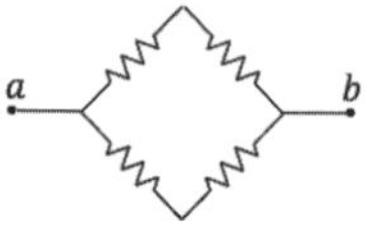　　　　圖 18.10c

例題 18.4

將無窮多個電阻 r 的電阻器以圖 18.11 的方式連接，試求 a 和 b 端之間的電阻。

解：a 和 b 端之間的電阻 R，會等於 a' 和 b' 端之間的電阻 R'；即 $R = R'$。 且電阻 R' 和 r 並聯，再與二個 r 串聯，會等於 R：

$$R = 2r + \frac{R'r}{R' + r} = 2r + \frac{Rr}{R + r}$$
$$\Rightarrow \qquad R = \left(1 + \sqrt{3}\right)r$$

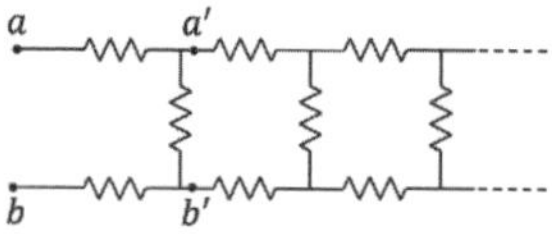

圖 18.11

例題 18.5

部分電路必須以其它方法，而無法以串聯和並聯予以簡化。圖 18.12 的 Y 形電路和 Δ 形電路可互相轉換，試證之。

證：將圖 18.12 修改為圖 18.13。二電路會有相同的等價電阻：

$$R_{3,1} = R_{C,A}$$

$$\Rightarrow \qquad R_3 + R_1 = \frac{R_B(R_A + R_C)}{\sum R_\Delta} \qquad \text{[i]}$$

其中 $\sum R_\Delta = R_A + R_B + R_C$。同理可得

$$R_1 + R_2 = \frac{R_C(R_B + R_A)}{\sum R_\Delta} \qquad \text{[ii]}$$

$$R_2 + R_3 = \frac{R_A(R_B + R_C)}{\sum R_\Delta} \qquad \text{[iii]}$$

若欲將 Δ 形電路變換為 Y 形電路，由 [i] 至 [iii] 可得

$$R_1 = \frac{R_B R_C}{\sum R_\Delta} \quad , \quad R_2 = \frac{R_C R_A}{\sum R_\Delta} \quad , \quad R_3 = \frac{R_A R_B}{\sum R_\Delta}$$

若欲將 Y 形電路變換為 Δ 形電路，則

$$R_A = \frac{\sum R_Y}{R_1} \quad , \quad R_B = \frac{\sum R_Y}{R_2} \quad , \quad R_C = \frac{\sum R_Y}{R_3}$$

其中 $\sum R_Y = R_1 R_2 + R_2 R_3 + R_3 R_1$。

圖 18.12a

圖 18.12b

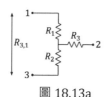

圖 18.13a

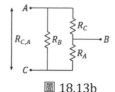

圖 18.13b

18-6 RC 電路

　　當電路中包含電容器，則電流會隨時間而變。圖 18.14 為電阻器和電容器串聯的電路，稱為 RC 電路。在 $t = 0$ 時將開關連接至 a，如圖 18.15，會產生電流並對電容器充電，使左極板帶正電荷，右極板帶負電荷，故右極板的電位較低。由迴路規則，

$$\mathcal{E} - \frac{q}{C} - IR = 0 \qquad\qquad [18.19]$$

在 $t = 0$ 時，電容器上的電荷 $q = 0$，初始電流 $I_0 = \mathcal{E}/R$ 為最大值。當電容器完全充電時，電流為零。將 $I = 0$ 代入 [18.19]，得電容器上最大的電荷 $Q_0 = C\mathcal{E}$。

圖 18.14

　　串聯電路上各處會有相同的電流。將 $I = dq/dt$ 代入 [18.19]，並重新整理，得

$$\frac{dq}{dt} = \frac{\mathcal{E}}{R} - \frac{q}{RC}$$

$$\Rightarrow \qquad \frac{dq}{C\mathcal{E} - q} = \frac{dt}{RC}$$

$$\Rightarrow \qquad -\ln(C\mathcal{E} - q) = \frac{t}{RC} + k$$

其中 k 為積分常數。在 $t = 0$ 時，電容器上的電荷 $q = 0$，故 $k = -\ln(C\mathcal{E})$。上式可寫為

$$-\ln(C\mathcal{E} - q) = \frac{t}{RC} - \ln(C\mathcal{E})$$

$$\Rightarrow \qquad \ln\left(\frac{C\mathcal{E} - q}{C\mathcal{E}}\right) = -\frac{t}{RC}$$

$$\Rightarrow \qquad \frac{C\mathcal{E} - q}{C\mathcal{E}} = e^{-t/RC}$$

$$\Rightarrow \qquad q = C\mathcal{E}\left(1 - e^{-t/RC}\right) = Q_0\left(1 - e^{-t/RC}\right)$$

電容器上的電荷對時間的圖形如圖 18.16a。電流為

$$I = \frac{dq}{dt} = \frac{\mathcal{E}}{R}e^{-t/RC} \qquad\qquad [18.20]$$

電流對時間的圖形如圖 18.16b。在 $t = 0$ 時，會有最大電流 $I_0 = \mathcal{E}/R$。在 [18.20] 中，RC 稱為電路的時間常數（time constant）：

$$\tau = RC \quad \text{(s)} \qquad\qquad \mathbf{[18.21]}$$

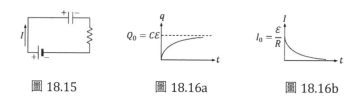

圖 18.15　　　　　　圖 18.16a　　　　　　圖 18.16b

　　當圖 18.15 的電容器完全充電時，通過電容器的電位差為 Q_0/C。將開關切換至 b，如圖 18.17，電容器會開始放電。由迴路規則（順時針），

$$-\frac{q}{C} - IR = 0$$

$$\Rightarrow \qquad \frac{dq}{dt} = -\frac{q}{RC}$$

$$\Rightarrow \qquad \frac{dq}{q} = -\frac{dt}{RC}$$

$$\Rightarrow \qquad \ln q = -\frac{t}{RC} + k$$

在 $t = 0$ 時，電荷 $q = Q_0$，故積分常數 $k = \ln Q_0$。上式可寫為

$$\ln q = -\frac{t}{RC} + \ln Q_0$$

$$\Rightarrow \qquad q = Q_0 e^{-t/RC} = Q_0 e^{-t/\tau}$$

電流為

$$I = \frac{dq}{dt} = -\frac{Q_0}{RC} e^{-t/\tau} \qquad [18.22]$$

由於在用迴路規則時假設電流為順時針，故上式的負號表示電流為逆時針。

圖 18.17

習題

1.　將電阻率 ρ 之正圓錐的頂部切掉，二端半徑分別為 a 和 b，且高度為 ℓ，如圖 18.18。若 $a \approx b$，各截面的電流密度可視為均勻，則此電阻器的電阻為何？

圖 18.18

2.　在半徑 R 的導線上，電流密度為

$$J = J_0 \left(1 - \frac{r}{R}\right)$$

其中 J_0 為定值。求電流 I。

3. 二同心球殼的半徑為 a 和 b（$a < b$），其間填滿電阻率 ρ 的導電材料。試證二球殼之間的電阻為

$$R = \frac{\rho}{4\pi}\left(\frac{1}{a} - \frac{1}{b}\right)$$

4. 將 n 個電池並聯，再與一負載電阻 R 串聯。若電池的電動勢為 ε 且內電阻 r，求通過電阻 R 的電流。

5. 一均勻電阻率 ρ 且半徑 R 的球體，將其二側磨成平行的等大平面，如圖 18.19。若平面之間的距離為 $2D$，則它們之間的電阻為何？

圖 18.19

6. 若圖 18.20 中的電阻可變，求電池的（a）最大功率；（b）最小功率。

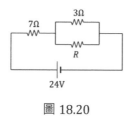

圖 18.20

7. 將六個相等電阻 R 以圖 18.21 的方式連接，求任二節點之間的等效電阻。

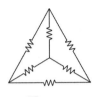

圖 18.21

8.　圖 18.22 中的電阻均為 1Ω，求連接中心與任一節點之間的等效電阻。

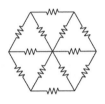

圖 18.22

9.　在圖 18.23 的立方體上，十二個電阻均為 R。求 (a) 立方體的對角之間；(b) 同一平面上對角之間；(c) 相鄰二角之間的等效電阻。

圖 18.23

第 19 章　磁場

19-1　磁場

　　對運動的電荷，周圍除了電場外，還包含磁場 **B**。磁場的方向為磁針所指的方向。如同電場，我們以磁場線表示磁場。磁鐵外部的磁場線是由北極指向南極，如圖 19.1。場強正比於垂直通過單位面積的場線數，故 **B** 亦稱為磁通密度（magnetic flux density）。

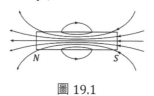

圖 19.1

　　由於不存在孤立磁極，故不能以電場的定義 $E = F/q$ 的方式來定義磁場。一電量 q 的質點以速度 **v** 在磁場 **B** 中運動，實驗發現：

1.　質點受到的磁力大小 F，正比於電量 q 和速率 v，$F \propto qv$。
2.　正負電荷所受到的磁力方向相反。
3.　若質點速度 **v** 與磁場 **B** 之間的角度為 θ，發現 $F \propto \sin\theta$。
4.　磁力 **F** 的方向，垂直於 **v** 和 **B** 所形成的平面，如圖 19.2。

磁力顯然亦正比於磁場 **B**，並由以上結果的前三項，得

$$F = qvB \sin\theta$$

再利用外積，將第四個結果併入，

$$\mathbf{F} = q\mathbf{v}\times\mathbf{B} \qquad\qquad [19.1]$$

此式為磁場的操作型定義；即以運動的帶電粒子來定義磁場。由於磁力垂直於速度，故磁力不作功且不改變質點的動能。

　　磁場 **B** 的 SI 單位為特斯拉（tesla；T）。由於特斯拉是很大的單位，通

常以高斯（gauss；G）為（非 SI）單位，二者的轉換為

$$1 \text{ T} = 10^4 \text{ G}$$

圖 19.2a   圖 19.2b

19-2 帶電粒子在磁場中的運動

圖 19.3 中，帶電粒子以初速 **v** 垂直於均勻磁場 **B** 運動。粒子會受到磁力 $F = qvB$，而作半徑 r 之等速圓周運動。若粒子帶正電，則會作逆時針運動；反之，則會作順時針運動。由牛頓第二定律，

$$qvB = \frac{mv^2}{r} \Rightarrow \quad r = \frac{mv}{qB}$$

而軌道週期 T 為

$$T = \frac{2\pi r}{v} = \frac{2\pi m}{qB} \qquad [19.2]$$

由 [19.2] 可知，週期與速率和半徑無關，且具有相同荷質比 m/q 的粒子，會有相同的週期。

當一區域中同時有電場和磁場，則粒子受到的合力

$$\mathbf{F} = q(\mathbf{E} + \mathbf{v} \times \mathbf{B}) \qquad [19.3]$$

稱為勞倫茲力（Lorentz force）。

圖 19.3

例題 19.1 速度選擇器（velocity selector）

圖 19.4 中，電場 $\mathbf{E} = -E\,\hat{\mathbf{j}}$ 和磁場 $\mathbf{B} = -B\,\hat{\mathbf{k}}$ 互相垂直。假定一電量 $+q$ 的粒子以初速 $\mathbf{v} = v\,\hat{\mathbf{i}}$ 進入此區域。若粒子通過此區域而無偏折，試求其速率。

解：在此區域中，粒子會受到電力 $\mathbf{F}_E = -qE\,\hat{\mathbf{j}}$ 和磁力 $\mathbf{F}_B = qvB\,\hat{\mathbf{j}}$。當合力 $\mathbf{F} = \mathbf{F}_E + \mathbf{F}_B$ 為零，粒子不會偏折：

$$-qE + qvB = 0 \quad \Rightarrow \quad v = \frac{E}{B} \qquad [19.4]$$

當一群帶電粒子通過此區域時，只有速率 $v = E/B$ 的粒子不會偏折，可用來測量或選擇帶電粒子的速度。

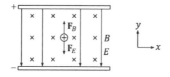

圖 19.4

例題 19.2 質譜儀（mass spectrometer）

圖 19.5 中，質譜儀依荷質比的不同而分離帶電粒子。以狹縫 S_1 和 S_2 將離子束準直射入一速度選擇器（電場 E 且磁場 B_1），再進入一均勻磁場 B_2 中（與速度選擇器的磁場方向相同）。離子會作半徑 r 之圓周運動，再撞擊至探測器上。試求離子的荷質比 m/q。

解：由 [19.4]，只有速率 $v = E/B_1$ 的粒子能通過速度選擇器。進入磁場 B_2 後，若離子帶正電荷，則離子束會往左偏折；反之，則會往右偏折。由牛頓第二定律，並利用 [19.4]，可得荷質比：

$$qvB_2 = \frac{mv^2}{r}$$

$$\Rightarrow \qquad \frac{m}{q} = \frac{B_2 r}{v} = \frac{B_1 B_2}{E} r$$

由於電場和磁場為已知，藉由測量半徑 r，可以測定 m/q。

　　一給定的同位素（isotope）（化學性質相同但質量不同）通過後，會因質量的不同而有不同的半徑。即使不知道 q，也能測定質量比。

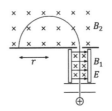

圖 19.5

例題 19.3 螺線運動

一電量 q 且質量 m 的帶電粒子以速度 **v** 進入均勻磁場 **B** 中，且速度不垂直於磁場，如圖 19.6。平行於磁場的速度分量為 $v_\parallel$，而垂直於磁場的分量為 $v_\perp = \left(v_x^2 + v_y^2\right)^{1/2}$。試求此帶電粒子在磁場中的運動。

解：速度的垂直分量會產生磁力 $F = qv_\perp B$，使之作圓周運動（路徑在 xy 平面上的投影為圓形）；而平行分量則不受磁力，粒子會沿著磁場作等速運動（路徑在 xz 和 yz 平面上的投影為正弦）。此二運動會得到螺旋運動。粒子在一個週期 T 的位移大小稱為螺距 d（pitch）：

$$d = v_\parallel T = v_\parallel \frac{2\pi m}{qB}$$

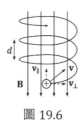

圖 19.6

例題 19.4

一均勻磁場 B 垂直離開紙面，而有一質量 m 且電量 e 的質子以速率 v 進入磁場，並與磁場邊緣夾 45° 角，如圖 19.7a。求質子在磁場內所受到的平均力。

解：平均力為 $F = \Delta p/\Delta t$，故先求出動量變化 Δp 和在磁場中停留的時間 Δt。先求出週期 T：

$$evB = \frac{mv^2}{r}$$
$$\Rightarrow \qquad r = \frac{mv}{eB}$$
$$\Rightarrow \qquad T = \frac{2\pi r}{v} = \frac{2\pi m}{eB}$$

圖中圓弧只有完整圓的 $1/4$，故在磁場中停留的時間 Δt 只有週期 T 的 $1/4$：

$$\Delta t = \frac{1}{4}T = \frac{\pi m}{2eB}$$

由圖 19.7b，質子的動量變化為

$$\Delta p = \sqrt{2}mv$$

故平均力為

$$F = \frac{\Delta p}{\Delta t} = \frac{2\sqrt{2}eBv}{\pi}$$

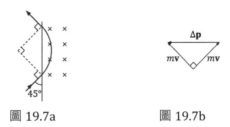

圖 19.7a   圖 19.7b

19-3 載流導體受到的磁力

考慮一長度 ℓ 且截面積 A 的長直導線，導線上的電流垂直於均勻磁場。在此長度內的電子數為 $nA\ell$，其中 n 為電荷密度（單位體積的傳導電子數）。由 [19.1]，每個電子受到的磁力為 $-e\mathbf{v}_d\times\mathbf{B}$；因此，淨磁力為

$$\mathbf{F} = (nA\ell)(-e\mathbf{v}_d\times\mathbf{B})$$

由 [18.3]，電流 $I = nAe v_d$，故可將上式表示為

$$\mathbf{F} = I\boldsymbol{\ell}\times\mathbf{B} \qquad\qquad [19.5]$$

其中向量 $\boldsymbol{\ell}$ 的大小為導線的長度 ℓ，方向為電流的方向。當導線與磁場垂直時，磁力為極大值；當導線和磁場平行時，磁力為零。

[19.5] 只成立於均勻磁場中的直導線。若導線彎曲或磁場不均勻，則線元受到的磁力為 $d\mathbf{F} = I\,d\boldsymbol{\ell}\times\mathbf{B}$，且其向量和（積分）為導線受力：

$$\mathbf{F} = I\int_a^b d\boldsymbol{\ell}\times\mathbf{B} \qquad\qquad [19.6]$$

其中 a 和 b 為導線的二端點。

例題 19.5 有效長度

一半徑 R 之半圓形導線載有電流 I，且一均勻磁場 B 垂直進入紙面，如圖 19.8a。試求導線所受到的力。

解：長度 $d\ell = R\,d\theta$ 之線元所受到的磁力為 $dF = IB\,d\ell$。由對稱可知，磁力的 x 分量會被抵消。磁力的 y 分量為

$$dF_y = dF \sin\theta = I(R\,d\theta)B\sin\theta$$

$$\Rightarrow \qquad F_y = IRB\int_0^\pi \sin\theta\,d\theta = 2IRB$$

恰等於長度 $2R$ 之直導線所受到的磁力。事實上，任何形狀之導線所受到的磁力，等於連接導線二端之直線所受到的磁力，如圖 19.8b。在均勻磁場中，封閉載流迴路所受到的淨力為零。

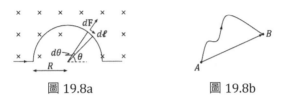

圖 19.8a   圖 19.8b

19-4 電流迴路受到的力矩

考慮一載有電流 I 的矩形迴路（邊長 a 和 b）可對垂直軸旋轉，如圖 19.9a。在 1 和 3 處的導線所受到的磁力不會貢獻力矩。由 [19.5]，2 和 4 處的導線所受到的磁力 $\mathbf{F}_2$ 和 $\mathbf{F}_4$ 等大反向：

$$\mathbf{F}_2 = I\left(-a\,\hat{\mathbf{k}}\right)\times(B\hat{\mathbf{i}}) = -IaB\,\hat{\mathbf{j}}$$

$$\mathbf{F}_4 = I\left(a\,\hat{\mathbf{k}}\right)\times(B\hat{\mathbf{i}}) = IaB\,\hat{\mathbf{j}}$$

迴路受力如圖 19.9b，會作順時針旋轉。假定均勻迴路面的法線和磁場之間的夾角為 θ，則對轉軸的淨力矩大小為

$$\tau = F_2\frac{b}{2}\sin\theta + F_4\frac{b}{2}\sin\theta$$

$$= IabB\sin\theta$$

$$= IAB\sin\theta$$

其中 $A = ab$ 為迴路面積。

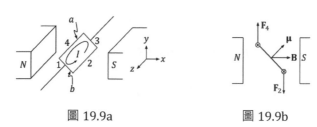

圖 19.9a　　　　　　　　圖 19.9b

　　電流迴路為一磁偶極（magnetic dipole）。以向量來表示迴路在均勻磁場 **B** 中受到的力矩：

$$\boldsymbol{\tau} = I\mathbf{A}\times\mathbf{B} \tag{19.7}$$

其中向量 $A = A\,\hat{\mathbf{n}}$ 的大小 A 為迴路面積，方向 $\hat{\mathbf{n}}$ 以右手定則決定。圖 19.10 中，當右手手指彎向迴路的電流方向時，則大拇指為 **A** 的方向。

圖 19.10

　　定義 $I\mathbf{A}$ 為磁偶極矩 $\boldsymbol{\mu}$（magnetic dipole moment），簡稱為磁矩（magnetic moment）：

$$\boldsymbol{\mu} \equiv I\mathbf{A} \quad (\mathrm{A\cdot m^2}) \tag{19.8}$$

若一線圈為相同面積的 N 匝平面迴路，則此線圈的磁矩為 $\boldsymbol{\mu} = NI\mathbf{A}$。以磁矩表示電流迴路在均勻磁場 **B** 中受到的力矩，

$$\boldsymbol{\tau} = \boldsymbol{\mu}\times\mathbf{B} \tag{19.9}$$

此結果類似於電偶極在電場 **E** 中受到的力矩 [16.16]，$\boldsymbol{\tau} = \mathbf{p}\times\mathbf{E}$。雖然是以矩形迴路推導，但 [19.9] 對任何形狀的迴路均成立。

　　磁偶極在磁場中的位能為

$$U = -\boldsymbol{\mu}\cdot\mathbf{B} \tag{19.10}$$

與電偶極在電場中的位能 $U = -\mathbf{p} \cdot \mathbf{E}$ 相似。當 μ 和 B 之間的夾角為90°時，取位能 $U = 0$。當 μ 和 B 同向時，會有最小位能 $U_{\min} = -\mu B$；當 μ 和 B 反向時，會有最大位能 $U_{\max} = +\mu B$。

例題 19.6

在均勻磁場 $\mathbf{B} = 0.5\ \hat{\mathbf{j}}$ 中，有一 10 匝之方形迴路，其邊長為 10 cm 並載有電流 $I = 2$ A，如圖 19.11a。迴路的法線與磁場夾 37° 角。試求（a）磁矩；（b）迴路所受到的力矩；（c）將迴路由最低能量的位置旋轉至給定取向所需做的功。

解：（a）由圖 19.11b，磁矩為

$$\boldsymbol{\mu} = NIA\ \hat{\mathbf{n}} = 10 \times 2 \times 0.1^2 \times (-\sin 37°\ \hat{\mathbf{i}} + \cos 37°\ \hat{\mathbf{j}})$$
$$= -0.12\ \hat{\mathbf{i}} + 0.16\ \hat{\mathbf{j}} \quad \text{A} \cdot \text{m}^2$$

（b）由 [19.9]，力矩為

$$\boldsymbol{\tau} = \boldsymbol{\mu} \times \mathbf{B} = (-0.12\ \hat{\mathbf{i}} + 0.16\ \hat{\mathbf{j}}) \times (0.5\ \hat{\mathbf{j}})$$
$$= -0.06\ \hat{\mathbf{k}} \quad \text{N} \cdot \text{m}$$

（c）迴路的位能為 $U = -\mu B \cos\theta$，其中 $\mu = NIA = 0.2$ A·m^2 且 $B = 0.5$ T。最低位能的位置為 $\theta = 0$。因此，所需作的外功為

$$W_{\text{ext}} = +\Delta U = U_f - U_i$$
$$= (-\mu B \cos 37°) - (-\mu B \cos 0°)$$
$$= 0.02\ \text{J}$$

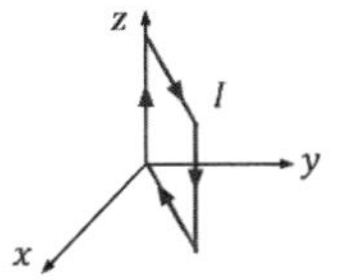

圖 19.11a 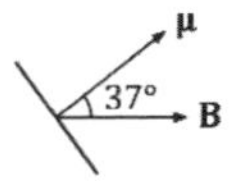　　　　圖 19.11b

---

例題 19.7

在波耳的氫原子模型中，電子繞質子作圓周運動。試求磁矩和角動量之間的

關係。

解：設電子的軌道半徑 r 且速率 v。電流 $I = e/T$，其中 $T = 2\pi r/v$ 為週期。此電流迴路的磁矩為

$$\mu = IA = \left(\frac{ev}{2\pi r}\right)\pi r^2 = \frac{evr}{2}$$

將角動量 $L = mvr$ 代入，並以向量表示

$$\boldsymbol{\mu} = -\frac{e}{2m}\mathbf{L}$$

19-5 霍爾效應

　　霍爾（Edwin H. Hall）於 1879 年觀察到，當載流導體置於磁場中時，導體上會產生電位差，此現象稱為霍爾效應（Hall effect）。考慮一寬度 w 且厚度 t 的導體板，如圖 19.12。電流 I 沿著 x 方向，均勻磁場 B 沿著 y 方向。若電荷載子為正電荷，並往 $+x$ 方向移動，則會受到向上的磁力，使上方帶正電而下方帶負電，如圖 19.12a。若電荷載子為負電荷，並往 $-x$ 方向運動，則會受到向上的磁力，使上方帶負電而下方帶正電，如圖 19.12b。

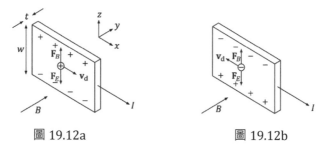

圖 19.12a　　　　　　　　　圖 19.12b

　　磁力會使電荷分離，隨著累積的電荷增加，電場也跟著增加。當平衡時（向上的磁力等於向下的電力），電荷不再累積，此時的電場 E_H 稱為霍爾電場（Hall field）：

$$F_E = F_B$$
$$\Rightarrow \qquad qE_{\mathrm{H}} = qv_{\mathrm{d}}B$$
$$\Rightarrow \qquad E_{\mathrm{H}} = v_{\mathrm{d}}B \qquad\qquad [19.11]$$

霍爾電壓 V_{H}（Hall voltage）為上下二端之間的電位差：

$$V_{\mathrm{H}} = E_{\mathrm{H}}w = v_{\mathrm{d}}Bw \qquad\qquad [19.12]$$

圖 19.13 中，以伏特計測量霍爾電壓。若 w 和 B 為已知，則測量霍爾電壓就可求出漂移速率。因為正和負電荷載子所產生的霍爾電壓的極性相反，可藉由測量霍爾電壓的極性，得知電荷載子的電性。

藉由測量電流，可以得到電荷載子密度 n。由 [18.3]，$I = nqv_{\mathrm{d}}A$，其中 $A = wt$ 為截面積。將 $v_{\mathrm{d}} = I/nqwt$ 代入 [19.12]，得

$$V_{\mathrm{H}} = \frac{IB}{nqt} = \frac{R_{\mathrm{H}}IB}{t} \qquad\qquad [19.13]$$

其中 $R_{\mathrm{H}} = 1/nq$ 為霍爾係數（Hall coefficient）。

圖 19.13

習題

1. 在斜角 θ 的軌道上，有一長 L 且質量 m 之導線，如圖 19.14。若有一鉛直向下的均勻磁場 B，電流為何值才可使導線靜止？

圖 19.14

2. 在 $x = 0$ 至 $x = d$ 之間有一進入紙面的均勻磁場 B，如圖 19.15，一

質量 m 且電荷 q 的粒子以速率 v 進入此磁場。若進入和離開磁場時，運動方向均與 x 軸夾 θ 角，試求 $\sin\theta$。

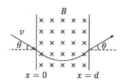

圖 19.15

3. 一質量 m 且電量 $-e$ 之電子，以動量 p 進入均勻磁場 B 內，且其速度與磁場夾 $53°$ 角，試求 (a) 螺線半徑 ;(b) 螺距。

4. 在圖 19.16 的迴路載有電流 I，試求其磁矩。

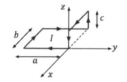

圖 19.16

5. 圖 19.17 為邊長 a 的立方體，其上載有電流 I，試求其磁矩。

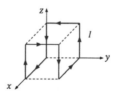

圖 19.17

第 20 章 電流的磁效應

20-1 必歐沙伐定律

厄斯特（Oersted）於 1819 年發現載流導體會使磁針偏轉，證明載流導體會產生磁場。不久後，必歐（Jean-Baptiste Biot）和沙伐（Félix Savart）以實驗得到電流所產生的磁場的數學表示式。一電流 I 的導線的線元 $d\ell$，在一點 P 會產生磁場 $d\mathbf{B}$。實驗觀察到以下關係：

1. 磁場 $d\mathbf{B}$ 垂直於 $d\ell$（其方向為電流的方向）和單位向量 $\hat{\mathbf{r}}$（由 $d\ell$ 指向 P 點）。

2. 磁場 $d\mathbf{B}$ 的大小與 r^2 成反比，其中 r 為 $d\ell$ 至 P 的距離。

3. 磁場 $d\mathbf{B}$ 的大小與正比於電流 I 和線元長度 $d\ell$。

4. 磁場 $d\mathbf{B}$ 的大小與正比於 $\sin\theta$，其中 θ 為向量 $d\ell$ 和 $\hat{\mathbf{r}}$ 之間的夾角。

將這些結果總結為必歐沙伐定律（Biot-Savart law）：

$$d\mathbf{B} = \frac{\mu_0 I}{4\pi} \frac{d\ell \times \hat{\mathbf{r}}}{r^2} \qquad [20.1]$$

其中真空中的磁導率 μ_0（permeability）為

$$\mu_0 = 4\pi \times 10^{-7} \qquad \text{T} \cdot \text{m/A} \qquad [20.2]$$

[20.1] 為線元 $d\ell$ 在某一點上所產生的磁場。有限長度的電流在某一點上所產生的磁場，為 [20.1] 的積分：

$$\mathbf{B} = \frac{\mu_0 I}{4\pi} \int \frac{d\ell \times \hat{\mathbf{r}}}{r^2} \qquad [20.3]$$

雖然必歐沙伐定律是對載流導線作討論，但對電荷流（如電子束）亦成立。

圖 20.1 為無限長直載流導線的磁場，磁場線是以導線為圓心的同心圓，並在垂直於導線的平面上。將 $\theta_1 = -\pi/2$ 和 $\theta_2 = +\pi/2$ 代入例題 20.1 的結果，得磁場大小

$$B = \frac{\mu_0 I}{2\pi R} \qquad\qquad [\mathbf{20.4}]$$

磁場方向是由右手定則所決定。

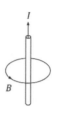

圖 20.1

例題 20.1 長直導線的磁場

一載有電流 I 的長直導線，如圖 20.2，試求與導線相距 R 處的 P 點的磁場。

解：考慮與 P 點相距 r 的線元 $d\boldsymbol{\ell}$，此線元會產生離開紙面的磁場。取O 點為原點，並令 P 點在 y 軸上。計算外積

$$d\boldsymbol{\ell} \times \hat{\mathbf{r}} = \sin\left(\frac{\pi}{2} - \theta\right) dx \ \hat{\mathbf{k}} = \cos\theta \, dx \ \hat{\mathbf{k}}$$

其中 $\hat{\mathbf{k}}$ 為離開紙面的單位向量。代入必歐沙伐定律 [20.1]，磁場大小為

$$dB = \frac{\mu_0 I}{4\pi} \frac{\cos\theta \, dx}{r^2} = \frac{\mu_0 I}{4\pi} \frac{\cos\theta \, dx}{(R\sec\theta)^2} \qquad\qquad [\text{i}]$$

由幾何，

$$x = R\tan\theta$$

$$\Rightarrow \qquad\qquad dx = R\sec^2\theta \, d\theta \qquad\qquad [\text{ii}]$$

將 [ii] 代入 [i]，得

$$dB = \frac{\mu_0 I}{4\pi R} \cos\theta \, d\theta$$

$$\Rightarrow \quad B = \frac{\mu_0 I}{4\pi R} \int_{\theta_1}^{\theta_2} \cos\theta \, d\theta = \frac{\mu_0 I}{4\pi R}(\sin\theta_2 - \sin\theta_1)$$

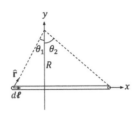

圖 20.2

例題 20.2 圓形導線的磁場

圖 20.3 中，一導線的圓弧半徑為 R 且所張的角度為 θ，而直線部分通過圓心。計算載流導線在 O 點產生的磁場。

解：直線部分不會在 O 點產生的磁場。由 [20.1]，可求出在 O 點產生的磁場：

$$dB = \frac{\mu_0 I}{4\pi} \frac{|d\boldsymbol{\ell} \times \hat{\mathbf{r}}|}{R^2} = \frac{\mu_0 I}{4\pi} \frac{d\ell}{R^2}$$

$$\Rightarrow \quad B = \frac{\mu_0 I}{4\pi R^2} \int d\ell = \frac{\mu_0 I}{4\pi R^2}(R\theta) = \frac{\mu_0 I}{4\pi R}\theta$$

磁場進入紙面。當 $\theta = 2\pi$，圓心的磁場為

$$B = \frac{\mu_0 I}{2R} \tag{20.5}$$

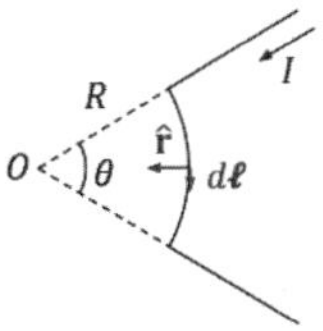

圖 20.3

例題 20.3

考慮一半徑 a 之圓形迴路載有電流 I，迴路在 xy 平面上，並以原點為圓心，如圖 20.4。計算 z 軸上的磁場。

解：線元 $d\boldsymbol{\ell}$ 和向量 $\hat{\mathbf{r}}$ 垂直，故 $|d\boldsymbol{\ell} \times \hat{\mathbf{r}}| = d\ell$。代入 [20.1]，得

$$dB = \frac{\mu_0 I}{4\pi} \frac{|d\boldsymbol{\ell} \times \hat{\mathbf{r}}|}{r^2} = \frac{\mu_0 I}{4\pi} \frac{d\ell}{r^2} = \frac{\mu_0 I}{4\pi} \frac{d\ell}{a^2 + z^2}$$

由圖可知，線元 $d\boldsymbol{\ell}$ 貢獻的磁場可分為二個分量：$d\mathbf{B}_\perp$ 和 $d\mathbf{B}_z$。由於迴路對稱，故垂直分量 $\mathbf{B}_\perp$ 會被抵消，而只有平行分量 $\mathbf{B}_z$：

$$dB_z = \frac{\mu_0 I}{4\pi} \frac{d\ell}{a^2 + z^2} \cos\theta = \frac{\mu_0 I}{4\pi} \frac{d\ell}{a^2 + z^2} \frac{a}{(a^2 + z^2)^{1/2}}$$

$$= \frac{\mu_0 I}{4\pi} \frac{a}{(a^2 + z^2)^{3/2}} d\ell$$

$$\Rightarrow \qquad B_z = \frac{\mu_0 I}{4\pi} \frac{a}{(a^2 + z^2)^{3/2}} \oint d\ell = \frac{\mu_0 I}{4\pi} \frac{a}{(a^2 + z^2)^{3/2}} 2\pi a$$

$$\Rightarrow \qquad B_z = \frac{\mu_0 I a^2}{2(a^2 + z^2)^{3/2}}$$

在 $z = 0$ 的特例下，得 $B = \mu_0 I / 2a$，與 [20.5] 相同。而在 $z \gg a$ 的特例下，得

$$B_z \approx \frac{\mu_0 I a^2}{2z^3} = \frac{2k'\mu}{z^3}$$

其中 $k' = \mu_0/4\pi$，而迴路的磁偶極矩大小 μ 的定義為，電流和迴路面積的乘積 $\mu = I(\pi a^2)$。此結果類似於，電偶極所產生的遠場[16.18]，

$$E = \frac{2kp}{r^3}$$

其中 $p = 2qa$ 為電偶極矩。此形式的相似性，使我們將電流迴路視為磁偶極。

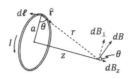

圖 20.4

20-2 平行導線間的磁力

在 19-3 節，外磁場中的載流導體會受到磁力。因為電流會產生磁場，故二載流導體間會有磁力作用。圖 20.5 中，相距 a 的二平行長直導線，分別載有同向的電流 I_1 和 I_2。由 [19.5]，長度 ℓ 的導線 1 會受到磁力 $\mathbf{F}_{12} = I_1\boldsymbol{\ell}\times\mathbf{B}_2$，其中為 $\mathbf{B}_2$ 為導線 2 產生的磁場。因為 $\mathbf{B}_2$ 和 $\boldsymbol{\ell}$ 垂直，故 $F_{12} = I_1\ell B_2$。將 [20.4] 代入，

$$F_{12} = I_1\ell B_2 = I_1\ell\left(\frac{\mu_0 I_2}{2\pi a}\right) = \frac{\mu_0 I_1 I_2}{2\pi a}\ell \qquad [20.6]$$

磁力 $\mathbf{F}_{12}$ 的方向指向導線 2。導線 2 會受到等大反向的磁力（$F_B = F_{12} = F_{21}$），這遵守牛頓第三定律。當電流的方向相反，則二導線會互相排斥。由 [20.6]，單位長度受的磁力大小為

$$\frac{F_B}{\ell} = \frac{\mu_0 I_1 I_2}{2\pi a} \qquad [20.7]$$

以此定義電流的 SI 單位：相距 1 m 的二平行長直導線載有相同的電流，當單位長度受到的磁力為 2×10^{-7} N/m 時，定義導線上的電流為 1 安培（ampere；A）。以電流來定義電量的 SI 單位：當導體載有 1 安培的電流時，每秒通過一截面的電量為 1 庫侖（coulomb；C）。

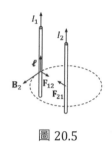

圖 20.5

20-3 安培定律

　　磁場會在導線周圍形成圓形的場線。可發現磁場與電流成正比，與距離成反比，如 [20.4]。

　　考慮一離開紙面的無限長直導線和一安培迴路，如圖 20.6。線元 $d\ell$ 和磁場 $\mathbf{B}$ 的內積為 $\mathbf{B} \cdot d\ell = B\, d\ell$，其中磁場大小為 [20.4]。因此，

$$\oint \mathbf{B} \cdot d\ell = B \oint d\ell = \frac{\mu_0 I}{2\pi r}(2\pi r)$$

可得安培定律（Ampère's law）：

$$\oint \mathbf{B} \cdot d\ell = \mu_0 I \qquad\qquad [20.8]$$

沿著封閉路徑的 $\mathbf{B} \cdot d\ell$ 的線積分，會等於 $\mu_0 I$，其中 I 為通過封閉路徑所包圍的曲面的電流。雖然此結果是由圓形路徑的特例所得到，但任意的形狀的封閉路徑均成立。積分的方向是由右手定則決定：右手大拇指沿著電流方向，其餘四指彎曲的方向為積分方向。

　　安培定律 [20.8] 中 $\mathbf{B}$ 為所有電流所產生的磁場，不是只有路徑所包圍的電流。只有在電流對稱下，才容易計算積分。

圖 20.6

螺線管是將導線纏繞成螺旋狀。當各匝非常緊密，則各匝可近似為圓形迴路。當無限長螺線管載有電流時，內部會產生均勻磁場，且外部磁場近似於零，如圖 20.7。應用安培定律至長度 ℓ 且寬度 w 的矩形路徑，

$$\oint \mathbf{B} \cdot d\boldsymbol{\ell} = \int_a^b \mathbf{B} \cdot d\boldsymbol{\ell} + \int_b^c \mathbf{B} \cdot d\boldsymbol{\ell} + \int_c^d \mathbf{B} \cdot d\boldsymbol{\ell} + \int_d^a \mathbf{B} \cdot d\boldsymbol{\ell}$$

由於路徑 bc 和 da 垂直於內部磁場，且外部磁場為零，故後三項的內積為零。若長度 ℓ 內的匝數為 N，則迴路內的電流為 NI，且安培定律化為

$$B \int_a^b d\ell = \mu_0 NI \qquad \Rightarrow \qquad B = \mu_0 nI \qquad \textbf{[20.9]}$$

其中 $n = N/\ell$ 為單位長度的匝數。

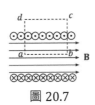

圖 20.7

例題 20.4

半徑 R 的無限長直導線載有電流 I，如圖 20.8a。試計算磁場分佈。

解：由對稱，路徑 1 上有相同的磁場大小，且平行於路徑。由安培定律，可得導線外部的磁場：

$$\oint \mathbf{B} \cdot d\boldsymbol{\ell} = B(2\pi r) = \mu_0 I$$

$$\Rightarrow \qquad B = \frac{\mu_0 I}{2\pi r} \qquad\qquad r > R \qquad\qquad \text{[i]}$$

與 [20.4] 以必歐沙伐定律得到的結果相同。

在導線內部，路徑 2 包圍的電流 $I' = (\pi r^2)J$，其中電流密度

$$J = \frac{I}{\pi R^2}$$

由安培定律，可得導線內部的磁場：

$$B(2\pi r) = \mu_0 I' = \frac{r^2}{R^2}\mu_0 I$$

$$\Rightarrow \qquad B = \frac{\mu_0 I}{2\pi R^2}r \qquad\qquad r < R \qquad\qquad \text{[ii]}$$

在 $r = R$ 處，由 [i] 和 [ii] 所得的磁場均為 $B = \mu_0 I/2\pi R$，故磁場為連續分佈，如圖 20.8b。

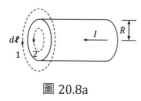

圖 20.8a

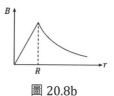

圖 20.8b

例題 20.5 螺線環（toroid）

將導線纏繞在圓環上，如圖 20.9，此裝置稱為螺線環。試求電流 I 之 N 匝螺線環內部的磁場。

解：考慮半徑 r 的安培迴路（圖中虛線），由對稱，迴路上的磁場大小相等，故 $\mathbf{B} \cdot d\boldsymbol{\ell} = B\,d\ell$。通過迴路的總電流為 NI。由安培定律，

$$\oint B\,d\ell = \mu_0 NI$$

$$\Rightarrow \qquad B(2\pi r) = \mu_0 NI$$

$$\Rightarrow \qquad B = \frac{\mu_0 NI}{2\pi r}$$

螺線環內為非均勻磁場，其與 r 成反比。對理想螺線環，外部磁場趨近於零。

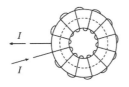

圖 20.9

習題

1. 一正 n 邊形載有電流 I，且恰可被半徑 a 的圓包住，試求中心點的磁場。

2. 一邊長 a 之正方形迴路載有電流 I。(a) 求圖 20.10a 中迴路中心 O 的磁場；(b) 求圖 20.10b 中，迴路軸上距中心 x 處之磁場。

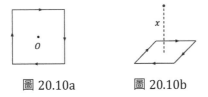

圖 20.10a　　　圖 20.10b

3. 一長 L 寬 W 之矩形迴路載有電流 I，試求中心點的磁場。

4. 二半徑均為 a 之單匝圓形線圈同軸並立，且載有的電流大小 I 和方向相同，二圓心之間的距離等於線圈半徑 a，試求在二圓心中點之磁場。

5. 半徑 R 的導線載有電流，且電流密度為 $J = kr$，其中 k 為常數。試求導線內部的磁場。

6. 外半徑 a 且內半徑 b 之中空圓柱，載有均勻電流 I。證明在 $b < r < a$ 內的電場為

$$B = \frac{\mu_0 I}{2\pi(a^2 - b^2)}\left(\frac{r^2 - b^2}{r}\right)$$

當 $b = 0$ 時，會化為例題 20.4 的 [ii]。

7. 圖 20.11 為半徑 a 的圓柱，且距中心軸 h 處有一半徑 b 的空心圓柱。若有一均勻電流 I 通過此截面，證明在空心圓柱內的磁場為

$$B = \frac{\mu_0 I h}{2\pi(a^2 - b^2)}$$

圖 20.11

8. 半徑 a 的圓柱內有二個直徑 a 的空心圓柱，如圖 20.12。若有一均勻電流 I 通過此截面，求在（a）P_1；（b）P_2 處的磁場。

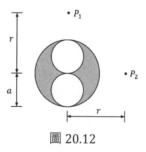

圖 20.12

第 21 章 電磁感應

21-1 磁通量

如同電通量 [15.9]，定義磁通量 Φ_B（magnetic flux）為

$$\Phi_B = \mathbf{B} \cdot \mathbf{A} \qquad \left(\text{weber} ; \text{Wb}\right) \qquad [21.1]$$

若不為平面或磁場不均勻，則磁通量為

$$\Phi_B = \int \mathbf{B} \cdot d\mathbf{A} \qquad [21.2]$$

可取磁場線數等於磁通量。

在 15-3 節，電場線是起於或止於電荷上，且通過封閉曲面的電通量為 [15.12]。然而，磁場線為封閉迴路，進入和離開任一封閉曲面的磁場線數會相等，因此，淨磁通量為零。磁學中的高斯定律為，通過任一封閉曲面的淨磁通量必為零：

$$\oint \mathbf{B} \cdot d\mathbf{A} = 0 \qquad [21.3]$$

這表示不存在孤立磁極。

21-2 法拉第定律和冷次定律

可由一些實驗證明電磁感應（electromagnetic induction）。圖 21.1 中，當磁鐵和迴路之間有相對運動時，迴路上會有電流。當南極朝下，相同的運動方向所產生的電流會與圖中相反。法拉第推論，磁場變化會在迴路上感應出電流，稱為感應電流（induced current）。感應電流的大小和方向，與線圈和磁鐵的相對速度有關。

在圖 21.1 的實驗中，感應電流的產生表示有電動勢的存在，稱為感應

電動勢（induced emf）。沿著任一封閉路徑的感應電動勢，正比於（通過路徑所包圍的曲面的）磁通量時變率：

$$\mathcal{E} \propto \frac{d\Phi_B}{dt} \qquad [21.4]$$

注意，感應電動勢並不局限於特定一點，而是分佈於迴路上。

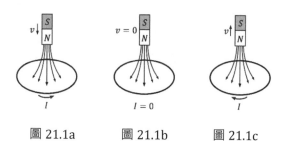

圖 21.1a   圖 21.1b   圖 21.1c

俄國物理學家冷次（Heinrich Lenz）於 1834 年提出冷次定律（Lenz's law）：感應電流所產生的磁場會抵抗磁通量變化。圖 21.2a 中，磁鐵接近會使磁通量增加，感應電流會建立一感應磁場 $\mathbf{B}_{ind}$（與外磁場$\mathbf{B}_{ext}$ 反向），使磁通量減少。在圖 21.2b 中，磁鐵遠離會使磁通量減少，感應電流建立一感應磁場 $\mathbf{B}_{ind}$（與 $\mathbf{B}_{ext}$ 同向），使磁通量增加。

感應電流所施加的磁力均會相反於相對運動。圖 21.2 中，當北極接近線圈，線圈面對磁鐵的一側會如同北極，並排斥磁鐵。圖 21.2b 中，當北極遠離，感應電流會逆向流動並吸引磁鐵。

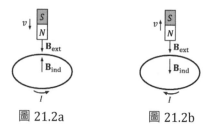

圖 21.2a   圖 21.2b

　　赫姆霍茲（von Helmholtz）於 1851 年指出，冷次定律為能量守恆的結果。考慮圖 21.2a，若感應磁場會增加外磁場，則此額外的磁場會增加感應電流。愈大的電流會產生更大的感應磁場，這會導致更大的感應電流，並重複下去。這顯然是不可能的。

　　由右手定則決定感應電動勢的正方向。圖 21.2 中磁場 $\mathbf{B}_{ext}$（大拇指的方向）往下，則順時針（其餘四指的方向）為 ε 的正方向。當磁通量增加（圖 21.2a），感應電流為逆時針，故感應電動勢為逆時針（$\varepsilon < 0$）。圖 21.2b 中，$\Delta\Phi_B < 0$ 且 $\varepsilon > 0$。由以上討論可知，感應電動勢 ε 和磁通量變化 $\Delta\Phi_B$ 的正負號相反。將此符號法則併入 [21.4]，得法拉第定律（Faraday's law）：

$$\varepsilon = -\frac{d\Phi_B}{dt} \qquad [21.5]$$

若迴路為 N 匝線圈，且通過每一匝的磁通量相同，則感應電動勢為

$$\varepsilon = -N\frac{d\Phi_B}{dt}$$

假定截面的法向量與磁場夾 θ 角，則感應電動勢為

$$\varepsilon = -\frac{d}{dt}(BA\cos\theta)$$

$$= \frac{dB}{dt}A\cos\theta + B\frac{dA}{dt}\cos\theta - BA\sin\theta\frac{d\theta}{dt}$$

由此可知，可用數種方法在電路上產生感應電動勢：（1）磁場隨時間而變，（2）迴路的截面積隨時間而變，（3）夾角隨時間而變。

例題 21.1

圖 21.3 中，均勻磁場 B 垂直進入紙面，且電路左側有一電阻 R。當長度 ℓ 的金屬棒受到外力 F_{ext}，並以等速 v 沿著導電軌道往右移動，求（a）感應

電流；（b）電阻器的耗電功率；（c）外力的輸入功率。

解：（a）當金屬棒與電阻器相距 x 時，通過迴路的磁通量為 $\Phi_B = B\ell x$。當金屬棒以速率 $v = dx/dt$ 移動，由 [21.5]，感應電動勢為

$$\mathcal{E} = -\frac{d}{dt}(B\ell x) = -B\ell v$$

感應電流的大小為

$$I = \frac{|\mathcal{E}|}{R} = \frac{B\ell v}{R}$$

由冷次定律，感應電流的方向為逆時針，以抵抗磁通量的增加。

（b）電阻器的耗電功率為

$$P_R = I^2 R = \frac{(B\ell v)^2}{R}$$

（c）因為金屬棒以等速運動，故外力 F_{ext} 與磁力 $F_B = I\ell B$ 等大反向。外力的輸入功率為

$$P_{\text{ext}} = F_{\text{ext}} v = (I\ell B)v = \frac{(B\ell v)^2}{R}$$

此結果與（b）小題相同，外力輸入的力學能等於電阻器消耗的能量，遵守能量守恆。

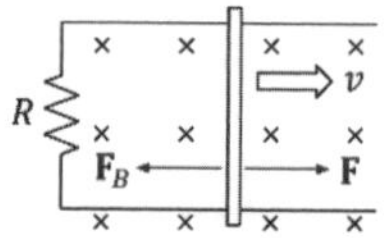

圖 21.3

21-3 感應電場

在電磁場中，帶電粒子會受到勞侖茲力 $\mathbf{F} = q(\mathbf{E} + \mathbf{v} \times \mathbf{B})$。由電動勢的定義 [18.14]，感應電動勢可寫為

$$\mathcal{E} = \frac{W}{q} = \frac{1}{q}\oint \mathbf{F} \cdot d\boldsymbol{\ell} = \oint (\mathbf{E} + \mathbf{v} \times \mathbf{B}) \cdot d\boldsymbol{\ell} \qquad [21.6]$$

因此，可將法拉第定律 [21.5] 寫為

$$\oint (\mathbf{E} + \mathbf{v} \times \mathbf{B}) \cdot d\boldsymbol{\ell} = -\frac{d\Phi_B}{dt} \qquad [21.7]$$

在圖 21.2 的靜止迴路中，$v = 0$ 且感應電動勢為 $\oint \mathbf{E} \cdot d\boldsymbol{\ell}$，磁通量變化為 $d\Phi/dt = A\, dB/dt$。法拉第定律變為

$$\oint \mathbf{E} \cdot d\boldsymbol{\ell} = -A\frac{dB}{dt} \qquad [21.8]$$

時變磁場會產生感應電場。由 [21.8]，在時變磁場中感應電場的環場積不等於零，故感應電場為非守恆場。由靜止電荷所產生的靜電場（環場積等於零）為守恆場。

例題 21.2

半徑 R 的理想螺線管載有時變電流 I，試求（a）螺線管外部，（b）和內部的感應電場。

解：（a）在圖 21.4a 的圓形迴路上，感應電場與路徑相切，故 [21.8] 的積分為 $E(2\pi r)$。由 [20.9]，螺線管內部的磁場為 $B = \mu_0 nI$，代入[21.8]，得螺線管外部的感應電場：

$$E(2\pi r) = -(\pi R^2)\frac{dB}{dt} = -\pi R^2 \mu_0 n\frac{dI}{dt}$$

$$\Rightarrow \qquad E = -\frac{R^2}{2r}\mu_0 n\frac{dI}{dt} \qquad\qquad r > R$$

在不同情況下，感應電場的方向如圖 21.4b 和圖 21.4c。

（b）同理，可求出螺線管內部的感應電場：

$$E(2\pi r) = -(\pi r^2)\frac{dB}{dt} = -\pi r^2 \mu_0 n \frac{dI}{dt}$$

$$\Rightarrow \qquad E = -\frac{r}{2}\mu_0 n \frac{dI}{dt} \qquad\qquad r < R$$

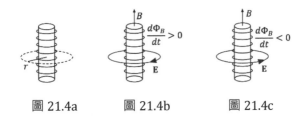

圖 21.4a　　　　圖 21.4b　　　　圖 21.4c

21-4 動生電動勢

　　圖 21.2 中，靜止迴路上的感應電動勢，是因時變磁場產生的感應電場所致。在恆定磁場中不會產生感應電場，故將 [21.6] 寫為

$$\mathcal{E} = \oint (\mathbf{v}\times\mathbf{B})\cdot d\boldsymbol{\ell} \qquad\qquad [21.9]$$

導體在恆定磁場中運動而感應的電動勢，稱為動生電動勢（motional emf）。

　　利用 [21.9] 計算圖 21.3 的電動勢。取線元 $d\boldsymbol{\ell}$ 的方向往下，由 [21.9]，金屬棒二端的動生電動勢為

$$\mathcal{E} = \oint (\mathbf{v}\times\mathbf{B})\cdot d\boldsymbol{\ell} = -B\ell v \qquad\qquad [21.10]$$

$\mathcal{E} < 0$ 表示電動勢和線元的方向相反。圖 21.3 的電路可等價為圖 21.5，運動金屬棒如同電動勢源。

圖 21.5

例題 21.3

圖 21.6 中，長度 ℓ 的金屬棒垂直於均勻磁場 B，並以等角速率 ω 繞 O 軸轉動。求二端的動生電動勢。

解：由圖可知，棒上各點的速度大小 $v = \omega r$ 不同，但方向相同。取線元 $d\mathbf{r}$ 的方向由 O 指向 A，由 [21.9]，動生電動勢為

$$\mathcal{E} = \int_0^\ell (\mathbf{v} \times \mathbf{B}) \cdot d\mathbf{r} = -\int_0^\ell Bv\,dr = -B\omega \int_0^\ell r\,dr$$

$$= -\frac{1}{2} B\omega \ell^2$$

$\mathcal{E} < 0$，故電動勢的方向是由 A 指向 O。

　　圖 21.3 的電動勢 [21.10] 與長度成正比，而圖 21.6 的電動勢與長度的平方成正比。當長度加倍，前者的電動勢加倍，後者的電動勢則會變為四倍。

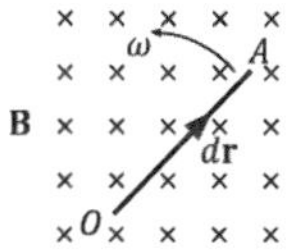

圖 21.6

21-5　發電機和電動機

　　發電機（generator）是利用電磁感應，將力學能轉換為電能。圖 21.7a 中，N 匝線圈以角速度 ω 在均勻外加磁場 B 中旋轉。設 $t = 0$ 時 $\theta = 0$，則 $\theta = \omega t$ 且每一匝（面積 A）的磁通量為

$$\Phi = BA \cos \omega t$$

當線圈在磁場中旋轉，根據法拉第定律，感應電動勢為

$$\mathcal{E} = -N \frac{d\Phi}{dt} = NAB\omega \sin \omega t$$

$$= \mathcal{E}_0 \sin \omega t$$

其中 $\mathcal{E}_0 = NAB\omega$ 為峰值。電動勢會作正弦變化，如圖 21.8a。當線圈平面平行於磁場時（$\omega t = 90°$ 或 $270°$，且 $\Phi_B = 0$），電動勢為峰值。

迴路二端連接至集電環，其隨迴路而旋轉。電刷會與集電環接觸，再連接至外電路。當一電路連接至發電機，會有一交流電（alternating current；AC），其方向會作週期性反轉。

直流發電機與交流發電機之間的差異在於，前者連接至整流器，如圖 21.7b。此時，輸出電壓會有相同的極性，如圖 21.8b。當纏繞更多的線圈，會產生更穩定的直流電，如圖 21.8c。

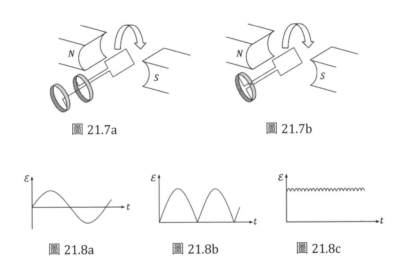

圖 21.7a　　　　　　　　　圖 21.7b

圖 21.8a　　　　圖 21.8b　　　　圖 21.8c

電動機（motor）與發電機的運作相反，是將電能轉換為力學能。電池會提供電流給線圈，載流線圈會受到力矩而轉動。然而，當線圈在磁場中旋轉，磁通量變化會在線圈內產生感應電動勢，會使線圈內的電流減少。反電動勢（back emf）會使淨電動勢減少。當線圈的轉速增加，反電動勢的大小亦會增加，而電流會減少。

習題

1. 在一均勻磁場 B 中，一長度 $3L/2$ 的金屬棒以 O 點為圓心，垂直於磁場，以等角速度 ω 旋轉，如圖 21.9。若 $OP = L$ 且 $OQ = L/2$，求 PQ 之間的感應電動勢。

圖 21.9

2. 在均勻磁場 $B = 1$ T 中，一半徑 10 cm 之金屬圓盤以轉速 1800 rpm 繞軸旋轉，求圓盤中心與邊緣之間的電位差。

3. 長度 ℓ 的金屬棒在軌道上運動，並有一進入紙面的磁場 B。欲使其以等速 v 往左運動，則所需外力為若干？

4. 長 ℓ 寬 w 的矩形迴路以速率 v 往右移動，如圖 21.10。若在 $t = 0$ 時，迴路左側與電流 I 相距 a，且迴路電阻為 R，求迴路上的電流。

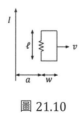

圖 21.10

5. 一銅棒在電阻 R 的軌道上以速率 v 往右移動，上方的長直導線載有電流 I，銅棒和導線的距離如圖 21.11 所示。試計算（a）銅棒上的感應電

動勢;(b) 使銅棒等速運動所需的外力。

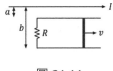

圖 21.11

6. 圖 21.12 中有一垂直紙面的時變磁場 $\mathbf{B} = t^2 y \; \hat{\mathbf{k}}$,求正方形迴路上的感應電動勢和電流方向。

圖 21.12

7. 圖 21.13 中,半徑 R 的圓柱內有均勻磁場,且長度 ℓ 的金屬棒置於其內。若磁場的時變率為 dB/dt,試證金屬棒二端的電動勢為

$$\mathcal{E} = \frac{dB}{dt} \sqrt{R^2 - \left(\frac{\ell}{2}\right)^2}$$

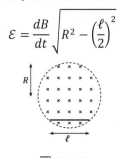

圖 21.13

8. 質量 m 且電阻 R 的矩形迴路在均勻磁場 B 中,大小如圖 21.14。迴路受重力而落下,試證當速率為

$$v = \frac{mgR}{B^2 a^2}$$

時,會無加速地通過。

圖 21.14

9. 質量 m 且長度 ℓ 的金屬棒在電阻 R 的無摩擦軌道上運動，且均勻磁場 B 垂直進入紙面，如圖 21.15。若金屬棒初速為 v_0 ，求其速率與時間的關係。

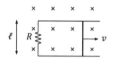

圖 21.15

10. 圖 21.16 中，長直導線和邊長 S 的正三角形迴路在同一平面上，求它們之間的互感量。

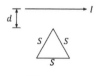

圖 21.16

11. 在半徑 $a < r < b$ 的圓柱區域內有垂直紙面的磁場 $B = B_0 e^{-t/\tau}$ ，試計算電場分佈。

第 22 章　電感

22-1　自感

　　考慮圖 22.1 的電路。當開關關上，電流的增加會使通過迴路的磁通量增加。由法拉第定律，會產生感應電動勢。因為感應電動勢是由電路本身所產生的，故此現象稱為自感（self-induction）。自感電動勢（self-induced emf）試圖抵抗電流增加，使電流不會立刻由零至最大值 $\mathcal{E}/R$。

　　考慮一 N 匝線圈，通過各匝的磁通量 Φ 相同。由法拉第定律，感應電動勢為

$$\mathcal{E}_L = -\frac{d(N\Phi)}{dt} \qquad [22.1]$$

其中 $N\Phi$ 稱為通過線圈的磁通鏈（flux linkage），且單位為 Wb。由於磁通量正比於磁場，而磁場正比於電流，故自感電動勢正比於電流的時變率：

$$\mathcal{E}_L = -L\frac{dI}{dt} \qquad [22.2]$$

其中比例常數 L 為線圈的自感量（self-inductance），與電路的大小和形狀有關。自感電動勢的極性與電流時變率有關，如圖 22.2。比較 [22.1]和 [22.2]，$N\Phi = LI$，電感 L（inductance）為

$$L = \frac{N\Phi}{I} \qquad \left(\text{henry；H}\right) \qquad [\mathbf{22.3}]$$

電感與迴路的幾何（大小、形狀）有關。比較電阻和 [22.2]，發現電阻和電感相似：

$$R = \frac{V}{I} \qquad \leftrightarrow \qquad L = -\frac{\mathcal{E}_L}{dI/dt}$$

電阻為抵抗電流的量度，電感為抵抗電流變化的量度。

圖 22.1　　　　　　圖 22.2

例題 22.1

一長度 ℓ 且截面積 A 的 N 匝長螺線管，假設內部為均勻磁場，試求其電感。

解：由 [20.9]，螺線管內的磁場為 $B = \mu_0 n I$，其中 $n = N/\ell$ 為單位長度的匝數。通過各匝的磁通量為

$$\Phi = BA = \mu_0 n I A$$

由 [22.3]，電感為

$$L = \frac{N\Phi}{I} = \mu_0 n^2 A\ell = \mu_0 n^2 V \qquad [22.4]$$

其中 $V = A\ell$ 為螺線管內部的體積。

例題 22.2 同軸電纜（coaxial cable）

同軸電纜是一種訊號傳輸線。圖 22.3 中，將同軸電纜視為半徑 a 和 b 的同心導體圓柱殼，並載有等大反向的電流 I。試求長度 ℓ 的電纜的電感。

解：由 [20.4]，二導體之間的磁場為 $B = \mu_0 I/2\pi r$。通過長度 ℓ 且寬度 dr 的面積的磁通量為

$$d\Phi = B\, dA = \frac{\mu_0 I}{2\pi r}\ell\, dr$$

考慮圖中所示的徑向切面，通過此切面的總磁通量為

$$\Phi = \int d\Phi = \int_a^b \frac{\mu_0 I}{2\pi r}\ell\, dr = \frac{\mu_0 I\ell}{2\pi}\ln\left(\frac{b}{a}\right)$$

由 [22.3]，同軸電纜的電感為

$$L = \frac{\Phi}{I} = \frac{\mu_0 \ell}{2\pi} \ln\left(\frac{b}{a}\right) \qquad [22.5]$$

當 b 增加或 a 減少，則磁通量增加且電感增加。

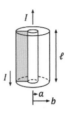

圖 22.3

22-2 互感

當一電路上有時變電流，附近的電路會因磁通量變化而產生感應電動勢，稱為互感（mutual induction）。

考慮二線圈，N_1 匝線圈 1 載有電流 I_1，N_2 匝線圈 2 載有電流 I_2，如圖 22.4。線圈 2 會使通過線圈 1 各匝的磁通量為 Φ_{12}。因為磁通量正比於電流，故電流 I_2 會使通過線圈 1 的磁通鏈為 $N_1 \Phi_{12} = M_{12} I_2$，其中比例常數 M_{12} 為線圈 2 對線圈 1 的互感量（mutual inductance）：

$$M_{12} = \frac{N_1 \Phi_{12}}{I_2} \qquad \left(\text{henry} ; \text{H}\right) \qquad [22.6]$$

互感量與二線圈的幾何和相對位置有關。當二線圈彼此接近時，磁通鏈增加會使互感量增加。由法拉第定律，線圈 2 會在線圈 1 上產生感應電動勢

$$\mathcal{E}_{12} = -N_1 \frac{d\Phi_{12}}{dt} = -M_{12} \frac{dI_2}{dt}$$

同理，線圈 1 會在線圈 2 上產生感應電動勢

$$\mathcal{E}_{21} = -M_{21} \frac{dI_1}{dt}$$

可證明 $M_{12} = M_{21} = M$，因此，

$$\mathcal{E}_{12} = -M\frac{dI_2}{dt}$$

$$\mathcal{E}_{21} = -M\frac{dI_1}{dt}$$

此二式與自感電動勢 [22.2] 有相同的形式。

在圖 22.4 中，通過線圈 1 的磁通鏈為

$$N_1\Phi_1 = N_1(\Phi_{11} + \Phi_{12})$$

其中 Φ_{11} 為線圈 1 本身的電流 I_1 所產生的磁通量，Φ_{12} 為線圈 2 的電流 I_2 在線圈 1 上產生的磁通量。在線圈 1 上的淨感應電動勢為

$$\mathcal{E}_1 = -N_1\frac{d}{dt}(\Phi_{11} + \Phi_{12})$$

$$= -L_1\frac{dI_1}{dt} - M\frac{dI_2}{dt}$$

第一項是由自感，第二項為互感。

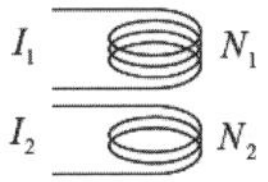

圖 22.4

22-3 *RL* 電路

一元件（如螺線管）具有很大的電感，稱之為電感器（inductor）。圖 22.5 中，將電感器、電阻器、電池串聯。在 $t = 0$ 時將開關接至 a，因為電流增加（$dI/dt > 0$），電感器內的感應電動勢（$-L\,dI/dt < 0$）會與電池相反。由迴路規則，

$$\mathcal{E} - IR - L\frac{dI}{dt} = 0 \qquad\qquad [22.7]$$

由此式可知，當 $dI/dt = 0$，電流 $I = \mathcal{E}/R$。令 $y = \mathcal{E}/R - I$ 且 $dy = -dI$，得

$$Ry + L\frac{dy}{dt} = 0$$

$$\Rightarrow \qquad \frac{dy}{y} = -\frac{R\,dt}{L}$$

$$\Rightarrow \qquad \ln y = -\frac{R}{L}t + k$$

其中 k 為積分常數。在 $t = 0$ 時，電流 $I = 0$ 且 $y(0) = \mathcal{E}/R$，故 $k = \ln(\mathcal{E}/R)$。得

$$\ln y = -\frac{R}{L}t + \ln\frac{\mathcal{E}}{R}$$

$$\Rightarrow \qquad y = \frac{\mathcal{E}}{R}e^{-Rt/L}$$

$$\Rightarrow \qquad I = \frac{\mathcal{E}}{R}\left(1 - e^{-t/\tau}\right)$$

在時間 $t = \infty$，電流會到達最大值 $\mathcal{E}/R$，如圖 22.6。其中

$$\tau = \frac{L}{R} \qquad\qquad [22.8]$$

稱為時間常數。時間常數可用來比較不同電路的時間響應。若電感 $L \to 0$，則電流會立刻增加至最大值。

　　圖 22.5 中，當電流到達 $\mathcal{E}/R$ 時，將開關接至 b。電流仍為順時針方向，但電流減少（ $dI/dt < 0$ ）。由迴路規則，

$$-IR - L\frac{dI}{dt} = 0$$

$$\Rightarrow \qquad \frac{dI}{I} = -\frac{R}{L}dt$$

$$\Rightarrow \qquad \ln I = -\frac{R}{L}t + k$$

在 $t = 0$ 時，電流為 $I(0) = \mathcal{E}/R$，故積分常數 $k = \ln\mathcal{E}/R$。得

$$I = \frac{\mathcal{E}}{R}e^{-t/\tau}$$

如圖 22.7。

圖 22.5　　　　　圖 22.6　　　　圖 22.7

22-4 磁能密度

　　考慮圖 22.5 的電路，將開關接至 a，由迴路規則可得 [22.7]。將[22.7] 乘以電流 I，得

$$I\mathcal{E} = I^2R + LI\frac{dI}{dt} \qquad [22.9]$$

其中 $I\mathcal{E}$ 為電池供應能量的功率，I^2R 為電阻器的耗電功率，因此最後一項為電感器儲存能量的功率：

$$\frac{dU_L}{dt} = LI\frac{dI}{dt}$$

$$\Rightarrow \quad U_L = \int_0^I LI\,dI = \frac{1}{2}LI^2 \qquad [22.10]$$

與 [17.7] 相似，電容器的電場內儲存的能量為 $U = \frac{1}{2}CV^2$。

　　可求出磁場的能量密度。由 [22.4] 和 [20.9]，螺線管的電感和磁場為 $L = \mu_0 n^2 V$ 和 $B = \mu_0 nI$。將此二式代入 [22.10]，得

$$U = \frac{1}{2}(\mu_0 n^2 V)\left(\frac{B}{\mu_0 n}\right)^2 = \frac{B^2}{2\mu_0}V$$

$$\Rightarrow \quad u_B = \frac{U}{V} = \frac{B^2}{2\mu_0} \qquad [\mathbf{22.11}]$$

磁能密度 $u_B = U/V$（magnetic energy density）為，單位體積內磁場儲存的能量。雖然此式是由螺線管的特例所導出，但可用於其它情況。類似於 [17.8]，電能密度為 $u_E = \frac{1}{2}\epsilon_0 E^2$。

例題 22.3

內半徑 a 且外半徑 b 的螺線環，高度 h，其截面如圖 22.8。試求螺線環的電感。

解一：由例題 20.5，螺線環內部的磁場為 $B = \mu_0 NI / 2\pi r$。內部的磁通量為

$$\Phi_B = \int B \, dA = \int_a^b \frac{\mu_0 NI}{2\pi r} (h \, dr) = \frac{\mu_0 NIh}{2\pi} \ln \frac{b}{a}$$

由 [22.3]，電感為

$$L = \frac{N\Phi_B}{I} = \frac{\mu_0 N^2 h}{2\pi} \ln \frac{b}{a}$$

解二：體積 dV 內的磁能為 $u_B \, dV$。由 [22.11]，在高度 h、半徑 r、厚度 dr 的圓柱環內，磁能為

$$dU = u_B \, dV = \frac{B^2}{2\mu_0} \times (2\pi r \, dr)h = \frac{\mu_0 N^2 I^2 h}{4\pi} \frac{dr}{r}$$

螺線環內的總能為

$$U = \int dU = \frac{\mu_0 N^2 I^2 h}{4\pi} \int_a^b \frac{dr}{r} = \frac{\mu_0 N^2 I^2 h}{4\pi} \ln \frac{b}{a}$$

由 [22.10]，電感為

$$L = \frac{2U}{I^2} = \frac{\mu_0 N^2 h}{2\pi} \ln \frac{b}{a}$$

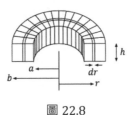

圖 22.8

22-5 *LC* 電路

　　圖 22.9 中，電感器和電容器串聯的電路稱為 *LC* 電路。一開始電容器帶有電荷 Q_0。在 $t = 0$ 時將開關關上，電容器放電使極板上的電荷減少，且電流增加，表示能量由電容器轉移至電感器。在任意時間，總能為

$$U = U_C + U_L = \frac{Q^2}{2C} + \frac{LI^2}{2} \qquad [22.12]$$

假設沒有電阻和電磁輻射，則系統的總能不隨時間而變，$dU/dt = 0$：

$$\frac{Q}{C}\frac{dQ}{dt} + LI\frac{dI}{dt} = 0 \qquad [22.13]$$

將 $dQ/dt = I$ 和 $dI/dt = d^2Q/dt^2$代入 [22.13]，得

$$\frac{Q}{C} + L\frac{dI}{dt} = 0$$

$$\Rightarrow \qquad \frac{d^2Q}{dt^2} + \frac{1}{LC}Q = 0 \qquad [22.14]$$

此與 [8.1] 有相同的形式，故為簡諧振盪。由 [8.2]，其解為

$$Q = Q_0 \sin(\omega_0 t + \phi)$$

其中 *LC* 振盪的自然角頻率（natural angular frequency）為

$$\omega_0 = \frac{1}{\sqrt{LC}} \qquad [\mathbf{22.15}]$$

電路的振盪頻率為 $f = \omega/2\pi$。在 $t = 0$ 時 $Q = Q_0$，故相常數 $\phi = \pi/2$。電荷和電流為

$$Q = Q_0 \sin\left(\omega_0 t + \frac{\pi}{2}\right) = Q_0 \cos \omega_0 t \qquad [22.16]$$

$$I = \frac{dQ}{dt} = -Q_0\omega_0 \sin \omega_0 t = -I_0 \sin \omega_0 t \qquad [22.17]$$

其中 $I_0 = Q_0\omega_0$。

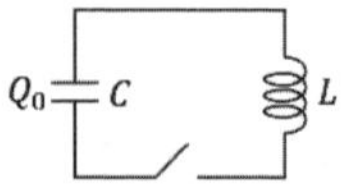

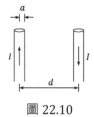

圖 22.9

將 [22.16] 和 [22.17] 代入 [22.12]，總能為

$$U = U_C + U_L$$

$$= \frac{Q_0^2}{2C}\cos^2 \omega_0 t + \frac{LI_0^2}{2}\sin^2 \omega_0 t$$

由於 $I_0 = Q_0 \omega_0 = Q_0/\sqrt{LC}$，故

$$U = \frac{Q_0^2}{2C}(\cos^2 \omega_0 t + \sin^2 \omega_0 t)$$

$$= \frac{Q_0^2}{2C} = \frac{LI_0^2}{2} \qquad [22.18]$$

能量 U_C 和 U_L 會隨時間而變，但總能 $U = U_C + U_L$ 不變。

習題

1. 半徑 a 的二平行導線，相距 d 且載有等大反向之電流 I，如圖 22.10。若忽略導線本身的磁通量，試證長度 ℓ 的此種平行導線的電感為

$$L = \frac{\mu_0 \ell}{\pi} \ln \frac{d-a}{a}$$

圖 22.10

2. 將 50 V 的電池突然接上 $L = 50$ mH 且 $R = 180$ Ω 的電路上，求在 1 ms 後的電流時變率 di/dt。

3. 一長直導線上載有電流 $I = I_0 \sin \omega t$，如圖 22.11。求（a）矩形迴路上的電動勢；（b）導線和迴路之間的互感。

圖 22.11

4. 在 LC 電路中，$L = 2$ mH 且 $C = 1$ μF，若電容器上的電量極大值為 3 μC，求（a）振盪頻率；（b）電流極大值。

5. 在 LC 電路中，電容器上的電量極大值為 Q_0。當電感器內的能量佔總能的 3/4 時，試求此時（a）電容器上的電量；（b）通過電感器的電流。

6. 一長導線上載有電流 i，並具有均勻的電流密度。試證（a）單位長度的導線所儲存的磁能為 $\mu_0 i^2/16\pi$；（b）單位長度的導線，其自感量為 $\mu_0/8\pi$。

7. 一內半徑 a 且外半徑 b 的實心同軸電纜，其長度為 ℓ（$\ell \gg a$ 和 b），如圖 22.12。試計算其電感。

圖 22.12

8. 將一螺線管彎成螺線環。試證，若螺線管足夠長且薄，則螺線環的自感量會化為螺線管的形式。

9. 在 $t = 0$ 時，將圖 22.13 的開關關上。利用克希荷夫規則，證明通過電感器的電流為

$$I(t) = \frac{\mathcal{E}}{R_1}\left[1 - e^{-(R'/L)t}\right]$$

其中 $R' = R_1 R_2/(R_1 + R_2)$。

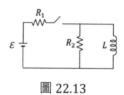

圖 22.13

第 23 章 交流電路

23-1 電阻電路；方均根值

圖 23.1a 為電阻器和交流電源串聯的電阻電路（resistive circuit），電源的瞬時端電壓為 $v = v_0 \sin \omega t$。由迴路規則，可得通過電阻器的電流 i_R：

$$v - i_R R = 0$$

$$\Rightarrow \qquad i_R = \frac{v}{R} = \frac{v_0}{R} \sin \omega t = i_0 \sin \omega t$$

其中 i_0 為電流的峰值：

$$i_0 = \frac{v_0}{R} \qquad\qquad [23.1]$$

通過電阻器的電位差為

$$v_R = i_R R = i_0 R \sin \omega t$$

由圖 23.1b 可知，電流和電位差同相（$\phi = 0$）。

當電路中包含二個以上的元件時，可利用相量（phasor）以簡化分析。相量為逆時針旋轉的向量，其長度正比於變數的最大值，且與變數有相同的角頻率 ω。相量在垂直軸上的投影即為變數的瞬時值。圖 23.1c 為電阻電路的相量圖（phasor diagram）。

電阻器消耗的瞬時功率為

$$p = i_R^2 R = i_0^2 R \sin^2 \omega t$$

在一次循環，電流的平均值為零。然而，能量的損失與電流方向無關，故平均功率不為零。利用三角恆等式

$$\sin^2 \theta = \frac{1 - \cos 2\theta}{2}$$

在一次循環，$\cos 2\theta$ 的平均值為零，故 $\sin^2 \theta$ 的平均值為 $1/2$。因此，平均功率為

$$P = p_{avg} = \frac{i_0^2}{2}R$$

電流的平方的平均開根號，稱為方均根（root-mean-square；rms）電流：

$$I_{rms} = \sqrt{(i^2)_{avg}} = \frac{i_0}{\sqrt{2}} = 0.707i_0 \qquad [23.2]$$

同樣地，方均根電位差為

$$V_{rms} = \sqrt{(v^2)_{avg}} = \frac{v_0}{\sqrt{2}} = 0.707v_0 \qquad [23.3]$$

可將 [23.1] 寫為

$$V_{rms} = I_{rms}R \qquad [23.4]$$

由 [23.2] 可得平均功率（亦稱為方均根功率）為

$$P = I_{rms}^2 R \qquad [23.5]$$

與直流的電功率有相同的形式。上式亦可寫為

$$P = \frac{V_{rms}^2}{R} = IV_{rms} \qquad [23.6]$$

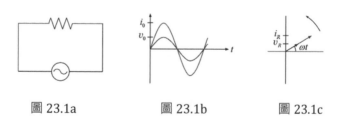

圖 23.1a　　　　　圖 23.1b　　　　　圖 23.1c

23-2 電感電路

　　圖 23.2a 為電感器和交流電源串聯的電感電路（inductive circuit），電源的瞬時端電壓為 $v = v_0 \sin \omega t$。由迴路規則，可得通過電感器的電流 i_L：

$$v - L\frac{di_L}{dt} = 0$$

$$\Rightarrow \quad i_L = \int di_L = \int \frac{v\,dt}{L} = \frac{v_0}{L}\int \sin\omega t\,dt$$

$$= -\frac{v_0}{\omega L}\cos\omega t$$

$$= -\frac{v_0}{\omega L}\sin(\omega t + 90°)$$

通過電感器的瞬時電位差為

$$v_L = -L\frac{di_L}{dt} = L\frac{d}{dt}\left(\frac{v_0}{\omega L}\cos\omega t\right) = -v_0\sin\omega t$$

電位差和電流如圖 23.2b 所示。

圖 23.2c 為電感電路的相量圖。v_L 以 90° 超前 i_L，在電流到達最大值的前 1/4 週期，電壓已到達最大值。

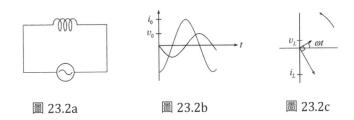

圖 23.2a   圖 23.2b   圖 23.2c

當 $\cos\omega t = \pm 1$ 時，電流會有最大值

$$i_0 = \frac{v_0}{\omega L} \qquad [23.7]$$

此時電流的時變率為零，故通過電感器的電壓為零。當電流為零時，會有最大的電流時變率，故通過電感器的電壓會有最大值。在 [23.7] 中，i_0 的單位為安培，而 v_0 的單位為伏特，故 ωL 的單位為歐姆。定義感抗X_L（inductive reactance）為

$$X_L \equiv \omega L \qquad (\Omega) \qquad [23.8]$$

此為電感器的電抗（reactance）。則可將 [23.7] 寫為歐姆定律的形式：

$$v_0 = i_0 X_L \qquad\qquad\qquad [23.9a]$$

$$V_{\text{rms}} = I_{\text{rms}} X_L \qquad\qquad\qquad [23.9b]$$

可解釋為何感抗正比於 ω 和 L。在 [23.9] 中，交流電路的電抗，類似於直流電路的電阻：

$$X_L \qquad\longleftrightarrow\qquad R$$

電抗是抵抗交流電的量度。由於 $di/dt \propto \omega$，故反電動勢 [22.2] 正比於角頻率 ω。角頻率愈大，則反電動勢愈大，而使電流愈小。因此 $X_L \propto \omega$。在 22-1 節看到，電感為抵抗電流變化的量度。因此，在交流電路中 $X_L \propto L$。

供應至電感器的瞬時功率為

$$p = i_L v_L = i_0 v_0 \sin\omega t \cos\omega t$$

$$= \frac{i_0 v_0}{2}\sin 2\omega t$$

在一次循環，平均功率為零。

例題 23.1

電感 40 mH 接在方均根電壓 110 V 且頻率 60 Hz 的電源上。(a) 求電流的峰值；(b) 在什麼頻率下，上小題中電流的峰值只剩 40%？

解：(a) 由 [23.8]，感抗

$$X_L = \omega L = 2\pi f L = 2\pi\times 60\times(40\times 10^{-3}) = 15.1\ \Omega$$

由 [23.2] 和 [23.9]，

$$i_0 = \sqrt{2}\ I_{\text{rms}} = \sqrt{2}\frac{V_{\text{rms}}}{X_L} = \sqrt{2}\frac{110}{15.1} = 10.3\ \text{A}$$

(b) 由 [23.7] 可知，$i_0 \propto 1/\omega \propto 1/f$，故

$$\frac{i}{i_0} = \frac{f_0}{f} \qquad\Rightarrow\qquad f = \frac{i_0}{i}f_0 = \frac{1}{0.4}\times 60 = 150\ \text{Hz}$$

23-3 電容電路

圖 23.3a 為電容器和交流電源串聯的電容電路（capacitive circuit），電源的瞬時端電壓為 $v = v_0 \sin \omega t$。由迴路規則，可得通過電容器的電位差 v_C：

$$v + v_C = 0$$
$$\Rightarrow \qquad v_C = -v = -v_0 \sin \omega t$$

由 [17.1] 和迴路規則，可求出通過電容器的電流 i_C：

$$v - \frac{q}{C} = 0$$
$$\Rightarrow \qquad q = Cv = Cv_0 \sin \omega t$$
$$\Rightarrow \qquad i_C = \frac{dq}{dt} = \omega C v_0 \cos \omega t$$
$$= -\omega C v_0 \sin(\omega t - 90°)$$

比較以上二式，相角 $\phi = -90°$，表示 v_C 以 $90°$ 落後 i_C，如圖 23.3b。圖 23.3c 為相量圖。

當 $\cos \omega t = \pm 1$ 時，電流會有最大值

$$i_0 = \omega C v_0 \qquad\qquad [23.10]$$

此時通過電容器的電位差（和電荷）為零，且電容器開始以相反的極性充電。當通過電容器的電壓達到最大值，電流為零。定義容抗 X_C（capacitive reactance）為

$$X_C \equiv \frac{1}{\omega C} \quad (\Omega) \qquad\qquad \mathbf{[23.11]}$$

此為電容器的電抗。可將 [23.10] 改寫為歐姆定律的形式：

$$v_0 = i_0 X_C \qquad\qquad [23.12a]$$
$$V_{\text{rms}} = I_{\text{rms}} X_C \qquad\qquad [23.12b]$$

在直流電的情況下（$\omega = 0$），容抗 $X_C \to \infty$ 且電流為零。

可解釋為何容抗反比於 ω 和 C。電抗為抵抗交流電的量度。由 $i = dq/dt = C\,dv/dt$ 和 $dv/dt \propto \omega$ 可知，電流 $i \propto \omega$。角頻率增加，則電流

增加，故電抗減少。因此，$X_C \propto 1/\omega$。對給定的電位差，較大的電容會儲存更多的電荷，而有較大的電流。因此，$X_C \propto 1/C$。

提供至電容器的瞬時功率為

$$p = i_C v_C = -i_0 v_0 \sin \omega t \cos \omega t$$

和電感器的情況相同，平均功率為零。

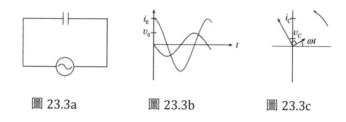

圖 23.3a   圖 23.3b   圖 23.3c

23-4 RLC 串聯電路

將電阻器、電感器、電容器、交流電源串聯，如圖 23.4a。在串聯電路上，各點會有相同的瞬時電流 $i = i_0 \sin \omega t$。由之前的討論可知，通過各元件的電壓會有不同的振幅和相位。根據迴路規則，所有元件的電位差和等於交流電源的電壓。圖 23.4b 為電位差相量的向量和。圖 23.4c 中，由畢氏定理，

$$v_0^2 = v_{0R}^2 + (v_{0L} - v_{0C})^2$$
$$= (i_0 R)^2 + (i_0 X_L - i_0 X_C)^2$$
$$= i_0^2 [R^2 + (X_L - X_C)^2]$$

將其寫為歐姆定律的形式，

$$v_0 = i_0 Z \qquad\qquad\qquad \text{[23.13a]}$$

$$V_{\text{rms}} = I_{\text{rms}} Z \qquad\qquad\qquad \text{[23.13b]}$$

其中定義串聯電路的阻抗 Z（impedance）為

$$Z \equiv \sqrt{R^2 + (X_L - X_C)^2} \qquad (\Omega) \qquad \text{[23.14]}$$

此為頻率的函數。

$\mathbf{v}_0$ 和 $\mathbf{i}_0$ 之間的相角為 ϕ。由圖可知，$\tan\phi = (v_{0L} - v_{0C})/v_{0R}$，可寫為

$$\tan\phi = \frac{X_L - X_C}{R} \qquad [\textbf{23.15}]$$

在高頻時，$X_L > X_C$ 且 $\phi > 0$，電流落後電壓。在低頻時，$X_L < X_C$ 且 $\phi < 0$，電流領先電壓。

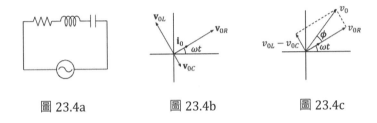

圖 23.4a　　　　圖 23.4b　　　　圖 23.4c

23-5 *RLC* 串聯電路的共振

由 [23.13]，對給定的方均根電位差 V，阻抗愈小則電流愈大。在電流最大時，*RLC* 電路為共振。當 $X_L = X_C$ 時，阻抗會有最小值 $Z = R$，此時的頻率 ω_0 為共振角頻率（resonance angular frequency）：

$$\omega_0 L = \frac{1}{\omega_0 C} \quad \Rightarrow \quad \omega_0 = \frac{1}{\sqrt{LC}} \qquad [\textbf{23.16}]$$

在此頻率下，電流和電壓同相。

對不同的電阻，電流 I_{rms} 對角頻率 ω 的圖形如圖 23.5。當 $\omega = \omega_0$，會有最大電流

$$I_{\text{rms}} = \frac{V}{R}$$

共振曲線的寬度與電阻有關。電阻愈小則曲線愈陡。由 [23.15] 可知，當

$X_L = X_C$ 時相角 $\phi = 0$；即在共振頻率下，瞬時電流和電位差同相。

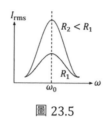

圖 23.5

在交流電路中，瞬時功率為

$$p = iv = i_0 v_0 \sin \omega t \cos(\omega t + \phi)$$
$$= i_0 v_0 \sin \omega t \left[\sin \omega t \cos \phi + \cos \omega t \sin \phi \right]$$
$$= i_0 v_0 \left[\sin^2 \omega t \cos \phi + \frac{1}{2} \sin 2\omega t \sin \phi \right]$$

在一個週期，$\sin^2 \omega t$ 的時間平均值為 $1/2$，而 $\sin 2\omega t$ 的平均值為零。因此，平均功率為

$$P = p_{\text{avg}} = \frac{1}{2} i_0 v_0 \cos \phi$$

利用 [23.2] 和 [23.3]，以方均根電流和電壓，將電源的平均功率表示為

$$P = I_{\text{rms}} V_{\text{rms}} \cos \phi \qquad \text{[23.17]}$$

其中 $\cos \phi$ 稱為功率因數（power factor）。

由圖 23.4c 的相圖可知，$v_0 \cos \phi = v_{0R} = i_0 R$。可將平均功率表示為

$$P = I_{\text{rms}}^2 R \qquad \text{[23.18]}$$

如同直流電路，電源供應的能量會轉換為電阻器的內能。

利用 [23.13b] 和 [23.14]，電源的平均功率為

$$P = I_{\text{rms}}^2 R = \left(\frac{V_{\text{rms}}}{Z} \right)^2 R = \frac{V_{\text{rms}}^2 R}{R^2 + (X_L - X_C)^2} \qquad \text{[23.19]}$$

在共振時（$X_L = X_C$），會有最大功率 V_{rms}^2/R，如圖 23.6。

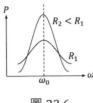

圖 23.6

習題

1. 一電容器的電容為 5 µF 且容抗為 10 Ω，則在相同頻率下，0.3 mH 的電感器的感抗為何？

2. RL 串聯電路，在 100 Hz 時阻抗為 33.0 Ω，在 60 Hz 時阻抗為 21.3 Ω。求電阻和電感。

3. 一 30 µF 的電容器，接在頻率 60 Hz 且方均根電位差 80 V 的電源上。求電流的峰值。

第 24 章　電磁波

24-1　位移電流

　　考慮一充電中的電容器，如圖 24.1。對相同的迴路，但取不同的曲面 S_1 和 S_2。可由安培定律 [20.8] 求出迴路的磁場：

$$\oint \mathbf{B} \cdot d\boldsymbol{\ell} = \mu_0 I$$

其中 I 為通過平面 S_1 的傳導電流（conduction current），如圖 24.1a。

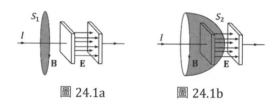

圖 24.1a 　　　　　 圖 24.1b

　　圖 24.1b 中，沒有傳導電流通過曲面 S_2。由安培定律，迴路上的磁場為零，這顯然是錯的。對平行板電容器，電場 $E = q/\epsilon_0 A$ 且傳導電流為

$$\frac{dq}{dt} = \frac{d(\epsilon_0 EA)}{dt} = \epsilon_0 \frac{d\Phi_E}{dt}$$

馬克士威（James Clerk Maxwell）將安培定律寫為

$$\oint \mathbf{B} \cdot d\boldsymbol{\ell} = \mu_0 (I + I_D)$$

$$\Rightarrow \qquad \oint \mathbf{B} \cdot d\boldsymbol{\ell} = \mu_0 \left(I + \epsilon_0 \frac{d\Phi_E}{dt} \right) \qquad \textbf{[24.1]}$$

上式稱為安培-馬克士威定律，且 I_D 稱為位移電流（displacement current）。

$$I_D = \epsilon_0 \frac{d\Phi_E}{dt} \qquad \textbf{[24.2]}$$

傳導電流和時變電場均會產生磁場。

24-2 平面電磁波

平面波（plane wave）的波前為平面，而點波源會發出球面波（spherical wave），其波前為球形。考慮一平面波，其沿著 x 方向行進，且電場和磁場分別沿著 y 和 z 方向，如圖 24.2a。圖 24.2b 為一正弦平面波，且

$$E = E_0 \sin(kx - \omega t) \qquad [24.3]$$

$$B = B_0 \sin(kx - \omega t) \qquad [24.4]$$

在任一位置 x 的平面波前上，各點的電場和磁場有相同的大小和方向。

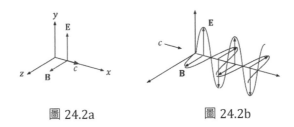

圖 24.2a   圖 24.2b

考慮 xy 平面上的矩形迴路，其邊長為 Δx 和 Δy，如圖 24.3。上下二端的路徑與電場垂直，故 $\mathbf{E} \cdot d\boldsymbol{\ell} = 0$。左右二邊的電場分別為 $E(x, t)$ 和 $E(x + \Delta x, t)$。磁通量近似為 $\Phi_B = B\,\Delta x\,\Delta y$（假設 Δx 遠小於波長）。由法拉第定律 [21.8]，

$$E(x + \Delta x, t)\Delta y - E(x, t)\Delta y = -\Delta x\,\Delta y\,\frac{\partial B}{\partial t}$$

$$\Rightarrow \qquad \frac{E(x + \Delta x, t) - E(x, t)}{\Delta x} = -\frac{\partial B}{\partial t}$$

當 $\Delta x \to 0$，得

$$\frac{\partial E}{\partial x} = -\frac{\partial B}{\partial t} \qquad [24.5]$$

　　接著考慮 xz 平面上的矩形迴路，其邊長為 Δx 和 Δz，如圖 24.4。通過迴路的電通量為 $\Phi_E = E\,\Delta x\,\Delta z$。同理，由 [24.1]，

$$B(x,t)\Delta z - B(x+\Delta x,t)\Delta z = \mu_0 \epsilon_0\,\Delta x\,\Delta z\,\frac{\partial E}{\partial t}$$

$$\Rightarrow \qquad \frac{B(x+\Delta x,t) - B(x,t)}{\Delta x} = -\mu_0 \epsilon_0 \frac{\partial E}{\partial t}$$

當 $\Delta x \to 0$，得

$$\frac{\partial B}{\partial x} = -\mu_0 \epsilon_0 \frac{\partial E}{\partial t} \qquad\qquad [24.6]$$

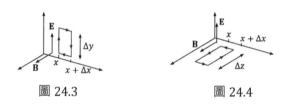

圖 24.3　　　　　　　　　圖 24.4

　　[24.5] 對 x 微分，並將 [24.6] 代入，得

$$\frac{\partial^2 E}{\partial x^2} = -\frac{\partial}{\partial x}\left(\frac{\partial B}{\partial t}\right) = -\frac{\partial}{\partial t}\left(\frac{\partial B}{\partial x}\right) = -\frac{\partial}{\partial t}\left(-\mu_0 \epsilon_0 \frac{\partial E}{\partial t}\right)$$

$$\Rightarrow \qquad \frac{\partial^2 E}{\partial x^2} = \mu_0 \epsilon_0 \frac{\partial^2 E}{\partial t^2} \qquad\qquad [24.7]$$

同理，[24.6] 對 x 微分，再將 [24.5] 代入，得

$$\frac{\partial^2 B}{\partial x^2} = \mu_0 \epsilon_0 \frac{\partial^2 B}{\partial t^2} \qquad\qquad [24.8]$$

以上二式與波方程 [9.5] 比較，發現波速等於真空中光速：

$$c = \frac{1}{\sqrt{\mu_0 \epsilon_0}}$$

$$= \frac{1}{\sqrt{(4\pi\times10^{-7})(8.854\times10^{-12})}} = 2.998\times10^8 \ \text{m/s}$$

故光為電磁波。在電容率 ϵ 且磁導率 μ 的介質中，光速為 $1/\sqrt{\mu\epsilon}$。

將 [24.3] 和 [24.4] 代入 [24.5]，得

$$kE_0 \cos(kx - \omega t) = \omega B_0 \cos(kx - \omega t)$$

$$\Rightarrow \qquad \frac{E_0}{B_0} = \frac{\omega}{k} = \frac{2\pi/T}{2\pi/\lambda} = c$$

$$\Rightarrow \qquad \frac{E}{B} = c \qquad\qquad [24.9]$$

電場和磁場大小的比值等於光速。

24-3 坡印廷向量

電磁波會傳播能量。利用 $E = cB$ 和 $c = 1/\sqrt{\mu_0\epsilon_0}$，發現電能密度 [17.8] 等於磁能密度 [22.11]：

$$u_E = \frac{1}{2}\epsilon_0 E^2 = \frac{1}{2}\epsilon_0(cB)^2 = \frac{B^2}{2\mu_0} = u_B$$

在真空中總能密度為

$$u = u_E + u_B = \epsilon_0 E^2 = \frac{B^2}{\mu_0} = \sqrt{\frac{\epsilon_0}{\mu_0}}\,EB \qquad [24.10]$$

圖 24.5

考慮面積均為 A 的二平面，相距 dx，且垂直於波的傳播方向，如圖 24.5。二平面之間的總能為 $dU = u(A\,dx)$。垂直於傳播方向的單位面積上，能量通過的速率為

$$S = \frac{1}{A}\frac{dU}{dt} = \frac{1}{A}\frac{uA\,dx}{dt} = uc$$

其中 $c = dx/dt$，是因為電磁波以光速 c 傳播。利用 [24.10] 和 $c = 1/\sqrt{\mu_0 \epsilon_0}$，得

$$S = uc = \frac{EB}{\mu_0} \qquad [24.11]$$

坡印廷（John Henry Poynting）於 1884 年定義坡印廷向量（Poynting vector）

$$\mathbf{S} \equiv \frac{\mathbf{E} \times \mathbf{B}}{\mu_0} \qquad (\text{W/m}^2) \qquad [24.12]$$

坡印廷向量的大小為垂直通過一單位面積的能量傳播速率，方向為波的傳播方向。

　　將 [24.3] 和 [24.4] 代入 [24.11]，向量大小 S 隨時間而變：

$$S = \frac{E_0 B_0}{\mu_0} \sin^2(kx - \omega t)$$

$\sin^2(kx - \omega t)$ 在一個週期的平均值為 $\frac{1}{2}$。因此，波的強度（S 的時間平均值）為

$$I = S_{\text{avg}} = \frac{E_0 B_0}{2\mu_0} \qquad [24.13]$$

平面波的強度不會隨著傳播而衰減。

例題 24.1

與功率 1 kW 的點光源相距 1.0 m 處，試求電場和磁場在此處的最大值。

解：由 [24.9]，可將 [24..13] 寫為

$$S_{\text{avg}} = \frac{E_0^2}{2\mu_0 c} \qquad [\text{i}]$$

　　點光源發出的能量會均勻分佈在球面上。若半徑為 r，則表面積為 $4\pi r^2$，強度

$$S_{\mathrm{avg}} = \frac{\text{平均功率}}{4\pi r^2} \qquad [ii]$$

將 [ii] 代入 [i]，可求出電場：

$$\frac{\text{平均功率}}{4\pi r^2} = \frac{E_0^2}{2\mu_0 c}$$

$$\Rightarrow \qquad E_0 = \sqrt{\frac{\mu_0 c}{2\pi r^2} \times \text{平均功率}} = 245 \ \ \mathrm{V/m}$$

由 [24.9]，

$$B_0 = \frac{E_0}{c} = \frac{245}{3 \times 10^8} = 8.2 \times 10^{-7} \ \ \mathrm{T}$$

例題 24.2

圖 24.6 中，電阻 R、半徑 a 且長度 ℓ 的長直導線載有電流 I，計算此導線的坡印廷向量。

解：欲計算坡印廷向量，需先求出導線表面的電場和磁場。由 $V = E\ell$ 和 $V = IR$，沿著導線的電場為

$$E = \frac{V}{\ell} = \frac{IR}{\ell}$$

由 [20.4] 可知，導線表面的磁場為

$$B = \frac{\mu_0 I}{2\pi a}$$

由於導線表面的電場和磁場互相垂直，如圖 24.6，因此，坡印廷向量沿徑向指向導線內，且大小為

$$S = \frac{EB}{\mu_0} = \frac{1}{\mu_0} \frac{IR}{\ell} \frac{\mu_0 I}{2\pi a} = \frac{I^2 R}{2\pi a\ell}$$

將上式寫為

$$SA = I^2 R$$

其中 $A = 2\pi a\ell$ 為導線的表面積。可知，由導線表面存入電磁能的速率 SA 等於耗散速率 I^2R。

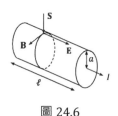

圖 24.6

24-4 動量和輻射壓

電磁波除了傳播能量，也會傳播動量。一電磁波在時距 Δt 內傳播總能 U，則線動量大小為

$$p = \frac{U}{c}$$

若電磁波垂直入射至一表面，且能量被完全吸收，則輻射壓（radiation pressure）為

$$P = \frac{F}{A} = \frac{1}{A}\frac{dp}{dt} = \frac{1}{A}\frac{d}{dt}\left(\frac{U}{c}\right) = \frac{S}{c} = u$$

輻射壓等於能量密度。若電磁波垂直入射且完全反射，則在時距 Δt 內傳播 的動量為 $2p = 2U/c$。因此，完全反射的輻射壓為

$$P = \frac{2S}{c} = 2u$$

習題

1. 證明在平行板電容器內的位移電流可寫成

$$I_d = C \frac{dV}{dt}$$

其中 C 為電容，V 為電位差。

2. 圖 24.7 為邊長 1 m 的正方形平行板電容器，有 2 A 的電容通過。圖中虛線路徑的 $\oint \mathbf{B} \cdot d\mathbf{s}$ 是多少？

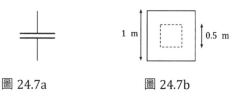

圖 24.7a 　　　　　　　 圖 24.7b

3. 一平面電磁波的電場為 $E_0 \sin(3 \times 10^6 x - \omega t)$，則角頻率為多少？

4. 頻率 f 的光垂直照射至平面鏡上，鏡面在單位時間單位面積上受到 N 個光子撞擊，求鏡面承受之光壓。

5. 一束強度為 1 kW/m² 的光垂直照射在面積 1cm² 的表面上，且全部反射。試求此表面受到的作用力。

第 25 章 反射和折射

25-1 惠更斯原理

惠更斯（C. Huygens）於 1678 年發表一原理，可用來預測波前在一段時間後的位置。惠更斯原理（Huygens' principle）：將波前上各點視為點波源，它們放出的球面波稱為小波（wavelet）。一段時間後，與小波相切的曲面為新的波前。

考慮一平面波在真空中行進，如圖 25.1a。由惠更斯原理，將波前AA'上各點視為點波源。在時間 Δt 後，小波的半徑為 $c\Delta t$，其中 c 為真空中光速。與這些小波相切的平面 BB' 為新的波前。為了解釋光的直進，只考慮前方的小波。同理，球面波的波前如圖 25.1b。

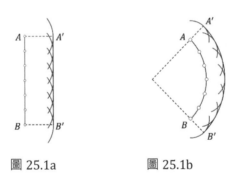

圖 25.1a　　　　　圖 25.1b

25-2 反射

當光線行進至二介質的介面時，入射光會被反射。考慮一光線入射至介面上，如圖 25.2。圖中虛線稱為法線，其在入射點上與介面垂直。阿拉伯學者阿爾哈曾（Alhazen）約在 1000 年指出，入射線、法線、反射線三者在同一平面上，稱為入射面（plane of incidence）。入射面與介面垂直。入射線和

法線的夾角為 θ，反射線和法線的夾角為 θ'。實驗證明，入射角等於反射

角：

$$\theta = \theta' \qquad\qquad [25.1]$$

此關係式稱為反射定律（law of reflection）。

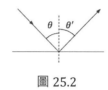

圖 25.2

現在要利用惠更斯原理推導反射定律。圖 25.3 中，由於光線與波前垂直，可知入射波前 AB 與介面之間的夾角等於入射角 θ，反射波前 $A'B'$ 與介面之間的夾角等於反射角 θ'。當光線 1 入射至介面時，A 和 B 點各發出一小波。在時距 Δt 後，B 點發出的小波到達 B' 點，切線 $A'B'$ 為反射波前。由於入射線和反射線的速率相同，故 $AA' = BB' = c\,\Delta t$。

直角三角形 $AB'A'$ 和 $AB'B$ 有相同的斜邊 AB'，且 $AA' = BB'$，故它們是全等三角形。因此，$\theta = \theta'$，此為反射定律。

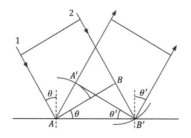

圖 25.3

假定平行光以一角度入射。若介面非常光滑，則反射線會互相平行，稱為鏡射（specular reflection），如圖 25.4a。若介面粗糙，則光線會往不同的方向反射，稱為漫射（diffuse reflection），如圖 25.4b。漫射使我們可在任何位置看到物體，但只能在一個方向看到鏡射的反射光。

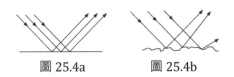

圖 25.4a　　　圖 25.4b

25-3 折射

當入射光行進至二透明介質的介面時，部分能量會進入第二介質。在圖 25.5，通過介面的光線會偏折，稱為折射（refraction）。入射線、反射線和折射線會在同一平面。荷蘭數學家司乃耳（Willebrord Snell）於 1621 年以實驗發現，對給定二介質 $\sin\theta_1/\sin\theta_2$ 為常數，其中 θ_1 為入射角且 θ_2 為折射角。

圖 25.5

現在要利用惠更斯原理推導司乃耳的結果。圖 25.6 中，入射波前 AB 與介面之間的夾角 θ_1 等於入射角，折射波前 $A'B'$ 與介面之間的夾角等於折射角 θ_2。當光線 1 入射至介面時，A 和 B 點各發出一小波。在時距 Δt 後，B 點發出的小波到達 B' 點，切線 $A'B'$ 為折射波前。因為在二介質中光速不同，故小波的半徑不同。令介質中光速為 v_1 和 v_2，則小波半徑分別

為 $v_1\Delta t$ 和 $v_2\Delta t$。直角三角形 $AB'B$ 和 $AB'A'$ 有相同的斜邊 AB'，且

$$AB' \sin\theta_1 = BB' = v_1\Delta t$$
$$AB' \sin\theta_2 = AD = v_2\Delta t$$

二式相除，得

$$\frac{\sin\theta_1}{\sin\theta_2} = \frac{v_1}{v_2} \qquad [25.2]$$

在二介質中，光速較快者稱為光疏介質，較慢者稱為光密介質。由上式可知，當光由光疏介質進入光密介質（$v_1 > v_2$），折射線會偏向法線（$\theta_1 > \theta_2$）。

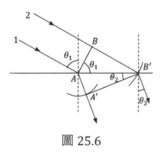

圖 25.6

定義介質的折射率 n（refractive index）為

$$n \equiv \frac{c}{v}$$

其中 c 為真空中光速，v 為介質中光速。此定義顯示，折射率為無因次數，且光密介質的折射率較高。若以折射率來表示 [25.2]，得

$$\frac{\sin\theta_1}{v_1} = \frac{\sin\theta_2}{v_2}$$
$$\Rightarrow \qquad n_1\sin\theta_1 = n_2\sin\theta_2 \qquad \mathbf{[25.3]}$$

此為司乃耳定律（Snell's law）。

在圖 25.7，每秒進入介面的波峰數等於離開的波峰數，故光線在二介質中有相同的頻率 $f_1 = f_2 = f$。因為 $v_1 \neq v_2$，故波長 $\lambda = v/f$ 不同。由折射率的定義，可得到折射率和波長之間的關係：

$$\frac{n_1}{n_2} = \frac{v_2}{v_1} = \frac{\lambda_2 f}{\lambda_1 f} = \frac{\lambda_2}{\lambda_1}$$

若 $n_1 < n_2$，則 $\lambda_1 < \lambda_2$；即在光密介質中波長較短。若光線由真空（$n_1 = 0$）中入射，則介質中波長為

$$\lambda_n = \frac{\lambda}{n} \qquad\qquad [25.4]$$

其中 λ 為真空中的波長。

圖 25.7

例題 25.1 側位移

一光束以入射角 θ_1 自折射率 n_1 的介質，入射至折射率 n_2 且厚度 t 的玻璃平板，如圖 25.8。證明入射線和出射線平行，並求出側位移 d。

解：應用司乃耳定律至第一次和第二次折射，

$$n_1 \sin \theta_1 = n_2 \sin \theta_2$$
$$n_2 \sin \theta_2 = n_1 \sin \theta_3$$

可得

$$n_1 \sin \theta_1 = n_1 \sin \theta_3 \quad \Rightarrow \quad \theta_1 = \theta_3$$

入射光和出射光平行，但之間會有一距離 d。

設光束在介質 2 中的路程長為 a。由圖可知，

$$a \cos \theta_2 = t$$
$$a \sin(\theta_1 - \theta_2) = d$$

由以上二式，可得

$$d = \frac{t}{\cos \theta_2} \sin(\theta_1 - \theta_2)$$

$$= \frac{t}{\cos \theta_2} (\sin \theta_1 \cos \theta_2 - \cos \theta_1 \sin \theta_2)$$

$$= t(\sin \theta_1 - \cos \theta_1 \tan \theta_2)$$

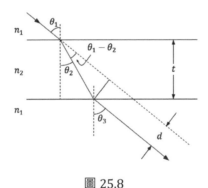

圖 25.8

25-4 全反射

考慮一光線由光密介質入射至光疏介質，如圖 25.9。當入射角不大時，會有反射線和折射線。當光線以一臨界角 θ_c 入射，折射線會和介面平行。若入射角大於臨界角，光線會完全反射，此現象稱為全反射（total internal reflection）。

可利用司乃耳定律求出臨界角。設 $\theta_1 = \theta_c$ 且 $\theta_2 = 90°$，由 [25.3]可得

$$n_1 \sin \theta_c = n_2 \sin 90°$$

$$\Rightarrow \qquad \sin \theta_c = \frac{n_2}{n_1} \qquad\qquad [25.5]$$

若 $n_1 < n_2$，會得到 $\sin \theta_c > 1$，此結果沒有意義。只有當光線由光密介質入射至光疏介質時（$n_1 > n_2$），才可利用此式。若光線由水（$n_1 = 1.33$）入射至空氣（$n_2 = 1$），則 $\theta_c = 48.5°$；若由玻璃（$n_1 = 1.5$）入射至空氣，則 $\theta_c \approx 42°$。

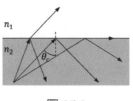

圖 25.9

習題

1. 一透明正立方體，如圖 25.10，一光線以角度 α 入射，再以折射角 β 射出，求此玻璃之折射率。

圖 25.10

2. 將一折射率 4/3 且半徑 R 之半球形透明介質置於桌面，如圖 25.11，一直徑 $8R/5$ 之平行光自上方入射，其與中心軸對稱。求桌面的亮圈直徑 d。

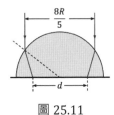

圖 25.11

3. 一光線以入射角 60° 自空氣射入一玻璃平板，其折射率為 $\sqrt{3}$ 且厚度為 5 cm，求側位移。

4. 一光線以入射角 53° 射入厚度 10 cm 之玻璃平板，由底面射出時，側位移為 3.5 cm，求玻璃的折射率。

5. 圖 25.12 中，一光線自稜鏡的左方垂直入射，若光線在斜邊發生全反射，並在下方射出，求稜鏡折射率的範圍。

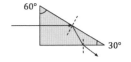

圖 25.12

6. 一半徑 R 且折射率 n_1 之半球形介質，如圖 25.13，將其置於折射率 n_2 之液體中，若光線自左方垂直入射，且不發生全反射，求入射光線和中心軸線的距離 x 的範圍。

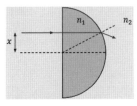

圖 25.13

7. 在一折射率 n 的介質中，有半徑 R 的真空圓洞，如圖 25.14。若不讓光線進入洞內，求距離 x 的範圍。

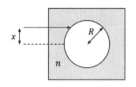

圖 25.14

8. 將折射率 n_1 且厚度 d 之玻璃磚放入折射率 n_2 之液體中，由空氣中視之，覺得玻璃的厚度為多少？

9. 一物體 O 位於平面鏡前 d 處，觀察者和物體之間有一厚度 d 且折射率 n 之玻璃板，如圖 25.15，求觀察者所見之物體成像位置。

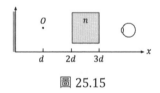

圖 25.15

第 26 章　面鏡和透鏡

26-1　平面鏡成像

　　考慮一點光源 O 在平面鏡前，如圖 26.1。稱 O 為實物，因為光線實際上是由其發出。(之後會看到虛物的例子。) 光線會被面鏡反射，只需其中二條就能決定成像位置。將反射光往反方向延伸，會交於鏡後 I 點。觀察者會認為 I 為光源，但光線並非由其發出，故稱 I 為虛像。將屏幕放在像的位置上，虛像不會顯示於其上。(之後會看到實像的例子。)

　　物和面鏡 (或透鏡) 之間的距離 p 稱為物距，像和面鏡之間的距離 q 稱為像距。若為實物，則 $p > 0$；若為虛物，則 $p < 0$。若為實像，則 $q > 0$；若為虛像，則 $q < 0$。在圖 26.1，$p > 0$ 且 $q < 0$。

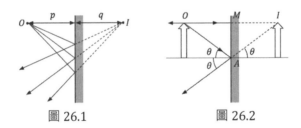

圖 26.1　　　　　　　圖 26.2

　　物體在平面鏡上的成像如圖 26.2。考慮物體上給定一點 O 發出的二條光線，其中一條垂直入射至 M 點，另一條以 θ 角入射至點 A。二條反射光往反方向延伸會交於像點 I。由圖可知，角 OAM 和 IAM 相等。因此 OMA 和 IMA 為全等三角形，故 $|p| = |q|$。對物體上其它點重複此過程，會在平面鏡後得到與物體等大的虛像。

　　定義像的橫向放大率 M (lateral magnification) 為，像高 h' 和物高 h 的比值：

$$M \equiv \frac{h'}{h} \qquad\qquad [26.1]$$

當 M 為正值時，像是正立的；當 M 為負值時，像是倒立的。若 $|M| >$ 1，則像為放大，若 $|M| < 1$，則像為縮小。對平面鏡，任何像的放大率為 $M = +1$，如圖 26.2。對其它類型的面鏡或透鏡所成的像，[26.1] 亦成立。

26-2　球面鏡

　　本節要討論球面鏡成像。在圖 26.3a，平行光被拋物面鏡反射後會交於 F，稱為實焦點；在圖 26.3b，反射光並未通過 F，故稱為虛焦點。焦點和面鏡之間的距離稱為焦距 f（focal length）。

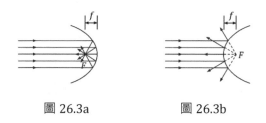

圖 26.3a　　　　　　圖 26.3b

　　對球面鏡，平行光反射後不會通過同一點，如圖 26.4。此現象稱為球面像差。考慮近軸光線，其接近主軸，且與主軸之間的夾角很小。使面鏡尺寸遠小於曲率半徑，可達到此條件。在近軸近似下，光線反射後會交於一點。

圖 26.4

史密斯（Robert Smith）於 1735 年想出一作圖法，以找出成像的位置和大小，稱為光線圖（ray diagram）。由光線圖所得到的結果，僅成立於近軸近似。對凹面鏡（如圖 26.5），只要以下主光線的其中二條，就足以找出成像位置：

1. 與主軸平行的光線，反射後會通過焦點。
2. 通過焦點的光線，反射後會與主軸平行。
3. 射向鏡頂的光線，反射後與主軸的夾角不變。
4. 通過曲率中心 C 的光線，反射後沿原路而回。

在圖 26.5a，成倒立（$h' < 0$）實像（$p > 0$）；在圖 26.5b，成正立（$h' > 0$）虛像（$p < 0$）。

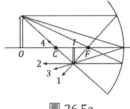
圖 26.5a

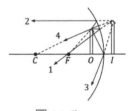
圖 26.5b

對凸面鏡（如圖 26.6），主光線為

1. 與主軸平行的光線，反射光的延長線會通過焦點。
2. 射向焦點的光線，反射後會與主軸平行。
3. 射向鏡頂的光線，反射後與主軸的夾角不變。
4. 射向曲率中心 C 的光線，反射後沿原路而回。

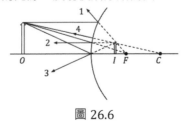
圖 26.6

在圖 26.7，在球面鏡左側的物體（$h > 0$ 且 $p > 0$）成倒立實像（$h' < 0$ 且 $q > 0$）。物體發出的二條光線，光線 1 射向鏡頂，光線 2 通過曲率中心。由圖 26.7a 可知，$\tan\alpha = h/p$ 和 $\tan\alpha = -h'/q$。因此

$$\frac{h}{p} = \frac{-h'}{q} \tag{26.2}$$

由圖 26.7b 可知，$\tan\beta = h/(p-R)$ 和 $\tan\beta = -h'/(R-q)$。因此

$$\frac{h}{p-R} = \frac{-h'}{R-q}$$

將以上二式相除，得

$$\frac{p-R}{p} = \frac{R-q}{q} \quad \Rightarrow \quad \frac{1}{p} + \frac{1}{q} = \frac{2}{R}$$

若物距和曲率半徑為已知，可算出像距。當物體在無窮遠處（$p \to \infty$），會成像於焦點上（$q = f$），因此由上式可得焦距

$$f = \frac{R}{2} \tag{26.3}$$

且球面鏡方程式（mirror formula）為

$$\frac{1}{p} + \frac{1}{q} = \frac{1}{f} \tag{26.4}$$

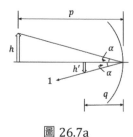

圖 26.7a

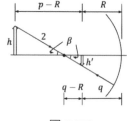

圖 26.7b

利用 [26.1] 和 [26.2]，像的放大率為

$$M = \frac{h'}{h} = -\frac{q}{p} \qquad [26.5]$$

[26.3]、[26.4]、[26.5]可用在凹面鏡和凸面鏡，符號法則如下。當物體在面鏡左側時為實物（$p > 0$）；在右側時為虛物（$p < 0$）。若 $q > 0$，表示成實像於面鏡左側；若 $q < 0$，表示成虛像於面鏡右側。若曲率中心C 在左（凹面鏡），則 $R > 0$ 且 $f > 0$；若 C 在右（凸面鏡），則 $R < 0$ 且 $f < 0$。

凹面鏡可能產生倒立實像或正立虛像。對凹面鏡，當物體由左邊接近焦點（圖 26.5a），倒立實像會往左移動並變大。當物體在焦點右邊（圖 26.5b），會成正立放大虛像於球面鏡後方。凸面鏡必成縮小正立虛像（見圖 26.6），當物距減少，則虛像變大並離開焦點而往面鏡移動。

26-3 折射成像

本節要檢視近軸光線如何折射成像。考慮二介質的介面為半徑 R 的球面，且 O 點發出的光線折射至 I 點，如圖 26.8。對近軸光線，入射角 θ_1 和折射角 θ_2 很小，故可利用小角度近似 $\sin\theta \approx \theta$，將司乃耳定律寫為

$$n_1\theta_1 = n_2\theta_2$$

三角形的外角等於另二個內角之和，由圖可知 $\theta_1 = \alpha + \gamma$ 且 $\gamma = \theta_2 + \beta$，則上式可寫為

$$n_1(\alpha + \gamma) = n_2(\gamma - \beta)$$
$$\Rightarrow \qquad n_1\alpha + n_2\beta = (n_2 - n_1)\gamma$$

利用小角度近似 $\tan\theta \approx \theta$，得 $\alpha \approx d/p$、$\beta \approx d/q$、$\gamma \approx d/R$，並代入上式，得

$$\frac{n_1}{p} + \frac{n_2}{q} = \frac{n_2 - n_1}{R} \qquad [26.6]$$

給定物距 p，所有角度的近軸光線會有相同的像距 q。

　　能以 [26.6] 處理其它情況，且符號法則如下。與球面鏡相同，實物（ $p > 0$ ）在左側，虛物（ $p < 0$ ）在右側。但折射會成實像（ $q > 0$ ）於右側，成虛像（ $q < 0$ ）於左側。在圖 26.8，曲率中心在右邊且 $R > 0$；若曲率中心在左邊，則 $R < 0$。

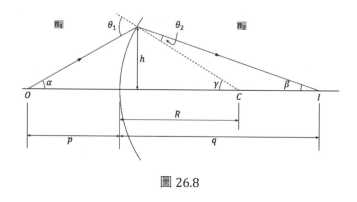

圖 26.8

　　若折射面為平面，則 $R \to \infty$ 且 [26.6] 變為

$$\frac{n_1}{p} = -\frac{n_2}{q} \quad \Rightarrow \quad q = -\frac{n_2}{n_1}p$$

由此可知，實物（ $p > 0$ ）會成虛像（ $q < 0$ ），且在同一側。當 $n_1 > n_2$，成像在物的右側，如圖 26.9a；當 $n_2 > n_1$，成像於物的左側，如圖 26.9b。

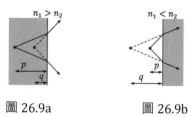

圖 26.9a　　　　　　　圖 26.9b

例題 26.1 實深和視深

一深度 d 的水池，如圖 26.10。(a) 在水面上方往下看，求水池的視深。

(b) 若一物在水面上方 h 處，則在深度 d 處的觀察者會認為與物體的距離為多少？

解 :(a) 光線是由水中（ $n_1 = 4/3$ ）射向空氣（ $n_2 = 1$ ），如圖 26.10a。因為折射面為平面，故 $R \to \infty$。利用 [26.6]，令物距 $p = d$，得

$$\frac{4/3}{d} + \frac{1}{q} = 0 \quad \Rightarrow \quad q = -\frac{3}{4}d$$

視深約為實深的 3/4，且成虛像。由符號法則，物體和像的位置在同一側。

(b) 光線是由空氣射向水中，如圖 26.10b。利用 [26.6]，

$$\frac{1}{h} + \frac{4/3}{q} = 0 \quad \Rightarrow \quad q = -\frac{4}{3}h$$

物體成像於水面上方 $4h/3$ 處，而觀察者與水面的距離為 d，故觀察者與物體之間的視距為 $4h/3 + d$。

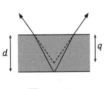

圖 26.10a

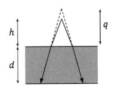

圖 26.10b

26-4 造鏡者公式

在本節，我們要利用折射成像找出透鏡成像。考慮折射率 n 的雙凸透鏡，且二邊的曲率半徑為 R_1 和 R_2，如圖 26.11。通過透鏡的光線會有二次折射。

在第一次折射後，物 O 會成像 I_1。利用 [26.6]，並取空氣的折射率

$n_1 = 1$，得

$$\frac{1}{p_1} + \frac{n}{q_1} = \frac{n-1}{R_1} \qquad [26.7]$$

像 I_1 如同曲面 2 的物，且物距為 $p_2 = -q_1 + t$，其中 t 為透鏡的厚度。在圖 26.11a，I_1 為虛像（$q_1 < 0$）且 $p_2 = -q_1 + t > 0$（實物）；在圖 26.11b，I_1 為實像（$q_1 > 0$）且 $p_2 < 0$（虛物）。對薄透鏡，可忽略厚度 t，且物距為 $p_2 = -q_1$。應用 [26.6] 至曲面 2，取 $n_1 = n$ 且 $n_2 = 1$，得

$$\frac{n}{p_2} + \frac{1}{q_2} = \frac{1-n}{R_2} \quad \Rightarrow \quad \frac{n}{-q_1} + \frac{1}{q_2} = \frac{1-n}{R_2} \qquad [26.8]$$

將 [26.7] 和 [26.8] 相加，並忽略 p_1 和 q_2 的下標，得

$$\frac{1}{p} + \frac{1}{q} = (n-1)\left(\frac{1}{R_1} - \frac{1}{R_2}\right) \qquad [26.9]$$

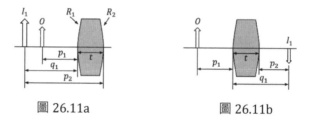

圖 26.11a　　　　　　圖 26.11b

　　無窮遠處的物體會成像於焦點上。令 $p \to \infty$ 且 $q \to f$，由 [26.9] 可得造鏡者公式（lens-maker's formula）：

$$\frac{1}{f} = (n-1)\left(\frac{1}{R_1} - \frac{1}{R_2}\right) \qquad \mathbf{[26.10]}$$

此式只對薄透鏡（厚度遠小於曲率半徑）在近軸近似下成立。對給定的折射率和需要的焦距，此式可用來決定需要的曲率半徑。若透鏡浸在某液體中，則式中的 n 為透鏡折射率和流體折射率的比值。由於不同波長的光線會有

不同的折射率，可知對藍光的焦距會較紅光短。

　　對圖 26.10 的雙凸透鏡，由上一節的符號法則可知，$R_1 > 0$ 且 $R_2 < 0$。因此，在 [26.10] 中焦距 $f > 0$。在圖 26.12，前三個透鏡的中心較邊緣厚且焦距 $f > 0$，平行光通過後會交於右側的實焦點，此類透鏡稱為會聚透鏡。在圖 26.12，後三個透鏡的中心較邊緣薄且焦距 $f < 0$，平行光通過後會自左側的虛焦點發散，此類透鏡稱為發散透鏡。

圖 26.12

26-5　薄透鏡

　　由 [26.9] 和 [26.10]，得薄透鏡公式（thin lens formula）：

$$\frac{1}{p} + \frac{1}{q} = \frac{1}{f} \qquad [26.11]$$

此式與 [26.4] 的形式相同，但符號法則不同。如同球面鏡，當物體在透鏡左側時為實物（$p > 0$），在右側時為虛物（$p < 0$）。但成實像（$q > 0$）於透鏡右側，成虛像（$q < 0$）於透鏡左側。

　　可用光線圖找出薄透鏡的成像位置。光線圖只在近軸近似下才合理。要找出會聚透鏡的成像位置，需畫出以下光線的其中二條：

1. 與主軸平行的光線，折射後會通過右側焦點。
2. 當光線通過左側焦點，折射後會與主軸平行。
3. 通過鏡頂的光線不會偏折。

在圖 26.13a，物體在會聚透鏡的焦點左側（$p > f$），則成倒立實像。在圖 26.13b，物體在焦點右側（$p < f$），則為正立虛像，此時透鏡如同放大鏡。

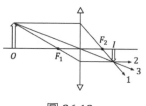

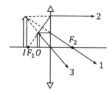

圖 26.13a　　　　　　　圖 26.13b

　　能由以下光線找出發散透鏡的成像位置：

1. 與主軸平行的光線，折射後會離開左側焦點。

2. 射向右側焦點的光線，折射後會與主軸平行。

3. 通過鏡頂的光線不會偏折。

對發散透鏡，必為正立虛像，如圖 26.14。注意，在發散透鏡的情況，光線不會真的通過焦點。

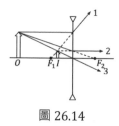

圖 26.14

　　在圖 26.15，會聚透鏡左側的物體成倒立實像。由圖 26.15，橫向放大率為

$$m = \frac{h'}{h} = -\frac{q}{p} \qquad [26.12]$$

由此式可知，當成像於物體的另一側（p 和 q 同號），則像為倒立（$m < 0$）；當成像於物體的同一側（p 和 q 異號），則像為正立（$m > 0$）。

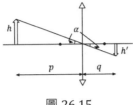

圖 26.15

26-6 放大鏡

　　物體成像於視網膜上，才能清楚看見物體，稱為明視。正常眼的明視距離，在眼前約 25 cm（近點）至無窮遠處（遠點）。物體在視網膜上的成像大小正比於物對眼所張的角度（視角），如圖 26.16，故移近物體可使其看起來更大。物體在近點時會有最大的視角

$$\alpha_{25} = \frac{h}{25 \text{ cm}}$$
[26.13]

其中用到小角度近似 $\tan\theta \approx \theta$。

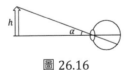

圖 26.16

　　可利用放大鏡增加物體的視角。當物距小於會聚透鏡的焦距，會成放大正立虛像。由圖 26.17 可知，像的視角等於物的視角，$\beta = \alpha = h/p$。定義角放大率（angular magnification）為

$$m \equiv \frac{\beta}{\alpha_{25}}$$
[26.14]

將 $\alpha_{25} = h/25$ 和 $\beta = h/p$ 代入，得

$$m = \frac{h/p}{h/25} = \frac{25}{p}$$
[26.15]

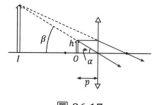

圖 26.17

當成像於近點時（$q = -25$ cm），角放大率為最大值。由薄透鏡方程式計算此時的物距：

$$\frac{1}{p} + \frac{1}{-25} = \frac{1}{f} \quad \Rightarrow \quad p = \frac{25f}{25 + f}$$

代入 [26.15]，得

$$m_{\max} = 1 + \frac{25}{f} \qquad [26.17]$$

當成像於無窮遠處時，是觀看最舒服的距離。此時物體在焦點上，且角放大率為

$$m_{\min} = \frac{25}{f} \qquad [26.18]$$

這顯示焦距愈小，角放大率愈大。

26-7 複式顯微鏡

複式顯微鏡（compound microscope）是由兩個會聚透鏡所組成，如圖 26.18，能比放大鏡有更大的放大率。第一個透鏡為物鏡，第二個透鏡為目鏡。目鏡焦點和物鏡焦點之間的距離為 ℓ。經物鏡折射後，在物鏡焦距稍外的物體 O 會成放大實像 I_1 於目鏡焦距內。目鏡如同放大鏡，會成 I_1 的放大虛像 I_2。

複式顯微鏡的角放大率同 [26.14]，其中 α_{25} 為 [26.13]，β 為像 I_2

的視角。由圖可知，I_1 和 I_2 的視角相同，$\beta = h'/p_E$。因此，

$$m = \frac{\beta}{\alpha_{25}} = \frac{h'/p_E}{h/25} = \frac{h'}{h} \cdot \frac{25}{p_E}$$

物 O 和像 I_1 在物鏡的視角相同，故 $h/p_0 = -h'/q_0$，其中負號是因為I_1 是倒立的。可將角放大率寫為

$$m = -\frac{q_0}{p_0} \cdot \frac{25}{p_E}$$

負號指出像是倒立的。若 I_1 在目鏡焦點上，由 $1/p_0 + 1/q_0 = 1/f_0$ 和 $q_0 = \ell + f_0$，可求出比值 $q_0/p_0 = \ell/f_0$。此時 $p_E = f_E$ 且 I_2 會在無窮遠處，角放大率為

$$m_\infty = -\frac{\ell}{f_0} \cdot \frac{25}{f_E} \tag{26.19}$$

顯然焦距愈短，放大率愈大。

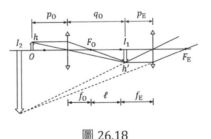

圖 26.18

26-8　望遠鏡

　　顯微鏡觀察的物體很接近物鏡，而望遠鏡（telescope）觀察的物體通常在無窮遠處。望遠鏡有兩種的類型：折射式望遠鏡和反射式望遠鏡。如同複式顯微鏡，折射式望遠鏡具有一物鏡和目鏡，如圖 26.19。因為物體在無窮遠處，故會成像於物鏡焦點上。目鏡如同簡單放大鏡，使目鏡焦距內的倒立

實像 I_1 成放大虛像 I_2。望遠鏡的角放大率為

$$m = \frac{\beta}{\alpha}$$

其中 α 為物體的視角，β 為像 I_2 的視角。由於角度很小，故 $\alpha \approx -h'/f_0$ 且 $\beta \approx h'/p_E$，則

$$m = -\frac{f_0}{p_E} \qquad\qquad \text{[26.20]}$$

若像 I_2 亦在無窮遠處，則像 I_1 在目鏡焦點上（$p_E = f_E$），此時的角放大率為

$$m_\infty = -\frac{f_0}{f_E}$$

對大的放大率，我們需要 $f_0 \gg f_E$，這表示天文望遠鏡會很長。

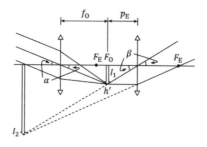

圖 26.19

習題

1. 一物在焦距 10 cm 的凹面鏡前，成放大 5 倍的實像，則物距為若干？

2. 物體在曲率半徑 10 cm 的凸面鏡前 20cm 處，若物高為 1 cm，則像高為若干？

3. 在焦距 +10 cm 的透鏡左邊 20 cm 處有一物體，右邊 30 cm 處有一焦距 +12.5 cm 的透鏡，求最後成像的位置與物體相距幾公分？

4. 二薄透鏡的焦距分別為 f_1 和 f_2，將它們密接後的焦距為 f。試證

$$\frac{1}{f} = \frac{1}{f_1} + \frac{1}{f_2}$$

5. 一雙凸透鏡的焦距為 f，且二側的曲率半徑相同。試求將之對切後的焦距。

6. 折射率 1.50 的會聚透鏡的曲率半徑分別為 5 cm 和 10 cm。今將凹面朝上並盛滿水（折射率 1.33），如圖 26.20，則此組合的焦距為若干？

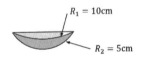

圖 26.20

第 27 章 干涉和繞射

27-1 干涉

圖 27.1 中，水面上的二波源 S_1 和 S_2 同相振動，並產生相同振幅的圓形波前。圖中的同心圓為波峰（實線）和波谷（虛線）。二波在實線和虛線的交點為相消干涉，此位置為波節。在二實線（或二虛線）的交點為相長干涉，此位置為波腹。

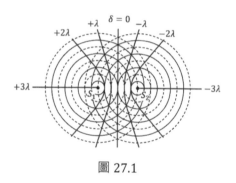

圖 27.1

一定點 P 至二波源的距離差，稱為路程差 δ（path difference）：

$$\delta = r_2 - r_1 \qquad [27.1]$$

其中 $r_1 = PS_1$ 且 $r_2 = PS_2$。相同路程差的點會形成一雙曲線。波節的路程差為半波長的奇數倍：

$$\delta = \left(m + \frac{1}{2}\right)\lambda \qquad [27.2]$$

其中 $m = 0, \pm 1, \pm 2, \dots$。這些路程差所形成的雙曲線，稱為節線。在節線上各點，二波會相消干涉。

波腹的路程差為波長的整數倍：

$$\delta = m\lambda \qquad [27.3]$$

其中 $m = 0, \pm1, \pm2, \ldots$。這些路程差所形成的雙曲線，稱為腹線。在腹線上各點，二波會相長干涉。

二波源有相同的頻率和等相位關係，則稱它們同調（coherent）。普通光源發出的光波會有隨機的相位變化。當二燈泡（非同調）並列時，在一定點的相位關係會隨時間而變，故不會觀察到干涉效應。

27-2 楊氏雙狹縫實驗

楊格（Thomas Young）以實驗證明光的波動性。圖 27.2 中，光波先經過針孔，針孔前方有二條相近的狹縫 S_1 和 S_2。由 S_1 和 S_2 發出的光會在屏幕上產生亮紋和暗紋，稱為干涉條紋。光的微粒說無法解釋這些條紋。

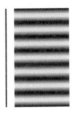

圖 27.2

屏幕上任意點 P 為亮或暗，取決於二狹縫發出的波的路程差。圖 27.3 中，波長 λ 的單色光通過間距 d 的二狹縫，且屏幕在二狹縫前方 L 處。若屏幕很遠，則二光線近似平行，且路程差為

$$\delta = S_2 A = r_2 - r_1 \approx d \sin\theta \qquad [27.4]$$

當二波在 P 點同相（相長干涉），則會產生亮紋。因二波在狹縫處同相，故亮紋的條件為路程差 δ 等於零或是波長的整數倍：

$$d \sin\theta = m\lambda \qquad [27.5]$$

其中 $m = 0, \pm1, \pm2, \ldots$ 稱為條紋的級數（order number）。在 $\theta = 0$ 處的中

央亮紋（ $m = 0$ ）稱為零級極大，第一亮紋（ $m = \pm 1$ ）稱為一級極大，餘類推。當二波在 P 點 180° 反相（相消干涉），會產生暗紋，條件為

$$d \sin \theta = \left(m + \frac{1}{2} \right) \lambda \qquad [27.6]$$

其中 $m = 0, \pm 1, \pm 2, \dots$ 。

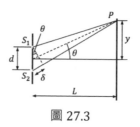

圖 27.3

[27.5] 和 [27.6] 給出條紋的角位置 θ。可由此二式求出位置 y。若 θ 很小，則可利用小角度近似

$$\sin \theta \approx \tan \theta = \frac{y}{L} \qquad [27.7]$$

由 [27.5] 和 [27.7]，可得到亮紋位置：

$$d \frac{y_m}{L} = m\lambda \quad \Rightarrow \quad y_m = m \frac{\lambda L}{d} \qquad [27.8]$$

由此可知，亮紋之間的間距相等。同理，由 [27.6] 和 [27.7]，暗紋位置為

$$y_m = \left(m + \frac{1}{2} \right) \frac{\lambda L}{d} \qquad [27.9]$$

例題 27.1

二揚聲器 S_1 和 S_2 相距 6 m，發出同相聲波。圖 27.4 中，P 點與 S_1 相距 8 m。當 P 點的強度為（a）極小值；（b）極大值時，最低頻率為何？（設聲速為 340 m/s）

解：（a）求最低頻率相當於求最大波長。利用畢氏定理，S_2 至 P 點的距離

為 $S_2P = (3^2 + 4^2)^{1/2} = 5$ m。路程差為

$$\delta = S_2P - S_1P = 5 - 4 = 1 \text{ m}$$

此為定值。由 [27.2] 知，$m = 0$ 時，會有最大波長：

$$1 = \frac{1}{2}\lambda \qquad \Rightarrow \qquad \lambda = 2 \text{ m}$$

對應至頻率 $f = v/\lambda = 340/4 = 170$ Hz。

（b）由 [27.3]，此時 $m \neq 0$（為什麼？），故在 $m = 1$ 時會有最大波長 $\lambda = 1$ m，對應至頻率 $f = 340/1 = 340$ Hz。

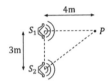

圖 27.4

27-3 雙狹縫干涉圖形的強度

之前只找出亮紋和暗紋的位置，現在要計算強度分佈。光波的波函數為電場。在圖 27.2，二光波在狹縫處同相，但在屏幕上 P 點有相位差 ϕ：

$$E_1 = E_0 \sin \omega t$$
$$E_2 = E_0 \sin(\omega t + \phi)$$

由疊加原理，在 P 點的合電場為

$$E = E_0 \sin \omega t + E_0 \sin(\omega t + \phi)$$

$$= 2E_0 \cos\left(\frac{\phi}{2}\right) \sin\left(\omega t + \frac{\phi}{2}\right) \qquad [27.10]$$

其中用到三角恆等式 $\sin\alpha + \sin\beta = 2\sin[(\alpha + \beta)/2]\cos[(\alpha - \beta)/2]$。由 [27.10] 可知，在屏幕上光的角頻率仍為 ω，但電場振幅為 $2E_0 \cos\frac{\phi}{2}$。

由例題 24.1 的 [i]，強度與電場的平方成正比。由 [27.10] 可得

$$I \propto E^2 = 4E_0^2 \cos^2\left(\frac{\phi}{2}\right) \sin^2\left(\omega t + \frac{\phi}{2}\right)$$

$\sin^2\left(\omega t + \frac{\phi}{2}\right)$ 在一個週期的時間平均值為 1/2，因此平均光強度為

$$I = 4I_0 \cos^2\left(\frac{\phi}{2}\right) \qquad [27.11]$$

其中 $I_0 \propto E_0^2$ 為單一波源的強度。

由於一個波長 λ 對應至相位差 2π，故相位差 ϕ 與光程差 δ 之間的關係為

$$\frac{\phi}{2\pi} = \frac{\delta}{\lambda}$$

若屏幕離狹縫很遠，則 $\delta = r_2 - r_1 \approx d\sin\theta$，因此

$$\phi = \frac{2\pi\delta}{\lambda} = \frac{2\pi d\sin\theta}{\lambda} \qquad [27.12]$$

將 [27.12] 代入 [27.11]，得

$$I = 4I_0 \cos^2\left(\frac{\pi d\sin\theta}{\lambda}\right) \qquad \mathbf{[27.13]}$$

對小角度，因為 $\sin\theta \approx \tan\theta = y/L$，可將 [27.13] 寫為

$$I = 4I_0 \cos^2\left(\frac{\pi d}{\lambda L}y\right) \qquad [27.14]$$

當 $\pi dy/\lambda L = m\pi$ 時，會產生相長干涉。此時 $y = (\lambda L/d)m$，與 [27.8] 相符。當 $L \gg d$ 且 θ 為小角度時，干涉圖形是由相同強度的等間距條紋所組成。

27-4 多狹縫

在上一節,以波函數計算雙狹縫干涉圖形的強度分佈。當有較多的狹縫時,利用在交流電路中引入的相量更為方便。此時相量以光波的角頻率旋轉,且其大小等於電場的振幅。相量在垂直軸上的投影$E = E_0 \sin \omega t$ 為光波的電場。當有數個波疊加,則先求出相量的向量和,合相量的垂直分量即為合電場的瞬時值。

考慮三個同調狹縫,狹縫間距為 d。狹縫在遠處屏幕上一定點上的電場分別為

$$E_1 = E_0 \sin \omega t$$
$$E_2 = E_0 \sin(\omega t + \phi)$$
$$E_3 = E_0 \sin(\omega t + 2\phi)$$

其中 ϕ 等於 [27.12],為相鄰狹縫的電場的相位差。在某一時間 t,合相量為 $\mathbf{E}_{0T} = \mathbf{E}_{01} + \mathbf{E}_{02} + \mathbf{E}_{03}$,如圖 27.5。注意,相量之間的夾角為電場的相位差,與電場向量無關。

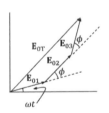

圖 27.5

圖 27.6 為不同相位差 ϕ 的相量圖。當

$$\phi = 2m\pi \qquad m = 1,2,3,\dots$$

時,所有的光波在屏幕上同相,會發生主極大。此時合相量的振幅為$3E_0$,故強度為 $I_T = 9I_0$,其中 $I_0 \propto E_0^2$ 為單一狹縫的強度。當

$$\phi = \frac{2p\pi}{3} \qquad \begin{array}{l} p = 1,2,4,5,\dots \\ p \neq 3,6,9,\dots \end{array}$$

時，強度為零。注意，當 $p = 3,6,9,\dots$ 時，對應至主極大。

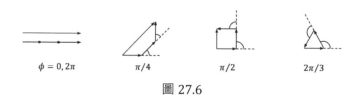

圖 27.6

接著考慮等距且同調的 N 個狹縫。當

$$\phi = 2m\pi \qquad m = 0,1,2,\dots$$

時，會發生主極大，且強度為 $N^2 I_0$。主極大的位置不因狹縫數而變。當 $N\phi = 2\pi, 4\pi, \dots$，或等價為

$$\phi = \frac{2p\pi}{N} \qquad \begin{array}{l} p = 1,2,3,\dots \\ p \neq N, 2N, 3N, \dots \end{array}$$

此時強度為零。在中央主極大（$\theta = 0$）旁的第一極小（$p = 1$）發生在 $\phi = 2\pi/N$。由 [27.12]，

$$\frac{2\pi d \sin\theta}{\lambda} = \frac{2\pi}{N} \qquad \Rightarrow \qquad \sin\theta = \frac{\lambda}{Nd}$$

當狹縫數 N 增加，主極大會變窄。

27-5 薄膜

可在肥皂泡上觀察到五彩繽紛的顏色，是因為反射光的干涉。在 9-2 節，當脈波由輕繩行進至重繩，反射波會有 180° 的相位變化。同樣地，當光波由光疏介質入射至光密介質，反射波會有 180° 的相位變化；反之則不會有相位變化。可由馬克士威方程式推導這些規則，本書不證明。

　　考慮均勻厚度 t 且折射率 n 的薄膜，兩側為空氣，如圖 27.7。在薄膜中的波長為 $\lambda_n = \lambda/n$，其中 λ 為真空中波長。光波在界面會部分反射、部分透射。忽略較弱的光線，只考慮光線 1 和 2。此兩光線同調，因為它們是由相同的入射光分出。在 A 點的反射會有相位變化，但在 B 點不會，因此，反射會使兩光線有 180° 的相位差，等價為半個波長。

圖 27.7

　　還要考慮光線 2 額外行進的距離。假設光線垂直入射，則兩光線之間的路程差為 $2t$。因為反射，兩光線已有 180° 的相位差，因此，相長干涉的條件為

$$2t = \left(m + \frac{1}{2}\right)\lambda_n \qquad [27.15]$$

其中 $m = 0, 1, 2, \ldots$。若

$$2t = m\lambda_n \qquad [27.16]$$

則光線會相消干涉。當薄膜兩邊的介質相同，則上述的干涉條件也成立。若薄膜在兩個不同的介質之間，相長干涉和相消干涉的條件可能互換。

例題 27.2

白光垂直照射在折射率 1.5 且厚度 0.4 μm 的薄膜上，如圖 27.7，什麼顏色的光的反射會被加強？

解：當光波由光疏介質入射至光密介質，反射波會有 180° 的相位變化，因

此圖中二光線有 180° 的相位差。當路程差 $2d$ 為半波長的奇數倍，會產生反射加強的干涉：

$$2t = \left(m + \frac{1}{2}\right)\lambda_n$$

其中 t 為薄膜厚度，$\lambda_n = \lambda/n$ 為光在薄膜內的波長。解得

$$\lambda = \frac{4nt}{2m+1} = \frac{4 \times 1.5 \times (0.4 \times 10^{-6})}{2m+1} = \frac{2400}{2m+1}$$

單位為 nm。只有當 $m = 2$ 時，波長 480 nm 在可見光區，此為藍光。

27-6 單狹縫繞射

我們在 27-2 節將狹縫視為單一點光源，在本節放棄此假設。考慮一平面波前入射至寬度 a 的狹縫，如圖 27.8。根據惠更斯原理，將狹縫各部份視為點光源，所有點光源的干涉圖形即為繞射圖形。

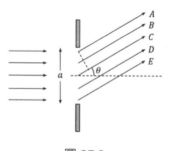

圖 27.8

將圖 27.8 的狹縫二等分，以分析繞射圖形。考慮光線 A 和 C ，它們在遠處屏幕上的路程差為 $(a/2)\sin\theta$。同理，光線 B 和 D 的路程差亦為 $(a/2)\sin\theta$。當每對光線的路程差恰為波長的一半，

$$\frac{a}{2}\sin\theta = \pm\frac{\lambda}{2} \quad \Rightarrow \quad a\sin\theta = \pm\lambda$$

此時狹縫上半部 AC 和下半部 CE 的光會相消干涉。

同理,將狹縫四等分。當

$$\frac{a}{4}\sin\theta = \pm\frac{\lambda}{2} \quad \Rightarrow \quad a\sin\theta = \pm2\lambda$$

時,AB 和 BC 會相消干涉,CD 和 DE 也會相消干涉。依此類推,相消干涉的條件為

$$a\sin\theta = m\lambda \qquad m = \pm1, \pm2, \pm3, \ldots \qquad \textbf{[27.17]}$$

注意,[27.17] 不包含 $m = 0$,因為所有光線在 $\theta = 0$ 均同相,此處對應至中央極大,而非極小。

在下一節會計算單狹縫繞射的強度分佈,繞射圖形如圖 27.9。暗紋出現在滿足 [27.17] 的 θ 值。次極大的位置近似在相鄰兩暗紋的中間。中央極大的寬度是次極大寬度的兩倍。當狹縫寬度變窄至和波長相等時,由 [27.17] 可知,中央極大會照射至整個屏幕上。

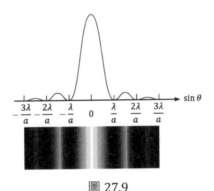

圖 27.9

27-7 單狹縫繞射的強度

在上一節只找出單狹縫繞射圖形的極小位置,本節要利用相量計算圖形的強度變化和次極大的位置。將狹縫分割為許多的同調光源,狹縫上下兩端

的光線在遠處屏幕的路程差為 $\delta = a \sin \theta$，且相位差為

$$\alpha = \frac{2\pi a \sin \theta}{\lambda} \qquad \text{[27.18]}$$

在正前方（$\theta = 0$，$\alpha = 0$），此時的合相量為直線，取其振幅為 A_0。在任意角度 θ，合相量為振幅 A 且長度 A_0 的圓弧，如圖 27.10。由圖可知，

$$A = 2R \sin\left(\frac{\alpha}{2}\right) \quad \text{且} \quad A_0 = R\alpha$$

消去 R 可得

$$A = \frac{A_0 \sin(\alpha/2)}{\alpha/2}$$

強度為

$$I = I_0 \left[\frac{\sin(\alpha/2)}{\alpha/2}\right]^2 \qquad \textbf{[27.19]}$$

其中 I_0 為中央亮紋（$\theta = 0$）的強度。圖 27.9 為 [27.19] 的圖形。強度主要集中在中央亮紋。

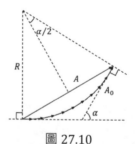

圖 27.10

當 $\alpha = 2m\pi$ 時，相量的振幅為零。由 [27.18]，

$$\frac{2\pi a \sin \theta}{\lambda} = 2m\pi \quad \Rightarrow \quad a \sin \theta = m\lambda$$

與 [27.17] 相符。

次極大的 α 值為

$$\alpha = 2.86\pi \ , \quad 4.92\pi \ , \quad 6.94\pi \ , ...$$

由 [27.19]，強度為

$$I = 0.047I_0 , \quad 0.017I_0 , \quad 0.008I_0 , ...$$

次極大的 α 值接近但不等於 $3\pi, 5\pi, 7\pi, ...$。因此，次極大的位置不滿足

$a \sin\theta = \left(m + \frac{1}{2}\right)\lambda$。當 $\alpha = 3\pi$ 時，強度為 $I = (4/9\pi^2)I_0 \approx 0.045I_0$。

27-8 鑑別率

考慮圖 27.11，兩個非同調點光源 S_1 和 S_2 發出的光通過狹縫，每一光源產生各自的繞射圖形。若兩光源的角距夠大，如圖 27.11a，則可分辨它們的像，稱之為可鑑別。然而，當角距很小，如圖 27.11c，則它們的像不可鑑別。可由瑞利準則（Rayleigh's criterion）判斷兩個像是否為可鑑別：當一繞射圖形的中央極大恰位於另一圖形的第一極小，則兩個像恰可鑑別，如圖 27.11b。此準則是由瑞利（Lord Rayleigh）所提出。

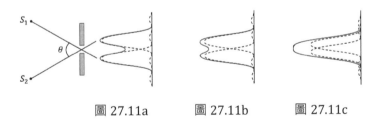

圖 27.11a　　　圖 27.11b　　　圖 27.11c

由 [27.17]，單狹縫繞射圖形的第一極小是由給定 $\sin\theta = \lambda/a$。通常 $\lambda \ll a$，故 $\sin\theta$ 很小且可利用小角度近似 $\sin\theta \approx \theta$。因此，在恰可鑑別時，

$$\theta_R = \frac{\lambda}{a} \tag{27.20}$$

其中 θ_R 的單位是 rad。若兩光源對狹縫所張的角度小於 θ_R，則其像不可鑑

別。

　　許多光學儀器是用圓孔而非狹縫。對圓孔繞射，第一極小的位置是由給定 $\sin\theta = 1.22\lambda/d$，其中 d 為圓孔直徑。利用小角度近似 $\sin\theta \approx \theta$，鑑別角為

$$\theta_R = \frac{1.22\lambda}{d} \qquad [27.21]$$

光學儀器的鑑別率 R（resolving power）為分辨兩光源的能力，定義為

$$R \equiv \frac{1}{\theta_R} = \frac{d}{1.22\lambda} \qquad [27.22]$$

鑑別角愈小則鑑別率愈高。

　　由 [26.19]，顯微鏡的放大率和焦距成反比。若要增加放大率，則要減少焦距和曲率半徑，因此孔徑要小，但鑑別率變低。換言之，增加放大率會降低鑑別率。

例題 27.3

二光源相距 1.0m，設瞳孔直徑為 5.0 mm 且光的波長為 5500Å，則眼睛可分辨它們時，最大距離為多少？

解：利用 [27.21]，

$$\theta_R = \frac{1.22\lambda}{d} = \frac{1.22\times(5.5\times10^{-7})}{5\times10^{-3}} = 1.342\times10^{-4} \ \text{rad}$$

如圖 27.12，利用小角度近似 $\sin\theta \approx \theta \approx s/L$，

$$\theta_R = \frac{s}{L} \qquad \Rightarrow \qquad L = \frac{s}{\theta_R} = \frac{1.0}{1.342\times10^{-4}} = 7.45 \ \text{km}$$

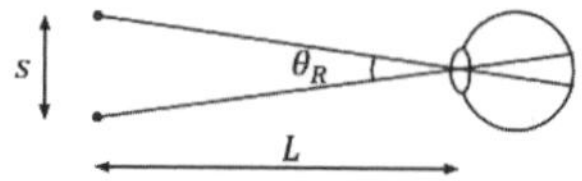

圖 27.12

習題

1. 一薄玻璃片（ $n = 1.5$ ）用以遮住雙狹縫之一狹縫。若此時原來的第 5 條暗紋居於中央，求玻璃片厚度。（假設光源的波長為 5000 埃）

2. 在楊氏干涉實驗中，雙狹縫相距 100λ ，光屏距雙狹縫 100 cm，假定光源至雙狹縫之距離相差 $3\lambda/2$ ，則最接近中央線之亮紋偏離中央之距離為若干？

3. 將波長分別為 4800 埃和 6000 埃之單色光同時照射在一雙狹縫上，二狹縫相距 0.04 cm，狹縫與屏距離為 100 cm，則二單色光干涉亮紋第一次重疊（最接近中央亮紋）發生在距離中央亮紋幾公分處。

4. 在玻璃板（ $n = 1.5$ ）上有一層丙酮薄膜（ $n = 1.25$ ），光線垂直入射於其上。若 $\lambda = 600$ nm 時發生反射相消干涉，$\lambda = 700$ nm 時發生反射相長干涉，試求丙酮薄膜的厚度。

5. 地表上有波長 5500Å 的二光源，假設在理想情況下，地表上方 1.6 km 處的太空人（設瞳孔直徑為 5.0 mm）恰能分辨此二光源，求二光源之間的距離。

第 28 章 狹義相對論

28-1 二個假設

愛因斯坦於 1905 年發表狹義相對論（special theory of relativity），改變我們對空間和時間的概念。此理論是基於二個假設：

1. 相對性原理（principle of relativity）：在所有慣性系中，所有的物理定律均有相同的形式。

2. 光速恆定原理（principle of the constancy of the speed of light）：在所有慣性系中，真空中的光速相同，與光源或觀察者的速度無關。

若對不同的觀察者有不同的物理定律，則可發現誰是靜止，誰在運動。第一個假設是因不存在此差異，故沒有絕對的慣性系。第二個假設可由許多實驗證明。此二假設均限制在慣性系上，故為狹義。

28-2 時間膨脹

在不同慣性系中的觀察者，他們量度二事件之間的時間間隔，會得到不同的結果。欲說明此現象，考慮一列車以速率 v 往右行駛，且在車頂 d 處有一平面鏡，如圖 28.1a。在列車中的觀察者 O' 往上發出一光脈波（事件 1），再由平面鏡反射回 O'（事件 2）。觀察者 O' 見到光脈波來回所需的時間為

$$T_0 = \frac{2d}{c}$$

在座標系 S' 中，二事件發生在相同位置，在此座標系中測得二事件之間的時間間隔 T'，稱為原時（proper time）。

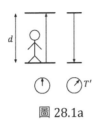

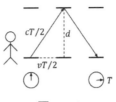

圖 28.1a   圖 28.1b

接著考慮第二個座標系 S 中記錄相同二事件之間的時間間隔 T，如圖 28.1b。在此座標系中光行進更長的距離，根據光速恆定原理，觀察者 O 量度的時間間隔會比原時長。利用畢氏定理可求出時間間隔：

$$\left(c \cdot \frac{T}{2}\right)^2 = d^2 + \left(v \cdot \frac{T}{2}\right)^2$$

$$\Rightarrow \qquad T = \frac{2d/c}{\sqrt{1 - \frac{v^2}{c^2}}}$$

因為 $T' = 2d/c$，故

$$T = \gamma T_0 \qquad\qquad [28.1]$$

其中 γ 稱為勞侖茲因子（Lorentz factor），

$$\gamma = \frac{1}{\sqrt{1 - \frac{v^2}{c^2}}} \qquad\qquad [28.2]$$

由於 $\gamma > 1$，故 $T > T_0$。對觀察者 O，二事件發生在不同位置，所測量的時間間隔比原時要長，此效應稱為時間膨脹（time dilation）。

可由緲子的衰變證明時間膨脹。緲子為不穩定的基本粒子，是由宇宙射線撞擊大氣層高處而產生的。在實驗室中測量低速緲子的平均壽命為 2.2 μs。當它們的速率接近光速，在衰變前可行進的距離約為 660 m，因此不可能到達地表。然而，實驗證明有大量緲子到達地表。由時間膨脹，對 $v = 0.99c$，$\gamma \approx 7.1$ 且平均壽命為 $7.1 \times 2.2 \approx 16$ μs。對地球上的觀察者，緲子

在此時間間隔行進的平均距離近似為 4600 km。

28-3　長度收縮

　　如同時間，長度也會受到相對運動的影響。考慮一座標系 S' 以速度v 相對於 S 運動，且有一木棒在 S 中靜止。圖 28.2a 中，當觀察者相對於物體為靜止時，量到的長度為物體的原長 L_0（proper length）。對 S 上的觀察者 O、O' 通過二端的時間間隔為 T，故原長

$$L_0 = vT$$

圖 28.2b 中，對 S' 的觀察者 O'，通過二端的時間間隔為原時 T_0，因此二端的長度為

$$L = vT_0$$

由 [28.1]，$T = \gamma T_0$，得

$$L = \frac{L_0}{\gamma} \qquad\qquad [28.3]$$

由於 $\gamma > 1$，故 $L < L_0$；即在相對於物體運動的參考系中，量到的長度會短於原長。此效應稱為長度收縮（length contraction）。此收縮只發生在相對運動的方向上，與速度垂直的長度不受影響。

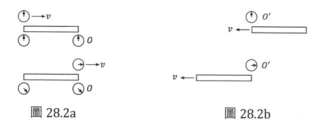

圖 28.2a　　　　　　　　　　圖 28.2b

　　可用長度收縮來解釋緲子衰變實驗。在地面座標系 S，緲子行進的距離為原長 L_0。在緲子座標系 S'，距離會縮短為 $L = L_0/\gamma$，故緲子能在平均壽

命 2.2 μs 內到達地表。

例題 28.1

量得運動中的米尺長度為 60 cm，其速率為何？

解：已知米尺的原長為 $L_0 = 1$ m，由 [28.3]，

$$\gamma = \frac{L_0}{L} = \frac{1}{0.8} = \frac{5}{3}$$

由 [28.2]，

$$\frac{5}{3} = \frac{1}{\sqrt{1 - v^2/c^2}} \qquad \Rightarrow \qquad v = 0.8c$$

28-4 勞侖茲轉換

假定有二個座標系 S 和 S'，S' 以速率 v 相對於 S 往右運動，如圖 28.3。在 S 中以座標 (x, y, z, t) 描述事件，在 S' 中則是以 (x', y', z', t') 描述相同的事件。一事件在二座標系有相同的 y 和 z 座標，即 $y' = y$ 且 $z' = z$。x 和 t 座標的變換為

$$x' = \gamma(x - vt) \qquad\qquad [28.4a]$$

$$t' = \gamma\left(t - \frac{vx}{c^2}\right) \qquad\qquad [28.4b]$$

這些方程式稱為勞侖茲轉換（Lorentz transformation），是由荷蘭物理學家勞侖茲（Hendrik A. Lorentz）於 1890 年得到。然而，愛因斯坦發現它們的物理意義，並以狹義相對論的架構解釋它們。在相對論，空間和時間緊密交織，稱為時空（spacetime）。注意，當相對速度 v 遠小於光速 c 時，勞侖茲轉換會化為伽利略轉換。

常將一事件的時空座標寫為

$$x_1 = x \quad , \quad x_2 = y \quad , \quad x_3 = z \quad , \quad x_4 = ct$$

此時類空座標 x_1, x_2, x_3 和類時座標 x_4 有相同的單位。可將勞侖茲變換寫為

$$x_1' = \gamma(x_1 - \beta x_4)$$
$$x_4' = \gamma(x_4 - \beta x_1)$$

其中 $\beta = v/c$。此二方程式的形式相同，可看出時空的對稱性。

　　若欲將座標由 S' 變換至 S，只要以 $-v$ 取代 [28.4] 中的 v，並將有撇號和無撇號的座標互換，可得逆變換：

$$x = \gamma(x' + vt') \qquad\qquad \textbf{[28.5a]}$$

$$t = \gamma\left(t' + \frac{vc'}{c^2}\right) \qquad\qquad \textbf{[28.5b]}$$

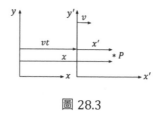

圖 28.3

28-5 速度的加法

　　考慮一座標系 S' 以速度 **v** 沿著座標系 S 的 x 方向運動，如圖 28.4。假定由二座標系觀察一粒子的運動，在 S 中粒子速度為 $u_x = dx/dt$，在 S' 中速度為 $u_x' = dx'/dt'$。利用 [28.5a] 和 [28.5b]，得

$$dx = \gamma(dx' + v\,dt')$$

$$dt = \gamma\left(dt' + \frac{v\,dx'}{c^2}\right)$$

因此，在 S 中粒子速度 $u_x = dx/dt$ 為

$$u_x = \frac{u'_x + v}{1 + \dfrac{vu'_x}{c^2}} \qquad\qquad [28.6]$$

同理，粒子在 y 和 z 軸的速度分量為

$$u_y = \frac{u'_y}{\gamma\left(1 + \dfrac{vu'_x}{c^2}\right)}$$

$$u_z = \frac{u'_z}{\gamma\left(1 + \dfrac{vu'_x}{c^2}\right)}$$

當 u'_x 和 v 均遠小於 c 時，[28.6] 會化為 $u_x = u'_x + v$。若觀察的事件為光的脈波，則 $u'_x = c$ 且

$$u_x = \frac{c + v}{1 + \dfrac{vc}{c^2}} = c$$

此結果顯示，在 S 和 S' 中會觀察到相同的光速 c，與二座標系之間的相對運動無關。

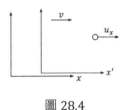

圖 28.4

例題 28.2

由地球 E 上的觀察者量度，二太空船 A 和 B 以相同的速率 $0.9c$ 互相接近，如圖 28.5。求 A 相對於 B 的速率 v_{AB}。

解：此時太空船 B 為座標系 S，地球 E 為座標系 S'。由題意可知，E 相對於 B 的速率為 $v_{EB} = v = 0.9c$，A 相對於 E 的速率為 $v_{AE} = u'_x = 0.9c$。將 [28.6] 表示為

$$v_{AB} = \frac{v_{AE} + v_{EB}}{1 + v_{AE}v_{EB}/c^2} = \frac{0.9c + 0.9c}{1 + 0.9^2} = 0.99c$$

相對速率小於 c，而非古典上預測的 $1.8c$。

圖 28.5

28-6　相對論性動量和能量

考慮有相對運動的二慣性系 S 和 S'。假定在 S 中觀察二質點碰撞的孤立系統，且碰撞前後的總動量不變。利用勞侖茲速度變換，發現在 S' 中動量不守恆。由相對性原理，線動量守恆在任何慣性系中成立。為了滿足此條件，線動量的相對論性定義為

$$p = mv = \frac{m_0 v}{\sqrt{1 - v^2/c^2}} \qquad [28.7]$$

其中 v 為質點速度，且 m 為相對論性質量（relativistic mass），

$$m = \gamma m_0 = \frac{m_0}{\sqrt{1 - v^2/c^2}} \qquad [28.8]$$

m_0 是在靜止座標系中量度的質量，稱為質點的靜止質量（rest mass）。當 $v \ll c$ 時，$\gamma \to 1$ 且 [28.7] 會化為古典表示式 $p \approx m_0 v$。

設想一質點受力 F 而沿著 x 軸運動。質點由靜止加速至末速 v，根據 $F = dp/dt$，力 F 對質點作的功為

$$W = \int F\,dx = \int \frac{dp}{dt}dx = \int \frac{d(\gamma m_0 v)}{dt}dx = \int v\,d(\gamma m_0 v)$$

由分部積分，$\int x\,dy = xy - \int y\,dx$，得

$$W = \gamma m_0 v^2 - \int_0^v \gamma m_0 v\,dv$$

$$= \frac{m_0 v^2}{\sqrt{1 - v^2/c^2}} + \left[m_0 c^2 \sqrt{1 - \frac{v^2}{c^2}} \right]_0^v$$

$$= \frac{m_0 c^2}{\sqrt{1 - v^2/c^2}} - m_0 c^2$$

由功能定理，力對質點所作的功會等於質點的動能變化。因此，相對論性動能 K（relativistic kinetic energy）為

$$K = \frac{m_0 c^2}{\sqrt{1 - v^2/c^2}} - m_0 c^2 = (\gamma - 1)m_0 c^2 \qquad [28.9]$$

高速下（$v \to c$），因子 γ 和動能會趨近於無窮大。這需要對質點作無窮大的功，故不可能將有限靜止質量的粒子加速至光速。低速下（$v/c \ll 1$），可將 γ 展開為級數 $\gamma \approx 1 + \frac{1}{2}(v/c)^2 + \frac{3}{8}(v/c)^4 + \cdots$，且動能會化為古典表示式：

$$K = m_0 c^2 \left[\frac{1}{2}\left(\frac{v}{c}\right)^2 + \frac{3}{8}\left(\frac{v}{c}\right)^4 + \cdots \right] \approx \frac{1}{2} m_0 v^2$$

[28.9] 中，常數項 $m_0 c^2$（與質點速率無關）稱為粒子的靜能（rest energy）。這顯示質量是能量的一種形式，且因子 c^2 使微小的質量對應至龐大的能量 $m_0 c^2$。由 [28.9]，動能和靜能之和

$$\gamma m_0 c^2 = K + m_0 c^2$$

$$\Rightarrow \qquad E = K + m_0 c^2 \qquad \qquad [28.10]$$

其中 E 稱為總能，

$$E = \gamma m_0 c^2 = \frac{m_0 c^2}{\sqrt{1 - v^2/c^2}} \qquad [28.11]$$

利用 [28.7] 和 [28.11]，消去 v，可得到動量和能量之間的關係：

$$E^2 = p^2 c^2 + m_0^2 c^4 \qquad [28.12]$$

習題

1. 在地球座標系 E 中，質點 A 的速率為 $0.8c$，質點 B 的速率為 $0.9c$。若 (a) 二質點互相接近 ; (b) 二質點同向前進，求 A 相對於 B 的速率。

2. 一正立方體在靜止時邊長為 ℓ 且密度為 ρ，當其以速率 v 平行於一邊運動時，試求在靜止座標系中物體的 (a) 體積 ; (b) 密度。

3. 一桿子的原長為 ℓ_0 且靜止質量為 m_0。當其沿著長度方向運動，測得桿長 $\ell_0/2$。試求桿子的 (a) 速率 ; (b) 動能。

4. 一物體的靜止質量為 m_0，當其動能等於靜能時，試求其 (a) 速率 ;
(b) 動量。

第 29 章　舊量子論

29-1　黑體輻射

在 12-4 節提到黑體，它會吸收所有的入射輻射。圖 29.1 中，一有微小開孔的空腔可近似為黑體，因為射入開孔的任何輻射經多次反射後會被吸收。藉由小孔放出的空腔輻射（cavity radiation），可取得黑體輻射（blackbody radiation）。黑體輻射的性質只與器壁溫度有關，與器壁材料無關。

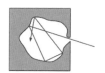

圖 29.1

圖 29.2 為黑體輻射的光譜。在波長區間 λ 至 $\lambda + d\lambda$ 內單位體積的能量為 $u_T(\lambda)\, d\lambda$，其中 $u_T(\lambda)$ 為能量密度。當絕對溫度 T 增加，曲線尖峰的波長 $\lambda_{\max}$ 會變短，此關係為維恩位移定律（Wien's displacement law）：

$$\lambda_{\max}T = 2.898\times10^{-3} \text{ m} \cdot \text{K} \qquad [\mathbf{29.1}]$$

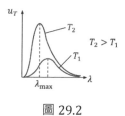

圖 29.2

瑞利將輻射視為一系列的電磁駐波，並由能量均分定理，得到瑞利–金

斯定律 (Rayleigh-Jeans law)：

$$u_T(v)\, dv = \frac{8\pi kT}{c^3} v^2\, dv \qquad [29.2]$$

其中 k 為波茲曼常數。在長波長，瑞利-金斯定律與實驗數據吻合。當 $\lambda \to$ 0，[29.2] 預測能量密度會增加至無窮大，稱為紫外災難（ultraviolet catastrophe）。然而實驗數據顯示，能量密度在短波長下會趨近於零。

德國物理學家普朗克（Max Planck）於 1900 年猜出黑體輻射的能量密度：

$$u_T(v)\, dv = \frac{8\pi h}{c^3} \frac{v^3\, dv}{e^{hv/kT} - 1} \qquad [29.3]$$

其中普朗克常數 h（Planck's constant）為

$$h = 6.626 \times 10^{-34} \text{ J·s} \qquad [29.4]$$

在高頻時，$u_T(v)\, dv \to 0$ 與實驗相符，不會有紫外災難。在低頻時，$hv \ll kT$，將指數展開為

$$e^{hv/kT} = 1 + (hv/kT) + \frac{(hv/kT)^2}{2!} + \frac{(hv/kT)^3}{3!} + \cdots$$

$$\approx 1 + (hv/kT)$$

將此代入 [29.3]，

$$u_T(v)\, dv \approx \frac{8\pi h}{c^3} \frac{v^3\, dv}{hv/kT} = \frac{8\pi kT}{c^3} v^2\, dv$$

[29.3] 在低頻時會化為瑞利-金斯定律 [29.2]。

29-2 光電效應

實驗顯示，光線照射至金屬表面會使其發射出電子，射出的電子稱為光電子（photoelectron），且此現象稱為光電效應（photoelectric effect）。

圖 29.3 為研究光電效應的實驗裝置。在真空管內，集極 C 和射極 E 接

至電池的正負極。當光線照射至金屬板 E 上,射出的光電子會被 C 吸引而產生電流。圖 29.4 為相同頻率但不同光強度所產生的光電流。光電流會隨電位差的增加而增加,直到 C 收集到所有的光電子,此時光電流達飽和值,稱為飽和電流。

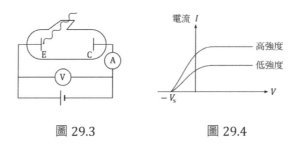

圖 29.3   圖 29.4

若將電池反接, 光電子因被 C 排斥而使電流下降。當逆向電壓達一臨界值 V_s,電流會降為零,表示最大動能 K_{max} 的電子因減速而恰在 C 前停止,且

$$K_{max} = eV_s \qquad\qquad [29.5]$$

其中 V_s 稱為遏止電位(stopping potential)。藉由測定遏止電位,可得到光電子的最大動能。

圖 29.4 中,光強度愈大則飽和電流愈大,因為高強度的光會使光電子數增加。然而,光電效應的一些特性無法以波動理論解釋:

1. 無時間落後。即使光線很微弱,光的入射和光電子的發射幾乎是同時發生(低於 10^{-9} s)。然而,古典理論認為電子只能吸收部份波前的能量,且需要很長一段時間才能吸收足夠能量而離開金屬表面。

2. 光電子的最大動能會隨光頻率的增加而增加。古典理論預測,光的頻率和電子的動能無關。

3. 光電子的最大動能與光強度無關。在圖 29.4,二曲線有相同的遏止電

位，故光電子的最大動能相同。但電磁理論預測，強度愈強則電子的動能愈大。

愛因斯坦於 1905 年提出光量子理論，成功解釋光電效應。他假設光的能量是集中成束，而非均勻散佈在波前上。他亦假設在光電效應中，電子不是完全吸收光子，就是完全沒吸收光子。一個光子（photon）的能量為

$$E = h\nu \qquad [29.6]$$

其中 h 為普朗克常數，ν 為光的頻率。若給定頻率的光的強度加倍，單一光子的能量不變，但單位時間內到達的光子數加倍，使放出的光電子數加倍。由此理論可解釋光電效應的三個問題：（1）因為能量集中在很小的波包內，且光子和電子作一對一的交互作用，故只要頻率夠高就能立刻射出光電子。（2）電子被束縛得愈緊，射出時的動能愈低。光電子的最大動能為

$$K_{\max} = h\nu - \phi \qquad [29.7]$$

其中 ϕ 稱為金屬的功函數（work function），是電子脫離金屬表面所需的最低能量。由 [29.7]，較高頻率的光子會使光電子有更大的動能。（3）光強度與光子數和飽和電流有關，但最大動能 [29.7] 不變。

由 [29.7]，若 $K_{\max} = 0$，則

$$h\nu_0 = \phi \qquad [29.8]$$

其中 ν_0 稱為截止頻率（cutoff frequency）或底限頻率（threshold frequency）。功函數愈大，則截止頻率愈高。根據波動說，任何頻率的光只要提供足夠能量，均會發生光電效應。愛因斯坦預測，光的頻率必須大於 ν_0 才能打出光電子。若頻率小於 ν_0，則不會觀察到光電效應。

密立根（R. A. Millikan）為了反駁愛因斯坦而開始一系列的實驗，最後證明愛因斯坦是正確的。電子的最大動能 $K_{\max}$ 和光的頻率 ν 之間的線性關係如圖 29.5，水平軸上的交點為截止頻率。線的斜率為普朗克常數 h，與材料的性質無關。由 [29.7] 和 [29.8]，最大動能為

$$K_{\max} = h(\nu - \nu_0) \qquad [29.9]$$

[29.7] 正確預測線的斜率。

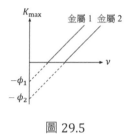

圖 29.5

通常以電子伏特表示光子的能量。若光的波長為 λ，由於 $\nu = c/\lambda$，得

$$E = h\nu = \frac{hc}{\lambda}$$

$$= \frac{(6.626 \times 10^{-34} \text{ J} \cdot \text{s})(2.988 \times 10^{8} \text{ m/s})}{\lambda} \frac{1 \text{ eV}}{1.602 \times 10^{-19} \text{ J}}$$

$$= \frac{1240 \text{ eV} \cdot \text{nm}}{\lambda} \qquad\qquad [29.10]$$

例題 29.1

質量 0.2 kg 的木塊接在力常數 16 N/m 的彈簧上，並以振幅 5 cm 振盪。試求量子數 n。

解：應用 $E_n = nhf$ 之前，先計算能量和頻率。利用 [8.8]，系統的總能為

$$E = \frac{1}{2}kA^2 = \frac{1}{2} \times 16 \times 0.5^2 = 2 \text{ J}$$

由 [8.7]，振子的頻率為

$$\nu = \frac{1}{T} = \frac{1}{2\pi}\sqrt{\frac{k}{m}} = \frac{1}{2\pi}\sqrt{\frac{16}{0.2}} = 1.42 \text{ Hz}$$

由 $E_n = nh\nu$，量子數

$$n = \frac{E_n}{h\nu} = \frac{2}{(6.626 \times 10^{-34}) \times 1.42} = 2.12 \times 10^{33}$$

與總能相比，能階 n 和 $n-1$ 之間的能量變化 $\Delta E = h\nu$ 微不足道，故不會感受到宏觀系統的能量量子化。

例題 29.2

以波長 300 nm 的光照射鈉表面。鈉的功函數為 2.46 eV。求（a）光電子的最大動能；（b）鈉的截止波長。

解：（a）由 [29.10]，每一光子的能量為

$$E = \frac{1240}{\lambda} = \frac{1240}{300} = 4.13 \ \text{eV}$$

由 [29.7]，電子的最大動能為

$$K_{\max} = h\nu - \phi = 4.13 - 2.46 = 1.67 \ \text{eV}$$

（b）利用 [29.8]，

$$\lambda_c = \frac{hc}{\phi} = \frac{1240}{2.46} = 504 \ \text{nm}$$

29-3 康普頓效應

由 [28.11]，粒子的總能為 E 且

$$\sqrt{1 - v^2/c^2} \, E = m_0 c^2$$

由於光子速度等於 c，且其能量 $E = h\nu$ 為有限值，顯然光子的靜止質量為零。將 $m_0 = 0$ 代入 [28.12]，得光子的動量為 $p = E/c$。由 $\nu = c/\lambda$，波長 λ 的光子的能量 E 和動量 p 為

$$E = h\nu = \frac{hc}{\lambda} \qquad \text{[29.11a]}$$

$$p = \frac{E}{c} = \frac{h}{\lambda}$$ [29.11b]

即使成功解釋光電效應，仍不足以說服部分科學家光子的概念。康普頓（Arthur Holly Compton）於 1923 年以實驗證明光的粒子性。將波長 λ 的 X 射線打在石墨上。對不同的散射角，散射 X 射線的強度如圖 29.6。圖形有二個尖峰：原波長 λ 和另一個波長 λ'，且 $\lambda' > \lambda$。此現象稱為康普頓效應（Compton effect）。

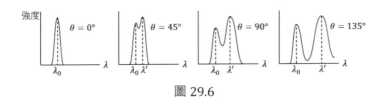

圖 29.6

波長 λ' 與靶材無關，表示散射不包含整個原子。康普頓假設光子和電子碰撞。亦假設電子為自由電子，因為 X 射線光子的能量（≈ 20 keV）遠大於電子的束縛能。在圖 29.7a 中，光子與靜止的自由電子碰撞後以角度 θ 散射，而電子以角度 ϕ 離開。由 [28.10] 和 [28.12]，電子動量和能量之間的關係為

$$p^2 c^2 = (K + m_0 c^2)^2 - m_0^2 c^4$$

$$\Rightarrow \qquad p^2 c^2 = K^2 + 2K m_0 c^2$$ [29.12]

由能量守恆，得

$$\frac{hc}{\lambda} + m_0 c^2 = \frac{hc}{\lambda'} + (K + m_0 c^2)$$

$$\Rightarrow \qquad K = \frac{hc}{\lambda} - \frac{hc}{\lambda'}$$ [29.13]

由於入射光子將部分能量轉移至電子上，故散射光子會有較低的能量 E'

和頻率 $\nu' = E'/c$，以及較長的波長 $\lambda' = c/\nu'$。

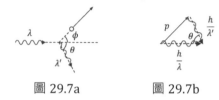

圖 29.7a　　　　圖 29.7b

光子和電子的動量如圖 29.7b。由動量守恆和餘弦定理，得

$$p^2 = \left(\frac{h}{\lambda}\right)^2 + \left(\frac{h}{\lambda'}\right)^2 - 2\left(\frac{h}{\lambda}\right)\left(\frac{h}{\lambda'}\right)\cos\theta$$

$$\Rightarrow \quad p^2c^2 = \left(\frac{hc}{\lambda}\right)^2 + \left(\frac{hc}{\lambda'}\right)^2 - 2\left(\frac{hc}{\lambda}\right)\left(\frac{hc}{\lambda'}\right)\cos\theta \qquad [29.14]$$

將 [29.13] 和 [29.14] 代入[29.12]，

$$\left(\frac{hc}{\lambda}\right)^2 + \left(\frac{hc}{\lambda'}\right)^2 - 2\left(\frac{hc}{\lambda}\right)\left(\frac{hc}{\lambda'}\right)\cos\theta = \left(\frac{hc}{\lambda} - \frac{hc}{\lambda'}\right)^2 + 2\left(\frac{hc}{\lambda} - \frac{hc}{\lambda'}\right)m_0c^2$$

化簡可得

$$\lambda' - \lambda = \frac{h}{m_0c}(1 - \cos\theta) \qquad \textbf{[29.15]}$$

康普頓偏移 $\Delta\lambda = \lambda' - \lambda$（Compton shift）只與散射角 θ 有關，與入射波長 λ 無關。

　　在 [29.15] 中，

$$\lambda_C = \frac{h}{m_0c}$$

稱為散射粒子的康普頓波長（Compton wavelength）。當光子和自由電子碰撞，$\lambda_C = 2.426\times10^{-12}$ m = 2.426 pm。在 $\theta = 180°$ 會有最大的波長變化，$\Delta\lambda = 2\lambda_C = 4.852$ pm。若光子和原子碰撞，因原子質量遠大於電子質量，故 λ_C 和 $\Delta\lambda$ 很小，因此有波長不變的尖峰。

29-4　原子模型

在 19 世紀，已經知道原子的存在，但不知道其結構。英國物理學家 J. J. 湯木生（J. J. Thomson）認為原子應像葡萄乾布丁，正電荷分布在球內，而電子嵌於其中。

在 α 粒子散射實驗中，以高速 α 粒子射向金箔。由於 α 粒子的質量遠大於電子，故可忽略電子的影響。在湯木生模型中，正電荷均勻遍布於整個原子，且 α 粒子只受到微弱的電力，通過金箔後的偏折很小。但實驗卻發現，有少數 α 粒子會以非常大的角度散射。

拉塞福（Ernest Rutherford）的原子模型為，幾乎所有的原子質量集中在帶正電荷的微小原子核（nucleus），周圍的電子使整個原子為電中性。α 粒子愈接近原子核，受到的庫侖斥力愈大，而有愈大的偏折，如圖 29.8。

拉塞福證實原子核的存在，但沒有提到電子如何分佈。在行星模型中，電子繞原子核運行，如同行星繞日。電子在此模型中以穩定軌道運動。然而，根據電磁理論，加速電子會放出輻射。因此，電子持續損失能量而落至原子核。但原子沒有崩潰。在宏觀世界成立的物理定律，無法解釋微觀世界。

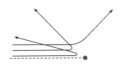

圖 29.8

29-5　線光譜

除了原子的穩定性，古典物理亦無法解釋光譜線的存在。當電流通過低壓氣體，會觀察到只包含特定波長的線光譜（line spectrum）。氫的四條可見光譜線為 656.2 nm、486.1 nm、434.0 nm、410.1 nm。瑞士數學教師巴耳麥（Johann Jacob Balmer）發現，可將這些波長表示為

$$\lambda_n = 364.56 \frac{n^2}{n^2 - 4}$$

其中 $n = 3,4,5,6$。此譜線系（spectral series）稱為巴耳麥系（Balmer series）。若代入 $n = 6$ 之後的數字，會得到巴耳麥系中的紫外光譜線。線系極限（series limit）對應至 $n \to \infty$，為譜線系中最短的波長。雷德堡（Johannes Rydberg）將巴耳麥公式修改為

$$\frac{1}{\lambda} = R\left(\frac{1}{2^2} - \frac{1}{n^2}\right) \qquad [29.16]$$

其中 R 稱為雷德堡常數（Rydberg constant），其值為

$$R = 1.097 \times 10^7 \ \mathrm{m^{-1}} \qquad [29.17]$$

在巴耳麥之後，發現氫光譜的其它譜線系。

萊曼系	$\dfrac{1}{\lambda} = R\left(\dfrac{1}{1^2} - \dfrac{1}{n^2}\right)$	$n = 2,3,4,\ldots$
巴耳麥系	$\dfrac{1}{\lambda} = R\left(\dfrac{1}{2^2} - \dfrac{1}{n^2}\right)$	$n = 3,4,5,\ldots$
帕申系	$\dfrac{1}{\lambda} = R\left(\dfrac{1}{3^2} - \dfrac{1}{n^2}\right)$	$n = 4,5,6,\ldots$
巴拉克系	$\dfrac{1}{\lambda} = R\left(\dfrac{1}{4^2} - \dfrac{1}{n^2}\right)$	$n = 5,6,7,\ldots$
蒲芬德系	$\dfrac{1}{\lambda} = R\left(\dfrac{1}{5^2} - \dfrac{1}{n^2}\right)$	$n = 6,7,8,\ldots$

29-6　波耳模型

　　波耳（Niels Bohr）於 1913 年提出氫原子模型，成功解釋氫原子光譜。波耳的模型可用於氫原子和類氫原子上（如 He^+ 或 Li^{2+}），但無法解釋多電子原子的光譜。波耳模型的第一個假設為，電子受到電力而作等速圓周運動，如圖 29.9。質量 m 且電荷 $-e$ 的電子以速率 v 繞電荷 $+Ze$ 的原子核作半徑 r 的圓形軌道運動，其中 Z 為原子序。電子和原子核之間的庫侖吸引力提供向心力。由牛頓第二定律，得

$$\frac{kZe^2}{r^2} = \frac{mv^2}{r} \qquad [29.18]$$

第二個假設為，只有在特定的電子軌道上穩定。因此，電子不因向心加速度而放出輻射。第三個假設為，當電子由能量 E_i 的軌道躍遷至較低能量 E_f 的軌道，會放出頻率 ν 的光子，且

$$h\nu = E_i - E_f \qquad \mathbf{[29.19]}$$

第三個假設為，電子的角動量為 $\hbar = h/2\pi$ 的整數倍：

$$mvr = n\hbar \qquad n = 1,2,3,... \qquad \mathbf{[29.20]}$$

整數 n 稱為軌道的量子數（quantum number）。

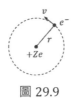

圖 29.9

由 [29.20]，速率 $v = n\hbar/mr$，代入 [29.18]，得第 n 個軌道的半徑為

$$r_n = \frac{n^2\hbar^2}{mkZe^2} \qquad [29.21]$$

原子的位能 $U = -kZe^2/r$。由 [29.18]，電子動能 $K = mv^2/2 = kZe^2/2r$。因此，總力學能為

$$E = K + U = \frac{kZe^2}{2r} - \frac{kZe^2}{r} = -\frac{kZe^2}{2r} \qquad [29.22]$$

將 [29.21] 代入，第 n 個軌道的總能為

$$E_n = -\frac{mk^2e^4}{2\hbar^2}\left(\frac{Z}{n}\right)^2 \qquad \mathbf{[29.23]}$$

這些能量稱為原子的能階（energy levels）。最低的能階 E_1 稱為原子的基態

（ground state）。當與其它電子碰撞或吸收光子時，會升至較高的能階，稱為激發態（excited state）。

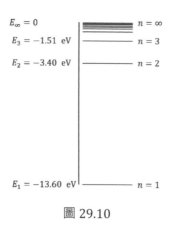

圖 29.10

氫原子（$Z = 1$）的總能為

$$E_n = -\frac{mk^2e^4}{2\hbar^2}\left(\frac{1}{n}\right)^2 = -\frac{13.6}{n^2}\ \text{eV} \qquad [29.24]$$

能階圖如圖 29.10。若電子由能階 E_i 躍遷至 E_f（$E_i > E_f$），由 [29.19]和 [29.24]，放出的光子頻率為

$$\nu = \frac{E_i - E_f}{h} = \frac{13.6\ \text{eV}}{h}\left(\frac{1}{n_f^2} - \frac{1}{n_i^2}\right) \qquad [29.25]$$

且

$$\frac{1}{\lambda} = \frac{\nu}{c} = \frac{13.6\ \text{eV}}{ch}\left(\frac{1}{n_f^2} - \frac{1}{n_i^2}\right) \qquad [29.26]$$

這與上一節提到的譜線系有相同的形式。萊曼系（Lyman series）、巴耳麥系、帕申系（Paschen series）、布拉克系（Brackett series）、蒲芬德系（Pfund series）分別對應至 $n_f = 1$ 至 5。圖 29.11 為前三個譜線系的躍

遷。最後計算 [29.26] 中的常數項,

$$\frac{13.6 \text{ eV}}{ch} = \frac{13.6 \text{ eV}}{(2.998\times10^8 \text{ m/s})(6.626\times10^{-34} \text{ J}\cdot\text{s})} \frac{1.602\times10^{-19} \text{ J}}{1 \text{ eV}}$$

$$= 1.097\times10^7 \text{ m}^{-1}$$

等於雷德堡常數 R,符合光譜數據。

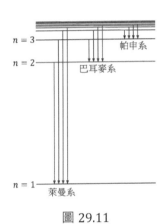

$n = 3$ 帕申系

$n = 2$ 巴耳麥系

$n = 1$ 萊曼系

圖 29.11

29-7 德布羅意波

    德布羅意(Louis de Broglie)注意到光具有波動性和粒子性,推測物質粒子也具有波粒二象性。由 [29.11b],光子的動量為 $p = h/\lambda$,故波長 $\lambda = h/p$。德布羅意提出,動量 p 的粒子所具有的波長 λ 是以相同的表示式給出:

$$\lambda = \frac{h}{p} \qquad\qquad [29.27]$$

此為粒子的德布羅意波長(de Broglie wavelength)。粒子動量愈大,則其波長愈短。

    在波耳模型,電子的角動量量子化 [29.20],

$$mvr = \frac{nh}{2\pi}$$

利用 [29.27]，$mv = h/\lambda$，上式變為

$$2\pi r = n\lambda$$

德布羅意解釋波耳的假設：允許的電子軌道的圓周長必須等於德布羅意波長的整數倍。

例題 29.3

一光子的能量為 1.82 eV，試求光子的（ a ）波長；（ b ）動量。

解：(a) 由 [29.10]，波長為

$$\lambda = \frac{1240}{E} = \frac{1240}{1.82} = 681 \ \text{nm}$$

（ b ）由 [29.27]，動量為

$$p = \frac{h}{\lambda} = \frac{6.626 \times 10^{-34} \ \text{J} \cdot \text{s}}{681 \times 10^{-9} \ \text{m}} = 9.7 \times 10^{-28} \ \text{kg} \cdot \text{m/s}$$

習題

1. 一黑體在 227°C 時的發射功率為 20W，則在 727°C 時的發射功率為何？

2. 一內部熱源使半徑 r 的球體的表面維持在溫度 T，球體外包覆著半徑 $2r$ 的同心球殼。二者均為黑體，則球殼的溫度為何？

3. 波長 5893Å 的電磁輻射入射至一光電管時，遏止電位為 0.3 V。（ a ）求物質的功函數。（ b ）若改用波長 4000Å 的光時，遏止電位為若干？

4. （a）若金屬的功函數為 1.8 eV，則對於波長 400 nm 的光，其遏止電位是多少？（b）在金屬表面發射之光電子的最大速度是多少？

解答

第 1 章

4. (a) $\dfrac{\sqrt{2}\,\pi R}{T}$ ；(b) $\dfrac{2\sqrt{2}\,\pi^2 R}{T^2}$

第 2 章

2. (a) $\dfrac{4}{3}W$ ；(b) $\dfrac{5}{3}W$ ；(c) $2W$ ；(d) $\dfrac{4}{3}W$

3. W

4. (a) $\dfrac{\sqrt{3}}{3}W$ ；(b) $\dfrac{2\sqrt{3}}{3}W$

第 3 章

1. $\Delta U = -56$

2. $\dfrac{7v^2}{32g}$

3. $60°$

4. $5mg$

6. $\dfrac{2F^2}{k}$

7. (a) $x_0\sqrt{\dfrac{k}{m_1+m_2}}$ ；(b) $x_0\sqrt{\dfrac{m_1}{m_1+m_2}}$

第 4 章

2. $\dfrac{M+m}{M}$

3. $m_1 \sqrt{\dfrac{2ghk}{m_1 + m_2}}$

4. $h_1/h_2 = 4$

5. $\left(\dfrac{m_1}{m_1 + m_2}\right)^2 h$

6. （a）$\dfrac{L}{18}$;（b）$\dfrac{10}{3}mg$

7. $\sqrt{\dfrac{2J^2}{3mk}}$

8. （a）$\dfrac{m^2 g^2}{2k}$;（b）$\dfrac{2m^2 g^2}{k}$

9. $\dfrac{(M+m)g}{k} + \dfrac{mg}{k}\sqrt{1 + \dfrac{2kh}{(m+M)g}}$

第 5 章

2. $\alpha^2 t^2 R$

3. $\dfrac{M(a^2 + b^2)}{12}$

4. $\dfrac{MR^2}{4}$

5. $\omega_f = \dfrac{v_f}{R} = \dfrac{1}{R}\left[\dfrac{2(m_2 - m_1)gh}{m_1 + m_2 + (I/R^2)}\right]^{1/2}$

第 6 章

7. 8 年

8. $v_1 = \sqrt{\dfrac{2Gm_2^2}{(m_1 + m_2)r}}$, $v_2 = \sqrt{\dfrac{2Gm_1^2}{(m_1 + m_2)r}}$

9. $2R$

10. $\dfrac{1}{3}E$

第 7 章

1. $750\,\mathrm{kg/m^3}$

2. $5600\,\mathrm{kg/m^3}$

3. $\left(1-\dfrac{\rho_2}{\rho_1}\right)h$

4. $6:5$

5. 3.9

6. $\dfrac{3}{8}$

7. $\dfrac{B^3}{2(B^3-A^3)}$

8. $x=2\sqrt{h(H-h)}$

9. $\dfrac{7}{16}\,\mathrm{g/cm^3}$

第 8 章

1. $\dfrac{v_0 T}{2\pi}$

2. $600\,\mathrm{J}$

3. $2\pi\sqrt{\dfrac{4\ell}{3g}}$

4. $2\pi\sqrt{\dfrac{m\ell^2}{gm\ell+kh^2}}$

5. $\omega=\sqrt{\dfrac{2T}{mL}}$

6. (a) $mv\sqrt{\dfrac{1}{k(m+M)}}$; (b) $2\pi\sqrt{\dfrac{m+M}{k}}$

8. $2\pi\sqrt{\dfrac{R}{g}}$

第 9 章

1. $1:\sqrt{3}$

2. $\lambda = \pi \cdot T = 0.4\pi$

3. 672 m/s

4. 10 cm

第 10 章

1. $3L$

2. (a) 680 Hz ; (b) 10 m/s

3. $4f$

4. (a) 1300 Hz ; (b) 1125 Hz

5. $\lambda = 10\pi \cdot T = \pi$

第 11 章

1. 235

2. $C = \dfrac{2}{3}(W + 38)$

4. $\dfrac{8}{9}$ atm

5. (a) $\dfrac{8}{7}V \cdot \dfrac{6}{7}V$; (b) $\dfrac{6}{7}P$

6. $\dfrac{6}{7}V$ ．$\dfrac{1}{7}V$

7. $\dfrac{\alpha_1 L_1 + \alpha_2 L_2}{L_1 + L_2}$

9. 1.275×10^{-3}

第 12 章

1. $\dfrac{m_1 T_1 + m_2 T_2}{m_1 + m_2}$

2. $58°C$

3. $4\pi k(T_1 - T_2)\dfrac{R_1 R_2}{R_2 - R_1}$

4. $40°C$

5. 0.5 分鐘

6. $\dfrac{k_1 k_2}{k_1 + k_2}$

第 13 章

1. 3.72×10^3 J

2. 1.6×10^5 K

3. $\dfrac{mv^2}{3L}$

4. $\dfrac{3T_1 T_2}{2T_1 + T_2}$

5. $\dfrac{5nRT}{3V}$

6. $W = RT_0 \ln \dfrac{2V_0 - b}{V_0 - b} - a\ln 2$

7. （a）1.52；（b）2

8. （a）1247.1 J；（b）1247.1 J

第 14 章

1. 1950 J

2. （a）21.4 %；（b）78.6 J

3. （a）$(2 - \ln 3)P_0 V_0$；（b）$\dfrac{2 - \ln 3}{5}$

5. $\dfrac{5}{2} R \ln 2$

6. （a）$3RT$；（b）$2RT$；（c）$\dfrac{5}{2} R \ln 3$

第 15 章

2. $\dfrac{q}{8\pi\epsilon_0 a^2}$

4. $A = \dfrac{Q}{2\pi a^2}$

5. $\dfrac{q}{8\epsilon_0}$

6. 1

7. （a）$\dfrac{\rho r}{2\epsilon_0}$；（b）$\dfrac{\rho a^2}{2\epsilon_0 r}$

第 16 章

1. $E = \dfrac{6kq}{a^2} \cdot V = \dfrac{\sqrt{3}kq}{a}$

2. （a）$\sqrt{\dfrac{2kq^2}{ma}}$；（b）$\sqrt{\dfrac{3kq^2}{ma}}$；（c）$\sqrt{\dfrac{4kq^2}{ma}}$

3. -25

4. （ a ）$\dfrac{\lambda}{4\pi\epsilon_0}\ln\left(\dfrac{x}{x-L}\right)$ ；(b) $\dfrac{\lambda}{4\pi\epsilon_0}\left(\dfrac{1}{x-L}-\dfrac{1}{x}\right)$

5. （ a ）$\dfrac{1}{4\pi\epsilon_0}\left(\sqrt{y^2+L^2}-y\right)$ ；(b) $\dfrac{1}{4\pi\epsilon_0}\left(1-\dfrac{y}{\sqrt{y^2+L^2}}\right)$

6. （ a ）$\dfrac{\lambda}{4\epsilon_0}$ ；(b) $\dfrac{\lambda}{2\pi\epsilon_0 a}$

第 17 章

1. $0.52\ \mu C/m^2$

5. $\dfrac{3}{20\pi\epsilon_0}\dfrac{Q^2}{R}$

6. $\dfrac{2\kappa_1\kappa_2}{\kappa_1+\kappa_2}\dfrac{\epsilon_0 A}{d}$

7. $\dfrac{\epsilon_0 A}{2d}\left(\dfrac{\kappa_1}{2}+\dfrac{\kappa_2\kappa_3}{\kappa_2+\kappa_3}\right)$

第 18 章

1. $\dfrac{\rho\ell}{\pi ab}$

2. $\dfrac{1}{3}\pi J_0 R^2$

4. $\dfrac{n\mathcal{E}}{nR+r}$

5. $\dfrac{\rho}{\pi R}\ln\dfrac{R+D}{R-D}$

6. （ a ）82.3 W ；(b) 57.6 W

7. $\dfrac{R}{2}$

8. $0.45 \ \Omega$

9. （a）$\dfrac{5}{6}R$;（b）$\dfrac{3}{4}R$;（c）$\dfrac{7}{12}R$

第 19 章

1. $\dfrac{mg \tan \theta}{LB}$

2. $\sin \theta = \dfrac{dqB}{2mv}$

3. （a）$r = \dfrac{4p}{5eB}$;（b）$d = \dfrac{6\pi p}{5eB}$

4. $Ibc\hat{\mathbf{j}} - Iab\hat{\mathbf{k}}$

5. $Ia^2\hat{\mathbf{j}}$

第 20 章

1. $B = \dfrac{\mu_0 nI}{2\pi a} \tan \dfrac{\pi}{n}$

2. （a）$\dfrac{2\sqrt{2}\,\mu_0 I}{\pi a}$;（b）$\dfrac{4\mu_0 I a^2}{\pi(4x^2 + a^2)\sqrt{4x^2 + 2a^2}}$

3. $\dfrac{2\mu_0 I}{\pi\sqrt{L^2 + W^2}}\left(\dfrac{L}{W} + \dfrac{W}{L}\right)$

4. $\dfrac{8\mu_0 I}{\sqrt{125}\,a}$

5. $\dfrac{1}{3}kr^2$

8. （a）$\dfrac{\mu_0 I(2r^2 - a^2)}{\pi r(4r^2 - a^2)}$（b）$\dfrac{\mu_0 I(2r^2 + a^2)}{\pi r(4r^2 + a^2)}$

第 21 章

1. $\dfrac{3}{8}\omega BL^2$

2. 0.3π V

3. $F = \dfrac{B^2 \ell^2 v}{R}$

4. $I = \dfrac{\mu_0 I \ell v}{2\pi R}\left(\dfrac{1}{a+vt} - \dfrac{1}{a+w+vt}\right)$

5. (a) $-\dfrac{\mu_0 I}{2\pi}\ln\dfrac{b}{a}\cdot v$;（b） $\dfrac{\mu_0^2 I^2 v}{4\pi^2 R}\left(\ln\dfrac{b}{a}\right)^2$

6. $|\mathcal{E}| = ta^3$，電流為順時針

9. $v = v_0 e^{-B^2 \ell^2 t/mR}$

10. $\dfrac{\mu_0}{\sqrt{3}\pi}\left[\dfrac{\sqrt{3}}{2}S - d\ln\left(1 + \dfrac{\sqrt{3}S}{2d}\right)\right]$

11. $E = \begin{cases} 0 & r < a \\ \dfrac{B_0(r^2 - a^2)}{2\tau r}e^{-t/\tau} & a < r < b \\ \dfrac{B_0(b^2 - a^2)}{2\tau r}e^{-t/\tau} & r > b \end{cases}$

第 22 章

2. 27.3 A/s

3. （a） $-\dfrac{\mu_0 \ell \omega I_0 \cos\omega t}{2\pi}\ln\dfrac{b}{a}$;（b） $\dfrac{\mu_0 \ell}{2\pi}\ln\dfrac{b}{a}$

4. （a） 3559 Hz ;（b） 67 mA

5. （a） $\dfrac{Q_0}{2}$;（b） $\dfrac{Q_0}{2}\sqrt{\dfrac{3}{LC}}$

7. $L = \dfrac{\mu_0 \ell}{8\pi} + \dfrac{\mu_0 \ell}{2\pi}\ln\dfrac{b}{a}$

第 23 章

1. 6 Ω

2. 10 Ω · 50mH

3. 1.28 A

第 24 章

2. 6.28×10^{-7} T·m

3. 9×10^{14} rad/s

4. $\dfrac{2Nhf}{c}$

5. 6.7×10^{-10} N

第 25 章

1. $n = \sqrt{\sin^2 \alpha + \sin^2 \beta}$

2. $\dfrac{5}{4}R$

3. $\dfrac{5}{\sqrt{3}}$ cm

4. $\dfrac{4}{3}$

5. $\dfrac{2\sqrt{3}}{3} < n < 2$

6. $x < \dfrac{n_2}{n_1}R$

7. $x \geq \dfrac{R}{n}$

8. $\dfrac{d}{n_1}$

9. $-\dfrac{2d}{3}$、$\dfrac{4d}{3}$

第 26 章

1. 12 cm

2. 0.2 cm

3. 0 cm

5. $2f$

6. 12 cm

第 27 章

1. 45000 埃

2. 0.5 cm

3. 0.6

4. 840 nm

5. 0.215 m

第 28 章

1. （a）0.988c；（b）$-0.058c$

2. （a）$\ell^3\sqrt{1-\dfrac{v^2}{c^2}}$；（b）$\dfrac{\rho}{1-v^2/c^2}$

3. （a）$\dfrac{\sqrt{3}}{2}c$；（b）m_0c^2

4. （a）$\dfrac{\sqrt{3}}{2}c$；（b）$\sqrt{3}m_0c$

第 29 章

1. 320 W

2. $0.595T$

3. (a) 1.8 eV ; (b) 1.3 V

4. (a) 1.3 V ; (b) 6.76×10^5 m/s

國家圖書館出版品預行編目(CIP)資料

普通物理學 / Zill Chen 編著.-- 初版.-- 臺北市：陳云川, 2017.05
　　面 ；　　公分
　ISBN 978-957-43-4421-5(平裝)

1.物理學

　　　330　　　　　　　　　　　　　106004084

書名	普通物理學
作者	Zill Chen
出版者	陳云川
地址	台北市和平西路三段 34 巷 1 號
電話	02-23063331
e-mail	zill.chen.beard@gmail.com
出版日期	2017 年 5 月
版次	初版一刷
定價	新台幣 400 元
ISBN	978-957-43-4421-5

代理商:白象文化事業有限公司
台中市大里區科技路1號8樓之2
電話:04-2496-5995